iCourse·教材

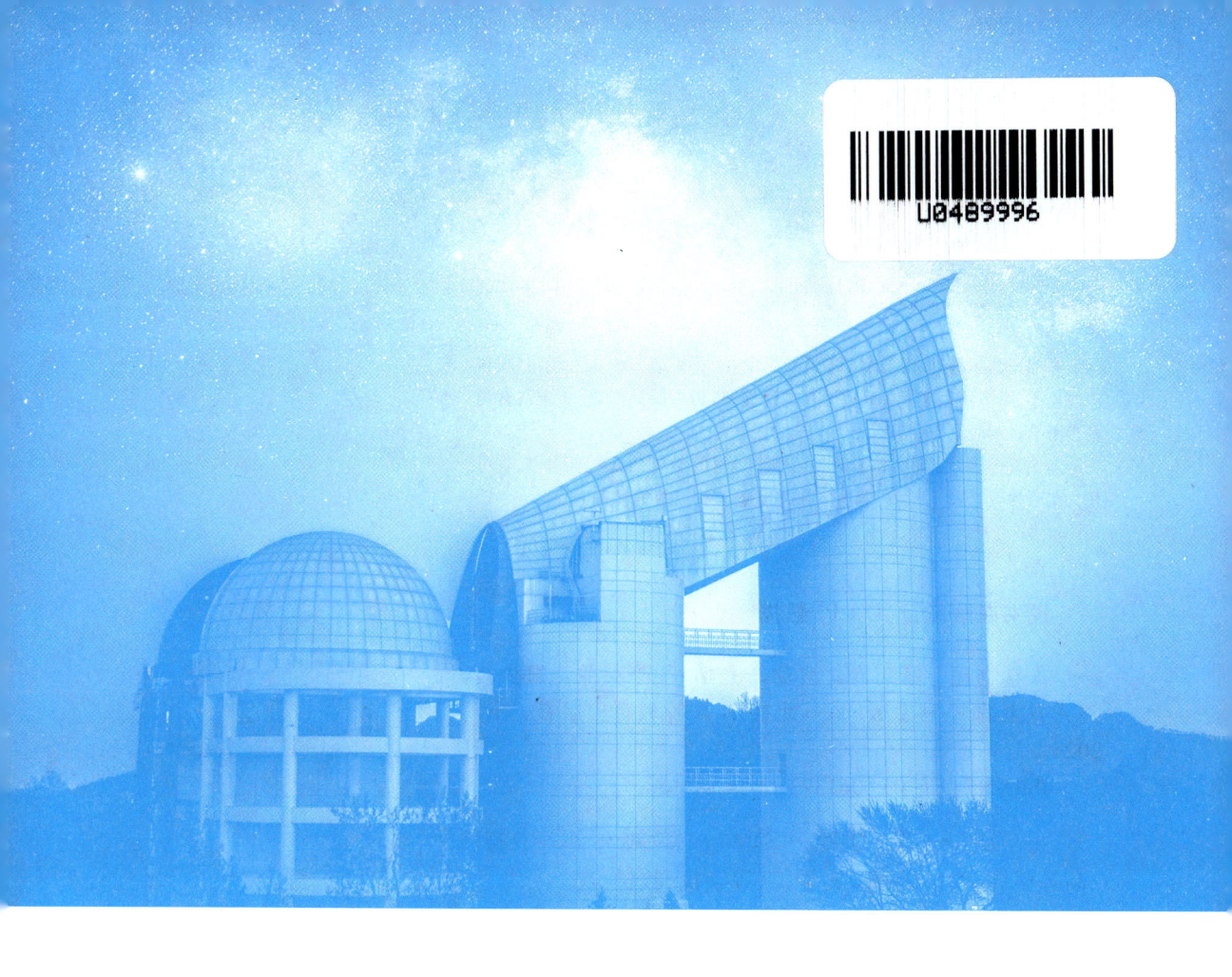

大学物理（第二版·第二卷）
波动与光学

主编 李英兰 郑少波 刘兆龙

中国教育出版传媒集团
高等教育出版社·北京

内容简介

本套教材分为四卷,第一卷力学与热学,包括质点力学、刚体力学、连续体力学、气体动理论、热力学基础;第二卷波动与光学,包括振动、波动、几何光学基础、光的干涉、光的衍射、光的偏振;第三卷电磁学,包括静电场、静电场中的导体和电介质、恒定磁场、电磁感应和电磁场;第四卷近代物理,包括狭义相对论力学基础、微观粒子的波粒二象性、薛定谔方程及其应用、固体中的电子、原子核物理。各章后均有本章提要、思考题和习题,书末备有习题参考答案和活页作业单。

本书适合作为工科各专业的大学物理课程的教材或教学参考书,也可作为综合性大学和高等师范院校相关专业的教材或教学参考书。

图书在版编目(CIP)数据

大学物理. 第二卷, 波动与光学 / 李英兰, 郑少波, 刘兆龙主编. -- 2版. -- 北京 : 高等教育出版社, 2024.2

ISBN 978-7-04-061393-3

Ⅰ. ①大… Ⅱ. ①李… ②郑… ③刘… Ⅲ. ①物理学-高等学校-教材②物理光学-高等学校-教材 Ⅳ. ①O4

中国国家版本馆 CIP 数据核字(2023)第 221323 号

DAXUE WULI(DI ER JUAN)BODONG YU GUANGXUE

| 策划编辑 | 马天魁 | 责任编辑 | 吴 获 | 封面设计 | 王 鹏 | 版式设计 | 杜微言 |
| 责任绘图 | 黄云燕 | 责任校对 | 胡美萍 | 责任印制 | 赵 振 | | |

出版发行	高等教育出版社	网 址	http://www.hep.edu.cn
社 址	北京市西城区德外大街4号		http://www.hep.com.cn
邮政编码	100120	网上订购	http://www.hepmall.com.cn
印 刷	北京鑫海金澳胶印有限公司		http://www.hepmall.com
开 本	787 mm×1092 mm 1/16		http://www.hepmall.cn
印 张	15.75	版 次	2017年2月第1版
字 数	340千字		2024年2月第2版
购书热线	010-58581118	印 次	2024年2月第1次印刷
咨询电话	400-810-0598	定 价	32.80元

本书如有缺页、倒页、脱页等质量问题,请到所购图书销售部门联系调换
版权所有 侵权必究
物 料 号 61393-00

第二版前言

本套教材第一版自 2017 年出版后,于 2019 年获评兵工高校精品教材,于 2023 年获评北京高等学校优质本科教材课件。与新形态教材配套的讲课视频源于 8 门大学物理系列慕课,相关课程 2018 年获评国家精品在线开放课程、2020 年获评国家级线上一流课程。北京理工大学"大学物理"课程自 2017 年基于本套教材全面实施了线上线下混合式教学模式,2020 年被评为国家级线上线下混合式一流课程。

本套教材结合国内外的教学改革进展,充分体现了多年教学实践与教材建设的成果。在第二版中根据广大教师和读者的建议,以及一些高校使用第一版教材进行线上线下混合式模块化授课的经验,我们对原书的部分内容和视频做了修改与补充,使内容更加充实、新颖。本套教材有如下特色。

- 具有时代性。紧密联系国内外物理学发展及互联网信息技术,巧妙嵌入引力波、黑洞、北斗卫星导航系统等现代科技研究成果,体现了物理学新的教学理念。

- 借鉴国内外同类教材,突出物理学知识与实际相结合的特色,注意从物理学史的角度引入物理学定律和概念,补充演示实验,引入新颖、前沿的实际应用案例。

- 教材思政深入化。融入了人文素养、科学素养、科学精神和科学方法等思政元素,如介绍中国磁悬浮、中国物理学家(如吴有训等)的成就,涵养学生家国情怀。

- 加强近代物理,并以现代观点处理经典物理的体系结构。如精心设计狭义相对论的多种介绍方法,在内容归类和章节编排上更加合理有序,结构严谨。

- 在例题和习题中配备了具有启发性的题目,引导学生开展研究性学习,培养学生的创新性思维。

- 知识体系完整,适用面广。除了常规内容外,还包括滚动、连续体力学、现代光学、固体物理、原子核物理等部分,可用于分层次教学。
- 方便教与学。书后配有活页练习单,包括选择题、填空题和计算题,有利于巩固知识点、深入理解概念。
- 以学生为中心,让教材易读、易懂、易教。在写作风格上力求物理图像清晰,物理思想突出;论述深入浅出,注重激发学生的兴趣,使学生多方位开展学习。
- 版式精美,通过双栏和底色突出三大功能,包括章首内容提示、边栏重点概念和边栏留白,以帮助学生统揽全章内容、复习查找知识点和记笔记。

本套教材有八位主编,其中胡海云、刘兆龙曾获北京市高等学校教学名师奖;缪劲松、冯艳全为北京理工大学教学名师。第一卷主编为:刘兆龙(第1、第2章),石宏霆(第3章),冯艳全(第4、第5章);第二卷主编为:李英兰(第1、第2章,第3—第6章视频),刘兆龙(第1、第2章视频),郑少波(第3—第6章);第三卷主编为:胡海云(第1、第2章),吴晓丽(第3章),缪劲松(第4章);第四卷主编为:缪劲松(第1章),胡海云(第2、第3章),冯艳全(第4章),吴晓丽(第5章)。另外,第一卷部分插图由赵云峰绘制。

感谢北京理工大学的物理学前辈为本套教材打下的良好基础,感谢北京理工大学、高等教育出版社等对本套教材的编写与出版的积极支持。

书中难免出现不妥之处,真诚希望读者提出宝贵批评意见和建议。

编者于北京理工大学

2023年8月

第一版前言

物理学是研究物质的基本结构、基本运动形式、相互作用的自然科学,它具有完整的科学体系、独特有效的研究方法、丰富的知识,所有这些对于培养21世纪的科学研究工作者及工程技术人员都是必不可少的。因此以物理学基础为内容的大学物理课程是理、工、经、管、文等本科各非物理学专业必修的一门基础课。

当前,以计算机、手机和网络技术为核心的现代信息技术正在改变着我们的生产方式、生活方式、工作方式和学习方式,并可能引起教育和教学的变革。北京理工大学大学物理教学团队充分利用自身的教育资源优势,一直积极开展大学物理课程的网络建设。北京理工大学"大学物理"课程2008年被评为北京市精品课;2014年入选中国大学慕课首批建设课程,分力学与热学、波动与光学、电磁学、近代物理四个模块进行讲授,并基于慕课开展面向多元化专业人才培养的大学物理模块化分层次混合式教学;"物理之妙里看'花'"2016年被评为国家级精品视频公开课。

我们之所以新编一套教材,是因为不仅要考虑结合国内外的教学改革进展及信息化技术,还要考虑在充分总结和吸取广大教师和学生对原北京市精品教材(《大学物理》苟秉聪、胡海云主编)意见的基础上,依据教育部高等学校物理学与天文学教学指导委员会编制的《理工科类大学物理课程教学基本要求》(2010年版)进行编写。本套教材在写作风格上力求物理图像清晰,物理思想突出;论述深入浅出并有适量的技术应用和理论扩展;同时力求贯彻以学生为主体、教师为主导的教育理念,遵循学生混合式学习的认知规律,结合慕课教学,通过立体化设计,体现"导学""督学""自学""促学"思想,展现物理以"物"喻理、以"物"明理、以"物"悟理的学科特点,使学生多方位地开展学习,增加教材的可读性和趣味性。

  本套教材编者均为大学物理教学的一线优秀教师,具有多年丰富的教学、教改经验。第一卷主编老师为:刘兆龙(第1、第2章),石宏霆(第3章),冯艳全(第4、第5章);第二卷主编老师为:李英兰(第1、第2章),郑少波(第3—第6章);第三卷主编老师为:胡海云(第1、第2章),吴晓丽(第3章),缪劲松(第4章);第四卷主编老师为:缪劲松(第1章),胡海云(第2、第3章),冯艳全(第4章),吴晓丽(第5章)。我们感谢北京理工大学的物理学前辈苟秉聪教授等为本套教材打下的良好基础,感谢北京理工大学教务处、高等教育出版社物理分社等对本套教材的编写与出版的积极支持。

编者

2016 年 4 月

目 录

第1章 振动 ... 1

1.1 简谐振动的基本特征及其描述 ... 1
- 1.1.1 简谐振动 ... 1
- 1.1.2 简谐振动的描述方法 ... 3
- 1.1.3 相位差 ... 4
- 1.1.4 简谐振动的研究 ... 7

1.2 简谐振动的能量 ... 12
- 1.2.1 简谐振动的能量特征 ... 12
- 1.2.2 能量平均值 ... 14

1.3 简谐振动的合成 ... 15
- 1.3.1 同方向简谐振动的合成 ... 16
- 1.3.2 相互垂直简谐振动的合成 ... 21

1.4 阻尼振动 受迫振动 共振 ... 24
- 1.4.1 阻尼振动 ... 24
- 1.4.2 受迫振动 ... 26
- 1.4.3 共振 ... 27

本章提要 ... 28
思考题 ... 31
习题 ... 32

第2章 波动 ... 34

2.1 波动的基本特征 平面简谐波的波函数 ... 34
- 2.1.1 波的产生与传播 ... 34
- 2.1.2 横波与纵波 ... 35
- 2.1.3 波的几何描述 ... 36
- 2.1.4 描述波的特征量 ... 37
- 2.1.5 惠更斯原理 波的衍射 ... 40
- 2.1.6 简谐波 ... 44
- 2.1.7 平面简谐波的波函数 ... 45
- 2.1.8 波动方程 ... 50

2.2 波的能量 ... 51
- 2.2.1 波的能量传播特征 ... 51
- 2.2.2 波的能流与能流密度 ... 54

2.3 波的叠加 ... 56
- 2.3.1 波的叠加原理 ... 56
- 2.3.2 波的干涉 ... 57
- 2.3.3 驻波 ... 60
- 2.3.4 半波损失 ... 64
- 2.3.5 振动的简正模式 ... 66

2.4 多普勒效应 ... 67

本章提要 ... 69
思考题 ... 72
习题 ... 72

第3章 几何光学基础 ... 75

3.1 几何光学的基本定律 ... 76
- 3.1.1 光的直线传播 ... 76
- 3.1.2 光学介质的折射率 ... 76
- 3.1.3 光的反射和折射 ... 76

3.2 平面和球面成像 ... 78
- 3.2.1 同心光束 实像和虚像 ... 78
- 3.2.2 平面反射成像 ... 79
- 3.2.3 平面折射成像 ... 80
- 3.2.4 球面反射成像 ... 81
- 3.2.5 球面镜成像作图法 ... 82

3.2.6　球面镜成像的横向放大率 ………… 83
　　3.2.7　球面折射成像 ………………………… 84
3.3　薄透镜成像及其作图法 ……………………… 87
　　3.3.1　傍轴条件下的薄透镜成像公式 …… 87
　　3.3.2　薄透镜成像的作图法 ……………… 88
　　3.3.3　薄透镜成像的横向放大率 ………… 89
3.4　光学仪器 …………………………………… 90
　　3.4.1　照相机 ……………………………… 90
　　3.4.2　人眼和眼镜 ………………………… 92
　　3.4.3　放大镜 ……………………………… 93
　　3.4.4　望远镜 ……………………………… 94
　　3.4.5　显微镜 ……………………………… 95
本章提要 ……………………………………………… 96
思考题 ………………………………………………… 98
习题 …………………………………………………… 99

第 4 章　光的干涉 ……………………………… 101

4.1　光源的发光机制　光的相干性 …………… 101
　　4.1.1　光源的发光机制 ………………… 102
　　4.1.2　光的相干性 ………………………… 103
4.2　光程与光程差 ……………………………… 105
　　4.2.1　基本概念 …………………………… 105
　　4.2.2　透镜的等光程性 …………………… 107
　　4.2.3　额外光程差 ………………………… 107
4.3　分波阵面干涉 ……………………………… 108
　　4.3.1　杨氏双缝干涉 ……………………… 109
　　4.3.2　劳埃德镜与半波损失的验证 ……… 113
　　4.3.3　干涉条纹的变动 …………………… 114
4.4　条纹可见度 ………………………………… 116
　　4.4.1　干涉图样的可见度 ………………… 116
　　4.4.2　两相干光波强度不等的影响 ……… 116
　　4.4.3　光源大小的影响 …………………… 117

　　4.4.4　光源非单色性的影响 ……………… 119
4.5　分振幅干涉 ………………………………… 120
　　4.5.1　等倾干涉 …………………………… 121
　　4.5.2　等厚干涉 …………………………… 124
　　4.5.3　牛顿环 ……………………………… 128
4.6　迈克耳孙干涉仪 …………………………… 130
　　4.6.1　迈克耳孙干涉仪的构造 …………… 131
　　4.6.2　干涉图样 …………………………… 131
本章提要 …………………………………………… 133
思考题 ……………………………………………… 136
习题 ………………………………………………… 138

第 5 章　光的衍射 ……………………………… 141

5.1　光的衍射现象　惠更斯-菲涅耳
　　原理 ……………………………………… 141
　　5.1.1　光的衍射现象 ……………………… 141
　　5.1.2　惠更斯-菲涅耳原理 ……………… 142
　　5.1.3　菲涅耳衍射和夫琅禾费衍射 ……… 144
5.2　夫琅禾费单缝衍射 ………………………… 144
　　5.2.1　夫琅禾费单缝衍射的实验装置 …… 145
　　5.2.2　用菲涅耳半波带分析夫琅禾费
　　　　　单缝衍射图样 ……………………… 146
　　5.2.3　单缝衍射图样的特点 ……………… 148
5.3　夫琅禾费圆孔衍射　光学仪器
　　的分辨本领 ……………………………… 151
　　5.3.1　夫琅禾费圆孔衍射 ………………… 152
　　5.3.2　光学仪器的分辨本领 ……………… 153
5.4　光栅衍射 …………………………………… 156
　　5.4.1　光栅 ………………………………… 156
　　5.4.2　光栅衍射图样分析 ………………… 157
　　5.4.3　光栅光谱与色散 …………………… 161
　　5.4.4　光栅的分辨本领 …………………… 164

5.4.5　干涉和衍射的区别与联系 ……… 166
*5.5　晶体对 X 射线的衍射 …………… 167
　　5.5.1　X 射线的衍射实验 …………… 168
　　5.5.2　布拉格公式 …………………… 169
本章提要 ……………………………… 170
思考题 ………………………………… 173
习题 …………………………………… 174

第 6 章　光的偏振 …………………… 176

6.1　光的偏振态 ……………………… 176
　　6.1.1　光的偏振性 …………………… 176
　　6.1.2　自然光 ………………………… 177
　　6.1.3　线偏振光 ……………………… 178
　　6.1.4　部分偏振光 …………………… 178
　　6.1.5　椭圆偏振光　圆偏振光 ……… 179
6.2　获得偏振光的方法 ……………… 181
　　6.2.1　偏振片起偏 …………………… 181
　　6.2.2　马吕斯定律 …………………… 182
　　6.2.3　反射和折射起偏　布儒斯特
　　　　　定律 …………………………… 184
6.3　晶体中的双折射 ………………… 186
　　6.3.1　双折射现象 …………………… 186
　　6.3.2　光轴　主截面 ………………… 187
　　6.3.3　光在晶体中的传播规律 ……… 188
6.4　偏振棱镜　波片 ………………… 191
　　6.4.1　偏振棱镜 ……………………… 192
　　6.4.2　波片 …………………………… 193
　　6.4.3　光偏振态的检验 ……………… 197
6.5　偏振光的干涉 …………………… 198
　　6.5.1　偏振光的干涉 ………………… 198
　　6.5.2　色偏振 ………………………… 200
　　6.5.3　偏振光的干涉图样 …………… 201
6.6　光弹效应与旋光性 ……………… 202
　　6.6.1　光弹效应及其应用 …………… 202
　　6.6.2　旋光性 ………………………… 204
本章提要 ……………………………… 207
思考题 ………………………………… 209
习题 …………………………………… 211

附录 …………………………………… 213

常用物理常量表 ……………………… 213
常用数值表 …………………………… 214
习题答案 ……………………………… 214
索引 …………………………………… 215
参考文献 ……………………………… 215

第 1 章 振 动

振动是自然界和科学技术中极为常见的现象,广泛存在于机械运动、电磁运动、热运动、原子运动等运动形式之中. 狭义地说,通常把具有时间周期性的物体运动称为振动,如心脏的跳动、气缸活塞的运动、行车时的颠簸、发声物体的运动等. 广义地说,任何一个物理量在某一数值附近做周期性的变化,都称为振动. 变化的物理量称为振动量,它可以是力学量、电学量或其他物理量,例如电压、电流、电场强度、磁感应强度等. 尽管各种振动现象的机制可能各不相同,但是它们都遵循相同的基本规律,从而使得不同本质的振动具有统一的描述方法.

物体在某一位置附近所做的来回往复的运动叫机械振动. 本章主要通过对机械振动的讨论来揭示各类振动的共同性质和规律.

1.1 简谐振动的基本特征及其描述
1.2 简谐振动的能量
1.3 简谐振动的合成
1.4 阻尼振动 受迫振动 共振
本章提要
思考题
习题

1.1 简谐振动的基本特征及其描述

在各种振动现象中,最简单而又最基本的振动是简谐振动,实验和理论证明:一切复杂的振动都可以由许多简谐振动合成.

1.1.1 简谐振动

1. 简谐振动的表达式(运动学方程)

当物体运动时,如果离开平衡位置的位移(或角位移)按余弦函数(或正弦函数)的规律随时间变化,即

$$x = A\cos(\omega t + \varphi) \tag{1-1}$$

这种运动就称为**简谐振动**. 式(1-1)即简谐振动的表达式(运动学方程). 其中 A 为振幅,ω 为角频率,$\omega t + \varphi$ 为相位,φ 为初相.

授课录像:振动

简谐振动

2. 简谐振动的速度和加速度

将式(1-1)对时间求一阶导数,可得物体简谐振动的速度为

$$v = \frac{dx}{dt} = -\omega A \sin(\omega t + \varphi) \tag{1-2}$$

再对时间求导即得物体简谐振动的加速度

$$a = \frac{d^2 x}{dt^2} = -\omega^2 A \cos(\omega t + \varphi) \tag{1-3}$$

可见,物体做简谐振动时,其速度、加速度都以同样的角频率随时间做周期性变化.

3. 描述简谐振动的特征量

在简谐振动的表达式(1-1)中,有以下一些反映其特征的物理量.

(1) 振幅 A

振动物体离开平衡位置的最大距离称为振幅. 振幅反映振动的强弱,同时也给出振动物体的运动范围. 振幅可由初始条件(即在 $t=0$ 时振动物体的位移 x_0 和速度 v_0)决定. 把 $t=0$ 代入式(1-1)和式(1-2),得

$$x_0 = A\cos\varphi \tag{1-4}$$

$$v_0 = -A\omega\sin\varphi \tag{1-5}$$

将上两式平方后相加,可得

$$A = \sqrt{x_0^2 + \frac{v_0^2}{\omega^2}} \tag{1-6}$$

(2) 周期 T、频率 ν 与角频率 ω

振动物体做一次完全的振动需要的时间称为振动的周期,以 T 表示. 经历一个周期,物体又将完全回到原来的状态. 对于简谐振动,有

$$x(t) = A\cos(\omega t + \varphi) = A\cos[\omega(t+T) + \varphi]$$

因为余弦函数的周期是 2π,所以有 $A\cos(\omega t + \varphi) = A\cos(\omega t + 2\pi + \varphi)$. 比较两式得振动的周期

$$T = \frac{2\pi}{\omega} \tag{1-7}$$

单位时间内物体完成全振动的次数称为振动频率,以 ν 表示. 显然,频率与周期互为倒数,即

$$\nu = \frac{1}{T} = \frac{\omega}{2\pi} \tag{1-8}$$

或

$$\omega = \frac{2\pi}{T} = 2\pi\nu \tag{1-9}$$

可见,角频率 ω 表示 2π s 内物体完成全振动的次数,也称为圆频率.

T、ν 或 ω 说明简谐振动的时间周期性特征. 在 SI 中, T 的单位为 s, ν 的单位为 Hz, ω 的单位为 rad·s^{-1}.

(3) 相位 $\omega t+\varphi$ 和初相 φ

对于做简谐振动的物体来说,当振幅 A 和角频率 ω 给定时,它在任意时刻 t 的运动状态取决于物理量 $\omega t+\varphi$. $\omega t+\varphi$ 称为相位,它反映简谐振动的状态即"相貌". 做简谐振动的物体在一个周期内有不同的运动状态,分别与 $0\sim 2\pi$ 内的一个相位值对应,见表 1-1.

表 1-1 做简谐振动的物体在一个周期内有不同的运动状态

$\omega t+\varphi$	0	$\pi/2$	π	$3\pi/2$	2π
$x(t)$	A	0	$-A$	0	A
$v(t)$	0	$-\omega A$	0	ωA	0
$a(t)$	$-\omega^2 A$	0	$\omega^2 A$	0	$-\omega^2 A$

授课录像:相位

在 $t=0$ 时的相位 φ 称为初相位,简称初相. 初相是反映初始时刻(即计时的起点)振动物体运动状态的物理量,它由初始条件决定. 将式(1-5)和式(1-4)相除,得

$$\varphi = \arctan\left(\frac{-v_0}{\omega x_0}\right) \qquad (1-10)$$

应注意, φ 的取值与初始时刻的位置和速度同时有关.

1.1.2 简谐振动的描述方法

1. 振动曲线

振动物体的位置坐标 x 和时间 t 的关系曲线,亦即 x-t 曲线称为振动曲线. 振动曲线采用的是用几何语言描述振动的方法,以几何图线形象而直观地反映出振动规律. 简谐振动的振动曲线类似于余弦曲线,表征简谐振动特征的三个物理量 A、T、φ 以及 $x(t)$ 和 $v(t)$(曲线切线的斜率)都可以由其振动曲线得出,如图 1-1 所示.

式(1-1)、式(1-2)和式(1-3)的函数关系可用图 1-2 所示的 x-t、v-t 和 a-t 曲线表示. 可以方便地对物体的位移、速度和加速度进行比较.

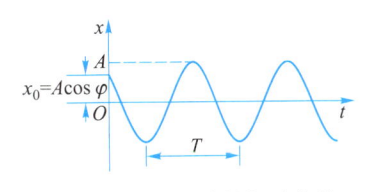

图 1-1 简谐振动的振动曲线

图 1-2　x-t、v-t 和 a-t 曲线的比较

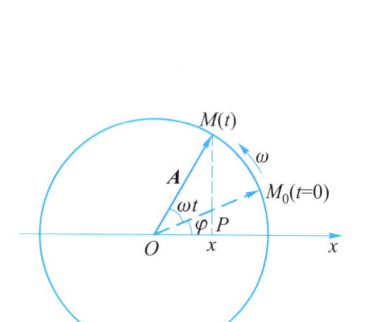

图 1-3　旋转矢量图

授课录像:旋转矢量

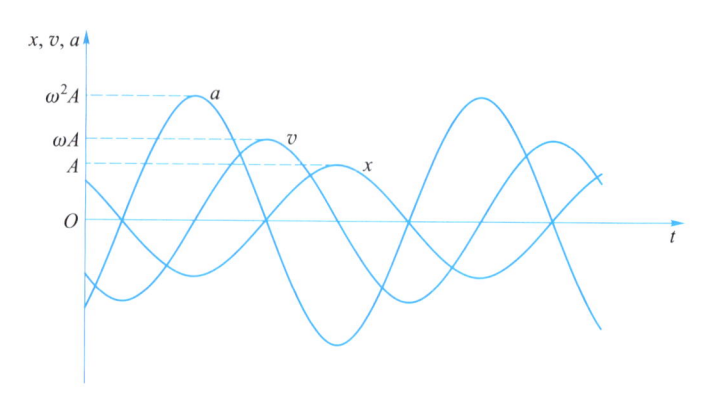

2. 旋转矢量图

对于一个给定的简谐振动 $x(t)=A\cos(\omega t+\varphi)$,也可用如图 1-3 所示的旋转矢量图表示.

设此简谐振动的平衡位置为 O,由该点出发作一矢量 $\boldsymbol{A}$,其长度 OM 等于振动的振幅 A. 在 $t=0$ 时,使矢量 $\boldsymbol{A}$ 与 x 轴正方向的夹角等于振动的初相 φ,并让矢量 $\boldsymbol{A}$ 在同一平面内绕 O 点以匀角速度逆时针旋转,角速度的大小与简谐振动的角频率 ω 相等,则在任一时刻 t,矢量 $\boldsymbol{A}$ 在 x 轴上的投影 $x(t)=A\cos(\omega t+\varphi)$ 就代表给定的简谐振动,或者说,矢量 $\boldsymbol{A}$ 的矢端 M 在 x 轴上的投影点 P 沿 x 轴做简谐振动. 矢量 $\boldsymbol{A}$ 与 x 轴的夹角 $\omega t+\varphi$ 就是简谐振动的相位. $t=0$ 时刻矢量 $\boldsymbol{A}$ 与 x 轴的夹角 φ 就是初相. 矢量 $\boldsymbol{A}$ 称为旋转矢量或振幅矢量. 由简谐振动的旋转矢量图可以看出,$\boldsymbol{A}$ 转动一周所用的时间,相当于简谐振动的一个周期. $\boldsymbol{A}$ 的矢端 M 所形成的圆,称为参考圆. 投影点做简谐振动的振幅、角频率、初相分别与旋转矢量 $\boldsymbol{A}$ 的大小、旋转角速度的大小、初始 $\boldsymbol{A}$ 和 x 轴的夹角一一对应. 因此,任何一个简谐振动,都可和一个旋转矢量相联系. 旋转矢量图可以非常直观地表示简谐振动的三个特征量和其他一些物理量.

1.1.3 相位差

相位差

授课录像:相差

相位差是指两个振动在同一时刻的相位之差或同一振动在不同时刻的相位之差,以 $\Delta\varphi$ 表示,简称相差. 当比较两个以上的简谐振动的"步调"时,相位差的概念很重要.

设有两个简谐振动

$$x_1=A_1\cos(\omega_1 t+\varphi_1)$$
$$x_2=A_2\cos(\omega_2 t+\varphi_2)$$

在 t 时刻,两者相位差为

$$\Delta\varphi = (\omega_2 t + \varphi_2) - (\omega_1 t + \varphi_1) = (\omega_2 - \omega_1)t + (\varphi_2 - \varphi_1)$$

显然它在 $\omega_2 \neq \omega_1$ 时是随 t 而变化的.

若对于两个频率相同的简谐振动,相位差 $\Delta\varphi = \varphi_2 - \varphi_1$ 是不随 t 变化的常量,且 $\Delta\varphi$ 就是两个简谐振动的初相差.相位差的存在使得两个简谐振动的步调不一致,即它们不能同时到达平衡位置而且同向运动,也不能同时到达各自同方向的最大位移处,而总是一个比另一个落后(或超前)一些.下面讨论几种情况:

1. 同相

当 $\Delta\varphi = 2k\pi, k = 0, \pm 1, \pm 2, \cdots$ 时,称两个简谐振动为同相,表示它们同来同往,即同时经过平衡位置而且同向运动,并且同时到达各自同方向的最大位移处,在此情况下,它们振动步调完全一致,如图 1-4 所示.

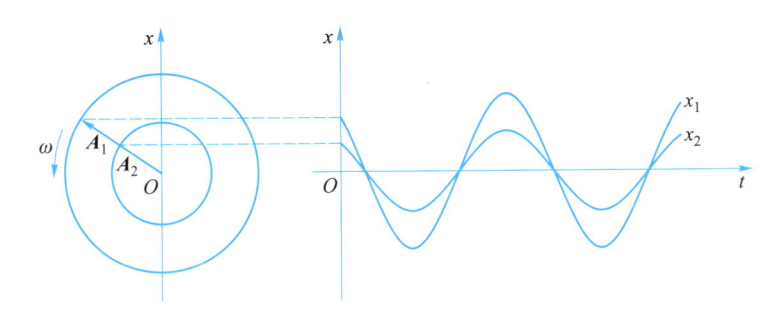

图 1-4 同相

2. 反相

当 $\Delta\varphi = (2k+1)\pi, k = 0, \pm 1, \pm 2, \cdots$ 时,称两个简谐振动为反相,表示它们同时经过平衡位置但向相反方向运动,并且同时到达各自相反方向的最大位移处,在此情况下,它们振动步调完全相反,如图 1-5 所示.

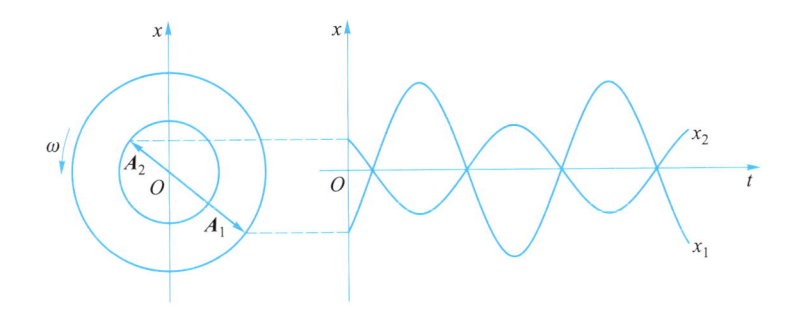

图 1-5 反相

3. 超前与落后

当 $\Delta\varphi$ 取其他值时,两个简谐振动既不同相,也不反相.如果 $\Delta\varphi = \varphi_2 - \varphi_1 > 0$,则表示第二个简谐振动比第一个简谐振动在相

位上超前 $\Delta\varphi$；或者说第一个简谐振动比第二个简谐振动在相位上落后 $\Delta\varphi$. 如果 $\Delta\varphi=\varphi_2-\varphi_1<0$，则表示第一个简谐振动比第二个简谐振动在相位上超前 $|\Delta\varphi|$. 超前或落后的时间为

$$\Delta t=(\varphi_2-\varphi_1)/\omega \qquad (1-11)$$

注意在这种说法中，由于相位差的周期为 2π，所以我们把 $|\Delta\varphi|$ 的值限在 π 以内.

例如，在图 1-6 中，$\Delta\varphi=\varphi_2-\varphi_1=3\pi/2$，我们通常不说 x_2 的相位比 x_1 的相位超前 $3\pi/2$，而改写成 $\Delta\varphi=3\pi/2-2\pi=-\pi/2$，即说 x_2 的相位比 x_1 的相位落后 $\pi/2$ 或说 x_1 的相位比 x_2 的相位超前 $\pi/2$.

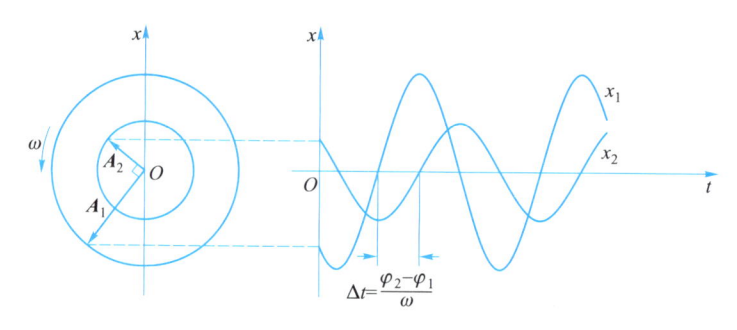

图 1-6　$\Delta\varphi=\varphi_2-\varphi_1=3\pi/2$

相位不但用来表示两个相同的做简谐振动的物理量的步调，而且可以用来表示不同物理量变化的步调. 例如，从图 1-2 可以看出，对于做简谐振动的物体，其速度的相位比位移的相位超前 $\pi/2$，比加速度的相位落后 $\pi/2$，加速度和位移是反相的.

例 1-1

两个振子做等振幅、同频率的简谐振动. 第一个振子的振动表达式为 $x_1=A\cos(\omega t+\varphi)$，当第一个振子从振动的正方向回到平衡位置时，第二个振子恰好在正方向最大位移处.

（1）求第二个振子的振动表达式和二者的相位差；

（2）若在 $t=0$ 时，$x_1=-A/2$，并向 x 轴负方向运动，画出二者的 x-t 曲线及旋转矢量图.

授课录像：简谐振动例题

解：（1）由已知条件画出旋转矢量图（图 1-7），可见，第二个振子比第一个振子相位落后 $\pi/2$，故有相位差

$$\Delta\varphi=\varphi_2-\varphi_1=-\pi/2$$

第二个振子的振动表达式为

$$x_2=A\cos(\omega t+\varphi+\Delta\varphi)=A\cos(\omega t+\varphi-\pi/2)$$

（2）由在 $t=0$ 时，$x_1=-A/2$，且 $v_0<0$，可知 $\varphi=2\pi/3$，所以

$$x_1 = A\cos(\omega t + 2\pi/3)$$
$$x_2 = A\cos(\omega t + \pi/6)$$

二者的 x-t 曲线及旋转矢量图如图 1-8 所示.

图 1-7 例 1-1(1)图

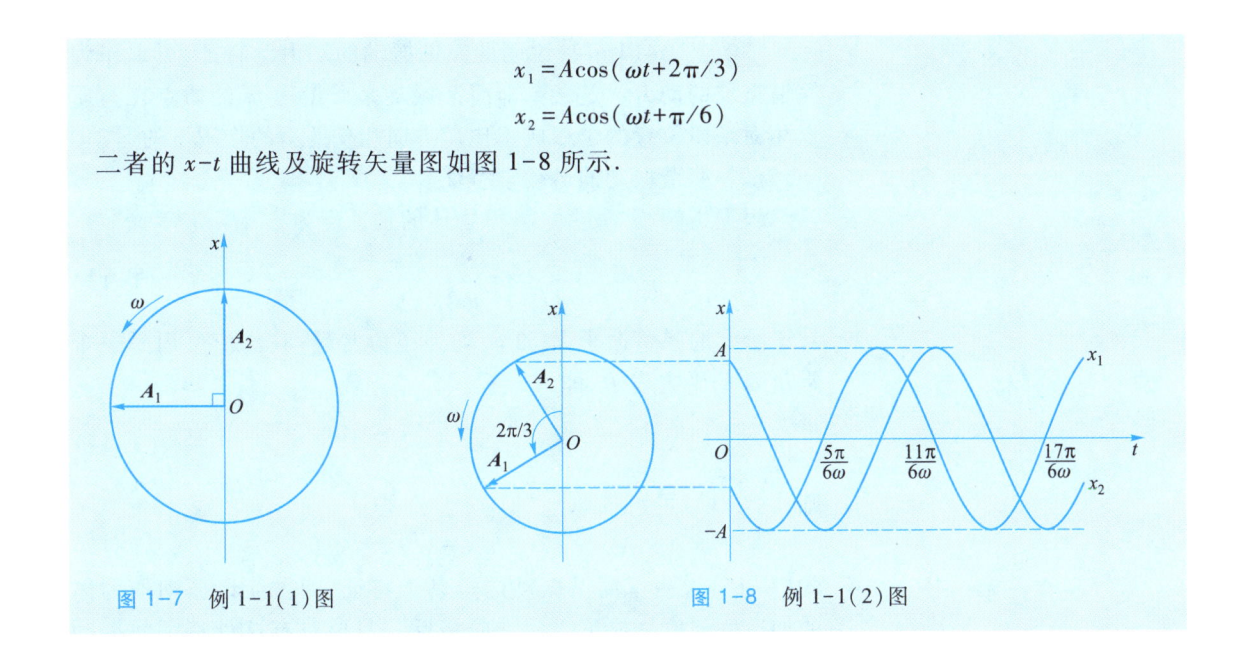

图 1-8 例 1-1(2)图

1.1.4 简谐振动的研究

下面通过弹簧振子、单摆与复摆的例子来研究简谐振动.

1. 弹簧振子

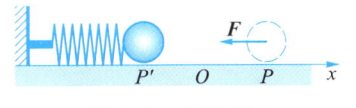

如图 1-9 所示,将一质量可忽略不计的轻质弹簧一端固定,另一端系一质量为 m 的物体(可视为质点),置于光滑的水平面上. 设物体在 O 点时弹簧处于自然长度,则物体所受的合力为零,O 点就是平衡位置. 若把物体拉至 P 点,然后任其运动,它将在弹性力 F 的作用下,在 PP' 之间绕平衡位置做来回往复的周期性运动. 这个由物体和轻质弹簧构成的振动系统,称为**弹簧振子**,它是一个理想化的模型. 实际中,为了减振,通常列车车厢是通过弹簧与车轮固接,于是列车的车厢便可看成一个弹簧振子.

图 1-9 弹簧振子

弹簧振子

（1）简谐振动的动力学特征

取平衡位置 O 点为坐标原点,沿着弹簧长度方向建立如图 1-9 所示的坐标系. 由胡克定律可知,物体 m 在坐标(即相对于 O 点的位移)为 x 的位置时所受弹簧的弹性力为

$$F = -kx \qquad (1-12)$$

式中的比例系数 k 为弹簧的弹性系数,负号表示力的方向与位移的方向相反,并始终指向平衡位置. 即在离平衡位置越远时,力越大;在平衡位置力为零处,物体由于惯性会继续运动. 这种始终指向平衡位置的力称为回复力.

事实上，式(1-12)说明的简谐振动的动力学特征，可以作为简谐振动的动力学定义．即简谐振动是质量为 m 的质点在与质点相对平衡位置的位移成正比而方向相反的力的作用下的运动．

（2）简谐振动的运动学特征

根据牛顿第二定律，可得物体的加速度为

$$a = \frac{F}{m} = -\frac{k}{m}x \tag{1-13}$$

对于给定的弹簧振子，k 和 m 均为正值常量，其比值可用另一个常量 ω 的平方表示，即

$$\omega^2 = \frac{k}{m} \tag{1-14}$$

则式(1-13)可写成

$$a = -\omega^2 x \tag{1-15}$$

式(1-15)说明了简谐振动的运动学特征，即做简谐振动的物体的加速度与位移成正比而方向相反．只要具有这种特征的振动就称为简谐振动．

（3）简谐振动的微分方程

由于加速度 $a = \mathrm{d}^2 x / \mathrm{d} t^2$，式(1-15)可写成

$$\frac{\mathrm{d}^2 x}{\mathrm{d} t^2} + \omega^2 x = 0 \tag{1-16}$$

简谐振动的微分方程　　式(1-16)称为简谐振动的微分方程，这也是简谐振动的一个特征式．

简谐振动的微分方程的解具有余弦、正弦或指数函数形式．这里采用式(1-1)，即

$$x = A\cos(\omega t + \varphi)$$

这就是简谐振动的运动学方程(表达式)．

由三角函数与复数的关系 $\mathrm{e}^{\mathrm{i}\theta} = \cos\theta + \mathrm{i}\sin\theta$ 可得到简谐振动的指数形式为

$$\widetilde{x} = A\mathrm{e}^{\mathrm{i}(\omega t + \varphi)} \tag{1-17}$$

取其实部则有式(1-1)．用复数表示简谐振动，运算上有时比较简便．

（4）弹簧振子的固有角频率

由式(1-14)，得到弹簧振子做简谐振动的角频率为

$$\omega = \sqrt{\frac{k}{m}} \tag{1-18}$$

固有角频率　　它只和振动系统自身固有的物理性质有关，称为振动的固有角频率．相对应分别有固有频率和固有周期：

$$\nu = \frac{\omega}{2\pi} = \frac{1}{2\pi}\sqrt{\frac{k}{m}} \tag{1-19}$$

$$T = \frac{1}{\nu} = 2\pi\sqrt{\frac{m}{k}} \qquad (1-20)$$

（5）应用实例

图 1-10 显示一位宇航员坐在人体质量测量装置（BMMD）上. 该装置的设计目的是用于空间轨道飞行器, 使宇航员在失重条件下能够测量自己的质量. BMMD 是一把装有弹性系数为 k 的弹簧的椅子, 宇航员通过测量他或她坐在该椅子上时振动的周期 T, 由弹簧振子的周期公式（1-20）便可求出质量.

1）已知置于正执行任务的空间轨道飞行器上的 BMMD 的弹性系数 $k = 605.6 \text{ N} \cdot \text{m}^{-1}$, 测得空椅子时 BMMD 振动的周期是 0.90149 s. 则 BMMD 参与部件的有效质量 m 可由 $T = 2\pi\sqrt{m/k}$ 计算, 即为

$$m = \left(\frac{k}{4\pi^2}\right)T^2 = \left(\frac{605.6}{4\pi^2}\right)\times 0.90149^2 \text{ kg} = 12.5 \text{ kg}$$

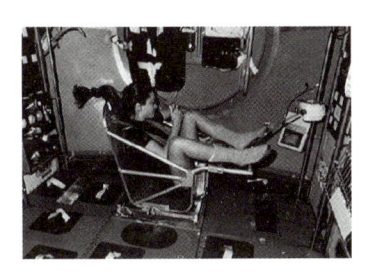

图 1-10 人体质量测量装置（BMMD）

2）设 m' 是宇航员的质量, 则由式（1-20）知宇航员坐在 BMMD 上, 系统的固有周期为

$$T = 2\pi\sqrt{\frac{m'+m}{k}}$$

则得其质量计算公式

$$m' = \left(\frac{k}{4\pi^2}\right)T^2 - m$$

当宇航员坐在椅子上时, 若测出系统振动的周期变为 2.08832 s, 可由上式求出

$$m' = \left[\left(\frac{605.6}{4\pi^2}\right)\times 2.08832^2 - 12.5\right] \text{ kg} = 54.4 \text{ kg}$$

2. 单摆与复摆

如图 1-11 所示, 将一条质量不计、长为 l 且不可伸长的细绳上端 O' 固定, 下端悬挂一质量为 m 的小物体（即摆锤, 并可视为质点）. 当悬线静止在竖直方向时, 摆锤处于平衡位置 O 点. 若将摆锤从平衡位置移开而偏离竖直方向某一角度释放时, 且不计空气阻力, 它就在重力的作用下, 在过平衡位置 O 点的竖直平面内, 以悬点 O' 为圆心、长度 l 为半径的圆周上来回摆动. 这样的振动系统称为单摆, 它是一个理想化的振动系统.

下面先说明单摆的小角度摆动是简谐振动.

（1）角谐振动的动力学特征

规定悬线绕 O' 点逆时针的转向为正方向, 则当摆锤在某一时刻位于图示的 P 点位置时, 相对于竖直直线 $O'O$, 相应的角位

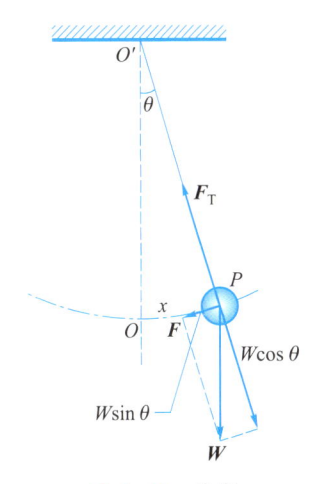

图 1-11 单摆

移(也即角坐标)θ为正值. 摆锤受重力W和悬线的拉力F_T作用. 这时切向合外力F沿摆锤运动路径的切向,大小为重力在这一切向的分量

$$F = -mg\sin\theta \tag{1-21}$$

式中负号表示力F的指向与规定的正方向相反,朝向平衡位置;当$\theta<0$时,则力F为正,其指向与规定正方向相同,也朝向平衡位置. 因此,摆锤在摆动过程中始终受到使它趋向平衡位置O的回复力F的作用.

单摆在小角度($\theta<5°$)摆动的情况下,$\sin\theta\approx\theta$,且摆锤近似在水平方向上运动,相对平衡位置的线位移$x\approx l\theta$,则有

$$F = -mg\theta = -\frac{mg}{l}x = -kx \tag{1-22}$$

式(1-22)表明,虽然力F本质上不是弹性力,但它与位移的关系及其作用却与弹性力相同,称为准弹性力. 式(1-22)中的k称为等效弹性系数.

摆锤还可作为一个绕悬点转动的质点来处理. 当摆锤偏离平衡位置时,由于有重力对悬点的力矩M,它才会不断地左右摆动. 对力矩M,有

$$M = -mgl\theta \tag{1-23}$$

负号表示该力矩对摆锤起了回复力矩的作用.

我们把以角量表示的简谐振动称为角谐振动. 式(1-23)说明了单摆角谐振动的动力学特征,即回复力矩与角位移成正比.

(2)角谐振动的运动学特征

单摆在力矩M的作用下,获得的对悬点O'的角加速度为α. 根据转动定律,有

$$\alpha = \frac{M}{J} = -\frac{mgl}{J}\theta$$

式中J为摆锤对悬点O'的转动惯量$J=ml^2$,因此上式可写成

$$\alpha = -\frac{g}{l}\theta \tag{1-24}$$

式中g和l均为正值常量,其比值可用另一个常量ω的平方表示,即

$$\omega^2 = \frac{g}{l} \tag{1-25}$$

则式(1-24)可成为

$$\alpha = -\omega^2\theta \tag{1-26}$$

式(1-26)说明单摆的角加速度与角位移成正比,此即角谐振动

的运动学特征.

（3）角谐振动的微分方程

由于角加速度 $\alpha = d^2\theta/dt^2$，式（1-26）可写成

$$\frac{d^2\theta}{dt^2} + \omega^2\theta = 0 \qquad (1-27)$$

式（1-27）称为**角谐振动的微分方程**，它也是角谐振动的一个特征式.

角谐振动的微分方程的解可以写成

$$\theta = \theta_0 \cos(\omega t + \varphi) \qquad (1-28)$$

式中 θ_0 代表角谐振动的角振幅，式（1-28）就是角谐振动的运动学方程（表达式）.

（4）单摆的固有角频率

由式（1-25），得到单摆做简谐振动的固有角频率为

$$\omega = \sqrt{\frac{g}{l}} \qquad (1-29)$$

它只和摆长和重力加速度有关. 其固有频率和固有周期分别为

$$\nu = \frac{\omega}{2\pi} = \frac{1}{2\pi}\sqrt{\frac{g}{l}} \qquad (1-30)$$

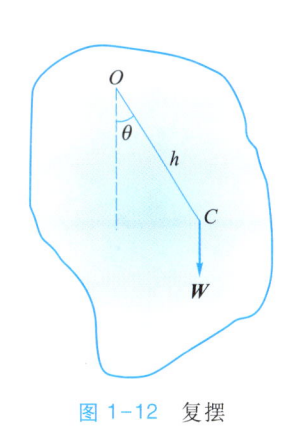

$$T = \frac{1}{\nu} = 2\pi\sqrt{\frac{l}{g}} \qquad (1-31)$$

（5）复摆的固有角频率

如图 1-12 所示，一个在重力作用下可绕水平固定轴 O 自由摆动的任意形状的刚体称为复摆，也称为物理摆. 当刚体的质心 C 恰好在轴 O 的正下方时，复摆处于平衡位置. 当复摆偏离平衡位置即转过角位移 θ 时，略去轴处的摩擦力和空气阻力，复摆会在重力矩作用下来回摆动.

设刚体质心 C 到轴 O 的距离为 h，刚体对轴 O 的转动惯量为 J. 对复摆小幅度的自由摆动的分析，类似于对单摆的角谐振动的分析，可得复摆的固有角频率为

$$\omega = \sqrt{\frac{mgh}{J}} \qquad (1-32)$$

图 1-12 复摆

固有频率和固有周期分别为

$$\nu = \frac{1}{2\pi}\sqrt{\frac{mgh}{J}} \qquad (1-33)$$

$$T = 2\pi\sqrt{\frac{J}{mgh}} \qquad (1-34)$$

单摆实际上是复摆的一个特例.

（6）应用实例

虽然恐龙早已灭绝，但人们根据所发现的恐龙化石和恐龙留下的足印，如图 1-13 所示，测量其腿长 L 和步距 s，便可估算出恐龙大致的奔走速度.

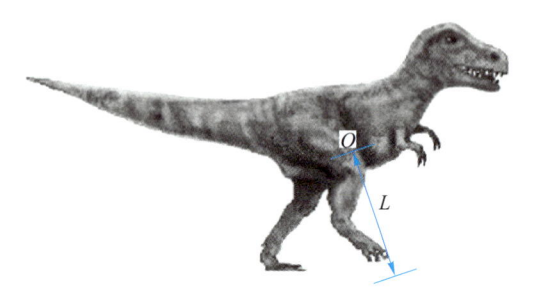

授课录像：人及动物的行走速率

图 1-13　恐龙足印

1）已知恐龙的腿长 L 为 3.1 m，当恐龙奔走时，可以近似将其腿的运动视为一根匀质杆绕通过其一端的水平轴 O 的角谐振动. 匀质杆对轴 O 的转动惯量 $J = mL^2/3$，质心到轴 O 的距离 $h = L/2$. 由式 (1-34) 得恐龙腿运动的固有周期为

$$T = 2\pi\sqrt{\frac{J}{mgh}} = 2\pi\sqrt{\frac{mL^2/3}{mgL/2}} = 2\pi\sqrt{\frac{2L}{3g}} = 2\pi\sqrt{\frac{2\times 3.1}{3\times 9.8}}\text{ s} \approx 2.9\text{ s}$$

2）已知恐龙的步距 s 为 4.0 m，则可估算出恐龙大致的奔走速度为

$$v = \frac{s}{T} = 1.4\text{ m}\cdot\text{s}^{-1} = 5.0\text{ km}\cdot\text{h}^{-1}$$

1.2　简谐振动的能量

1.2.1　简谐振动的能量特征

做简谐振动的系统的能量为动能 E_k 和势能 E_p 之和. 以弹簧振子为例，利用速度的表达式 (1-2) 给出系统的动能为

$$E_k = \frac{1}{2}mv^2 = \frac{1}{2}mA^2\omega^2\sin^2(\omega t + \varphi) \tag{1-35}$$

如果取平衡位置处的势能为零，则弹性势能为

授课录像：简谐振动系统的能量

$$E_p = \frac{1}{2}kx^2 = \frac{1}{2}kA^2\cos^2(\omega t+\varphi) = \frac{1}{2}mA^2\omega^2\cos^2(\omega t+\varphi)$$
(1-36)

因而系统的总能量为

$$E = E_k + E_p = \frac{1}{2}mv^2 + \frac{1}{2}kx^2 = \frac{1}{2}mA^2\omega^2 = \frac{1}{2}kA^2 \quad (1-37)$$

式(1-37)说明**简谐振动的能量特征**,即简谐振动的系统的能量与振幅的平方成正比,或等于平衡位置处的动能,或等于最大位移处的势能.由于系统不受外力作用,并且内力为保守力,故在简谐振动的过程中,虽然动能和势能都随时间做周期性变化,变化频率是位移与速度变化频率的两倍,但系统的总能量恒定不变,只有系统内动能与势能间的互相转化,如图 1-14 所示.这个结论也适用于其他形式的简谐振动,具有普遍意义.

弹簧振子做简谐振动时的动能、势能和总能量与位移的关系如图 1-15 所示.在一次振动过程中总能量为 E ,保持不变.在位移为 x 时,势能和动能分别由图中的线段表示.当位移达到 $+A$ 和 $-A$ 时,振子的动能为零,开始返回运动.振子不可能越过势能曲线到达势能更大的区域,因为到那里振子的动能应为负值,而这是不可能的.而对于微观的振子粒子,其可以越过势能曲线所形成的壁垒而进入势能更大的区域,这就是所谓的"隧道效应".

由式(1-37)可知

$$A = \sqrt{\frac{2E}{k}} = \sqrt{\frac{2E_0}{k}} \quad (1-38)$$

式(1-38)说明简谐振动的特征量振幅由系统的初始能量 E_0 决定.振幅不仅表示简谐振动的运动范围,而且反映振动系统总能量的大小,或者说反映振动的强度.对弹簧振子,由初始时刻的能量关系,有

$$E_0 = \frac{1}{2}mv_0^2 + \frac{1}{2}kx_0^2 = \frac{1}{2}kA^2 \quad (1-39)$$

得

$$A = \sqrt{x_0^2 + \frac{v_0^2}{\omega^2}}$$

此即式(1-6).

简谐振动的能量特征

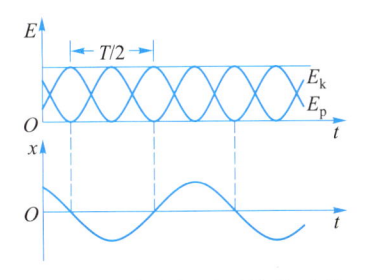

图 1-14 简谐振动系统的动能、势能和总能量与时间的关系曲线

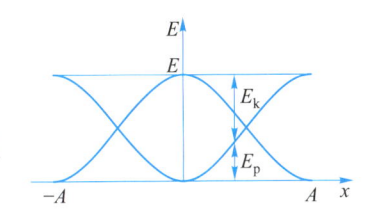

图 1-15 弹簧振子做简谐振动时的动能、势能和总能量与位移的关系曲线

1.2.2 能量平均值

一个随时间变化的物理量 $f(t)$，在一段时间 T 内的平均值定义为

$$\bar{f} = \frac{1}{T}\int_0^T f(t)\,\mathrm{d}t \qquad (1\text{-}40)$$

由式(1-35)和式(1-36)可计算简谐振动在一个周期内的动能和势能的平均值分别为

$$\overline{E_k} = \frac{1}{T}\int_0^T E_k(t)\,\mathrm{d}t$$

$$= \frac{1}{T}\int_0^T \frac{1}{2}m\omega^2 A^2 \sin^2(\omega t + \varphi)\,\mathrm{d}t$$

$$= \frac{1}{4}m\omega^2 A^2 = \frac{1}{4}kA^2$$

$$\overline{E_p} = \frac{1}{T}\int_0^T E_p(t)\,\mathrm{d}t$$

$$= \frac{1}{T}\int_0^T \frac{1}{2}kA^2 \cos^2(\omega t + \varphi)\,\mathrm{d}t$$

$$= \frac{1}{4}kA^2$$

$$= \frac{1}{4}m\omega^2 A^2$$

可见，简谐振动的动能与势能在一个周期内的平均值相等，它们都等于总能量的一半.

例 1-2

图 1-16 所示为一光滑水平面上的弹簧振子，弹簧的弹性系数 $k = 24\ \mathrm{N\cdot m^{-1}}$，所系物体的质量为 $m = 6\ \mathrm{kg}$. 当物体静止在平衡位置时，以一水平恒力 $F = 10\ \mathrm{N}$ 向左作用于物体，使之由平衡位置向左运动 $s = 0.05\ \mathrm{m}$ 后撤去力 F. 当物体运动到左方最远位置时开始计时，求物体的运动学方程.

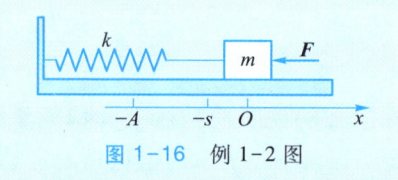

图 1-16 例 1-2 图

解：设物体的运动学方程为

$$x = A\cos(\omega t + \varphi)$$

其中 $\omega = \sqrt{k/m} = \sqrt{24/6}\ \mathrm{rad\cdot s^{-1}} = 2\ \mathrm{rad\cdot s^{-1}}$；当物体运动到 $-A$ 位置时开始计时，初相 $\varphi = \pi$.

由于恒外力对物体所做的功等于弹簧振子所获得的机械能，所以当物体运动到最左端时，这些能量全部转化为弹簧的弹性势能.

即

$$Fs = \frac{1}{2}kA^2$$

得

$$A = \sqrt{2Fs/k} = \sqrt{2\times 10\times 0.05/24}\ \mathrm{m} = 0.204\ \mathrm{m}$$

物体的运动学方程为

$$x = 0.204\cos(2t + \pi) \quad \text{（SI 单位）}$$

例 1-3

一质量 $m = 1 \text{ kg}$ 物体 A，放在倾角 $\theta = 30°$ 的光滑斜面上，通过不可伸长的轻绳跨过无摩擦的定滑轮与弹性系数 $k = 49 \text{ N} \cdot \text{m}^{-1}$ 的轻弹簧相连，如图 1-17 所示. 将物体由弹簧尚未形变的位置以静止状态释放并开始计时，试写出物体的运动学方程.（忽略滑轮质量.）

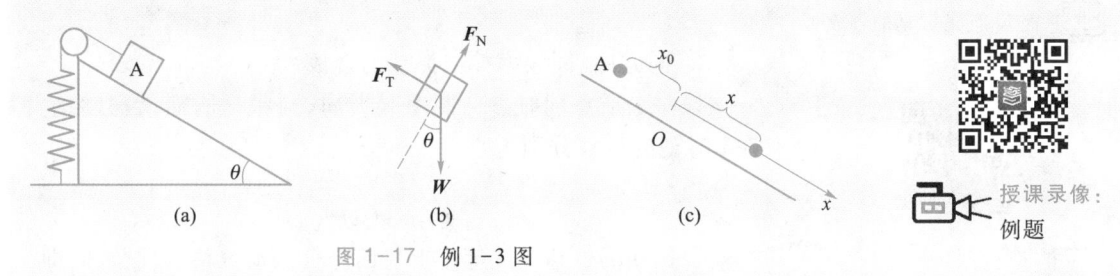

图 1-17 例 1-3 图

解：(1) 以 A 为研究对象，分析受力如图 1-17(b) 所示.

平衡位置：
$$mg\sin\theta = F_T = kl_0$$
$$l_0 = \frac{mg\sin\theta}{k} = \frac{1 \times 9.8 \times 0.5}{49} \text{ m} = 0.1 \text{ m}$$

(2) 建坐标系如图 1-17(c) 所示，平衡位置 O 为坐标原点.

初始位置：$x_0 = -l_0$

(3) 列方程：
$$mg\sin\theta - F_T = m\frac{d^2x}{dt^2}$$
$$mg\sin\theta - k(x+l_0) = m\frac{d^2x}{dt^2}$$
$$\frac{d^2x}{dt^2} + \frac{k}{m}x + \frac{k}{m}l_0 - g\sin\theta = 0$$
$$\frac{d^2x}{dt^2} + \frac{k}{m}x = 0 \quad \text{物体 A 做简谐振动}$$

角频率 $\omega = \sqrt{\dfrac{k}{m}} = \sqrt{49} \text{ rad} \cdot \text{s}^{-1} = 7 \text{ rad} \cdot \text{s}^{-1}$

(4) 设简谐振动表达式：$x = A\cos(7t+\varphi_0)$（SI 单位）

(5) 由初始条件 $x_0 = -l_0$，$v_0 = 0$ 及已知数据，代入式(1-6)和式(1-10)得
$$A = \sqrt{x_0^2 + \frac{v_0^2}{\omega^2}} = l_0 = 0.1 \text{ m}$$
$$\tan\varphi_0 = -\frac{v_0}{\omega x_0} = 0, \quad \varphi_0 = \pi$$

物体的运动学方程为
$$x = 0.1\cos(7t+\pi)\text{（SI 单位）}$$

注意：(1) 平衡位置与初始位置的区别.

(2) 弹簧伸长与坐标值的区别.

(3) $\omega = \sqrt{\dfrac{k}{m}}$ 与角度 θ 无关，与弹簧振子水平或竖直放置无关.

(4) 若滑轮质量不可忽略不计，该题如何解？

1.3 简谐振动的合成

日常生活中经常见到一个系统参与两个或多个振动的情况. 例如，悬挂在颠簸船舱中的钟摆，两列声波同时传入人耳等. 任

何复杂的振动形式都可视为若干个简谐振动的合成,因此下面只讨论简谐振动的合成问题.

1.3.1 同方向简谐振动的合成

1. 同方向、同频率简谐振动的合成

设一个质点同时参与两个同方向、同频率的简谐振动,它们在 t 时刻的位移分别为

$$x_1 = A_1 \cos(\omega t + \varphi_1)$$
$$x_2 = A_2 \cos(\omega t + \varphi_2)$$

合振动的位移 x 应等于上述两个分振动位移的代数和,即

$$x = x_1 + x_2 = A_1 \cos(\omega t + \varphi_1) + A_2 \cos(\omega t + \varphi_2)$$

利用和角的三角函数公式,将上式中的余弦函数展开并整理得

$$x = (A_1 \cos \varphi_1 + A_2 \cos \varphi_2) \cos \omega t - (A_1 \sin \varphi_1 + A_2 \sin \varphi_2) \sin \omega t$$

令

$$A \sin \varphi = A_1 \sin \varphi_1 + A_2 \sin \varphi_2 \qquad (1-41\text{a})$$
$$A \cos \varphi = A_1 \cos \varphi_1 + A_2 \cos \varphi_2 \qquad (1-41\text{b})$$

则

$$x = A \cos \varphi \cos \omega t - A \sin \varphi \sin \omega t = A \cos(\omega t + \varphi)$$

因此两个同方向、同频率简谐振动的合振动还是与分振动同方向、同频率的简谐振动,其振幅 A 可由式(1-41a)与式(1-41b)的平方求和得到,即

$$A = \sqrt{A_1^2 + A_2^2 + 2A_1 A_2 \cos(\varphi_2 - \varphi_1)} \qquad (1-42)$$

其初相 φ 可由式(1-41a)与式(1-41b)相除得到,即

$$\varphi = \arctan \frac{A_1 \sin \varphi_1 + A_2 \sin \varphi_2}{A_1 \cos \varphi_1 + A_2 \cos \varphi_2} \qquad (1-43)$$

利用前面学过的旋转矢量图,我们也可得出上述结果.如图 1-18 所示,从原点 O 相对于参考方向 x 轴分别作出两个分振动的振幅矢量 A_1 和 A_2,在 $t=0$ 时它们与 x 轴的夹角分别为两个分振动的初相 φ_1 和 φ_2,t 时刻它们在 x 轴的投影分别表示两个分振动的位移 x_1 和 x_2.由矢量合成的平行四边形法则,得到 A_1 和 A_2 的合矢量 A.由图 1-18 可以看出,t 时刻 A 在 x 轴的投影为 $x = x_1 + x_2$,x 表示合振动的位移,因此 A 就是合振动的振幅矢量.在 $t=0$ 时 A 与 x 轴的夹角 φ 为合振动的初相.A_1 和 A_2 以同一匀角速度 ω 绕 O 点逆时针旋转,它们之间的夹角即两个分振动的相位差 $\varphi_2 - \varphi_1$ 保持不变,因而由 A_1 和 A_2 构成的平行四边形 OM_1MM_2 的形状在旋转过程中始终保持不变,说明合振动的振幅矢量 A 的长度不变,并也以角速度 ω 旋转.因此合矢量 A 的端

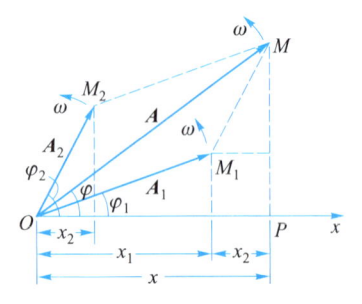

图 1-18 两个同方向、同频率简谐振动的合成

视频:简谐振动的合成 1

视频:同一直线上 n 个简谐振动的合成

点 M 在 x 轴上的投影 P 所代表的运动也是简谐振动,可表示为 $x=A\cos(\omega t+\varphi)$,而且其角频率与原来两个分振动的角频率相同.

对图 1-18 中的 $\triangle OM_1M$ 利用余弦定理,即可求出合振动的振幅 A 的表示式(1-42);根据 $\triangle OMP$ 的边角关系,可求出合振动的初相 φ 的表示式(1-43). 由此两式可见,合振动的振幅和初相与分振动的振幅和初相都有关系. 合振动的振幅不仅取决于分振动的振幅,而且取决于分振动的相位差 $\varphi_2-\varphi_1$. 下面讨论几种情况:

(1) 当两分振动同相时,$\varphi_2-\varphi_1=2k\pi$,$k=0,\pm1,\pm2,\cdots$,则 $\cos(\varphi_2-\varphi_1)=1$,由式(1-42)得合振动的振幅

$$A=\sqrt{A_1^2+A_2^2+2A_1A_2}=A_1+A_2$$

即合振动的振幅等于两个分振动的振幅之和,且达到最大值,表明振动相互加强. 若 $A_1=A_2$,则有 $A=2A_1$.

(2) 当两分振动反相时,$\varphi_2-\varphi_1=(2k+1)\pi$,$k=0,\pm1,\pm2,\cdots$,则 $\cos(\varphi_2-\varphi_1)=-1$,由式(1-42)得合振动的振幅

$$A=\sqrt{A_1^2+A_2^2-2A_1A_2}=|A_1-A_2|$$

即合振动的振幅等于两个分振动的振幅之差的绝对值,且达到最小值,表明振动相互减弱. 若 $A_1=A_2$,则有 $A=0$,此时两个等幅反相的分振动相互抵消,结果使质点静止不动.

例如,在凹凸不平的路面上行驶的汽车中,乘客在连有弹簧的座椅上相对于车厢上下振动,车厢下也有弹簧,车厢相对地面也在上下振动,乘客实际参与了这两个分振动. 若车厢和座椅两者的振动反相,振幅相近,乘客相对地面的振动的振幅就很小,颠簸程度大为减弱. 根据此原理可以巧妙设计现代汽车的减震系统.

(3) 一般情况下,当两分振动的相位差 $\varphi_2-\varphi_1$ 为其他任意值时,$\cos(\varphi_2-\varphi_1)$ 的值介于 1 和 -1 之间,合振动的振幅的取值介于 $|A_1-A_2|$ 和 A_1+A_2 之间,亦即

$$|A_1-A_2|<A<A_1+A_2$$

以上讨论说明,两个分振动的相位差 $\varphi_2-\varphi_1$ 对它们的合振动起着非常重要的作用.

例 1-4

某一质点同时参与两个同方向、同频率的简谐振动,其振动规律分别为

$$x_1=0.4\cos\left(3t+\frac{\pi}{3}\right) \quad (\text{SI 单位})$$

$$x_2=0.3\cos\left(3t-\frac{\pi}{6}\right) \quad (\text{SI 单位})$$

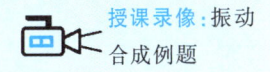

授课录像:振动合成例题

（1）求合振动表达式；

（2）若另有一同方向、同频率的简谐振动，其表达式为

$$x_3 = 0.5\cos(3t+\varphi_3) \quad (\text{SI 单位})$$

当 φ_3 为何值时，$x_1+x_2+x_3$ 的振幅最大？当 φ_3 为何值时，$x_1+x_2+x_3$ 的振幅最小？

解：（1）由题意知 $A_1 = 0.4$ m，$\varphi_1 = \pi/3$；$A_2 = 0.3$ m，$\varphi_2 = -\pi/6$. 将上述各值分别代入式（1-42）和式（1-43），得合振动的振幅和初相：

$$A = \sqrt{A_1^2 + A_2^2 + 2A_1 A_2 \cos(\varphi_2 - \varphi_1)}$$

$$= \sqrt{0.4^2 + 0.3^2 + 2\times 0.4 \times 0.3 \cos\left(-\frac{\pi}{6}-\frac{\pi}{3}\right)} \text{ m}$$

$$= 0.5 \text{ m}$$

$$\varphi = \arctan\frac{A_1\sin\varphi_1 + A_2\sin\varphi_2}{A_1\cos\varphi_1 + A_2\cos\varphi_2}$$

$$= \arctan\left[\frac{0.4\sin\dfrac{\pi}{3} + 0.3\sin\left(-\dfrac{\pi}{6}\right)}{0.4\cos\dfrac{\pi}{3} + 0.3\cos\left(-\dfrac{\pi}{6}\right)}\right]$$

$$= 0.12\pi \text{ 或 } -0.88\pi$$

由于 φ_1 和 φ_2 分别位于第一象限和第四象限，而 -0.88π 位于第三象限不合题意，应该舍去，故知合振动的初相为 $\varphi = 0.12\pi$. 合振动表达式为

$$x = 0.5\cos(3t+0.12\pi) \quad (\text{SI 单位})$$

（2）因为 $x_1+x_2+x_3 = x+x_3$，所以 $x_1+x_2+x_3$ 的振幅最大的条件，可通过对 $x+x_3$ 分析得到. 当

$$\varphi_3 - \varphi = 2k\pi, \quad k = 0, \pm 1, \pm 2, \cdots$$

即

$$\varphi_3 = \varphi + 2k\pi = 0.12\pi + 2k\pi, \quad k = 0, \pm 1, \pm 2, \cdots \text{ 时}$$

$x_1+x_2+x_3$ 的振幅达到最大值 $A+A_3 = 1.0$ m.

而 $x_1+x_2+x_3$ 的振幅最小的条件为

$$\varphi_3 - \varphi = (2k+1)\pi, \quad k = 0, \pm 1, \pm 2, \cdots$$

即当

$$\varphi_3 = \varphi + (2k+1)\pi$$
$$= 0.12\pi + (2k+1)\pi$$
$$= 1.12\pi + 2k\pi, \quad k = 0, \pm 1, \pm 2, \cdots \text{ 时}$$

$x_1+x_2+x_3$ 的振幅达到最小值 $A+A_3 = 0$.

上述关于两个同方向、同频率简谐振动的一些结论可以推广到多个同方向、同频率简谐振动的合成情况，即对如下 n 个简谐振动

$$x_i = A_i\cos(\omega t + \varphi_i), \quad i = 1, 2, \cdots, n$$

合振动 $x = \sum_{i=1}^{n} x_i$ 也是同方向、同频率的简谐振动 $x = A\cos(\omega t + \varphi)$，合振动的振幅 A 和初相 φ 也可以用一般矢量求和的方法得到.

例 1-5

已知 n 个同方向、同频率的简谐振动，它们的振幅相等，即 $A_1 = A_2 = A_3 = \cdots = A_n = a$，初相分别为 $0, \delta, 2\delta, \cdots$，即依次相差一个常量 δ，振动表达式分别为

$$x_1 = a\cos\omega t$$
$$x_2 = a\cos(\omega t + \delta)$$
$$x_3 = a\cos(\omega t + 2\delta)$$
$$\cdots\cdots\cdots\cdots$$
$$x_n = a\cos[\omega t + (n-1)\delta]$$

求它们的合振动的振幅和初相.

解：对于这种情况，直接用三角函数公式求合振动比较麻烦，下面利用旋转矢量图计算. 在图 1-19 中，将每一简谐振动在 $t=0$ 时的振幅矢量 $A_1, A_2, A_3, \cdots, A_n$ 从 O 点开始依次首尾相接，而相邻矢量的夹角均为 δ. 这样，它们便构成正多边形的一部分. 根据矢量合成的多边形法则，从起点 O 到终点 M 所作的多边形封闭矢量 A，就是各分振动的振幅矢量之和，亦即合振动的振幅矢量 A. 合振动表达式为

$$x = A\cos(\omega t + \varphi)$$

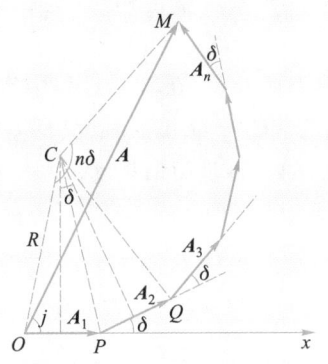

图 1-19 n 个同方向、同频率、等幅的简谐振动的合成

其中合振动的振幅 A 为振幅矢量 A 的大小，初相 φ 为振幅矢量 A 与 x 轴的夹角.

下面我们采用几何方法求出合振动的 A 和 φ. 在图 1-19 中，分别作 A_1 和 A_2 的垂直平分线，两者相交于 C 点，它们之间的夹角显然为 δ. 而以 $A_1, A_2, A_3, \cdots, A_n$ 为底边，以 C 为顶点的三角形的顶角也等于 δ，因此 $\angle OCM = n\delta$. 因 $OC = PC = QC = \cdots = MC$，并令其等于 R. 从 $\triangle OCM$ 可以求得振幅矢量 A 的大小为

$$A = 2R\sin\frac{n\delta}{2}$$

在 $\triangle OCP$ 中

$$a = 2R\sin\frac{\delta}{2}$$

上两式相比可得合振动的振幅

$$A = a\frac{\sin\dfrac{n\delta}{2}}{\sin\dfrac{\delta}{2}} \quad (1\text{-}44)$$

又因为

$$\angle COP = \frac{1}{2}(\pi - \delta)$$
$$\angle COM = \frac{1}{2}(\pi - n\delta)$$

所以上两式相减可得合振动的初相

$$\varphi = \angle COP - \angle COM = \frac{n-1}{2}\delta \quad (1\text{-}45)$$

这样，合振动表达式可以写成

$$x = A\cos(\omega t + \varphi) = a\frac{\sin\dfrac{n\delta}{2}}{\sin\dfrac{\delta}{2}}\cos\left(\omega t + \frac{n-1}{2}\delta\right)$$

$$(1\text{-}46)$$

下面讨论两种特殊情况：

（1）当各分振动同相时，$\delta = 2k\pi, k = 0, \pm 1, \pm 2, \cdots$，即各分振动的振幅矢量的方向相同. 则以 $\delta = 0$ 代入式（1-44），并采用数学中的洛必达法则，得

$$A = \lim_{\delta \to 0}\frac{\sin\dfrac{n\delta}{2}}{\sin\dfrac{\delta}{2}}a = na \quad (1\text{-}47)$$

即合振动的振幅等于各分振动的振幅之和，且达到最大值，各分振动相互加强.

（2）若 $\delta = 2k'\pi/n, k' = \pm 1, \pm 2, \cdots, \pm(n-1), \pm(n+1), \cdots$，即 $k' \neq nk, k = 0, \pm 1, \pm 2, \cdots$，则由式（1-44）得

$$A = \frac{\sin k'\pi}{\sin\dfrac{k'\pi}{n}}a = 0 \quad (1\text{-}48)$$

即合振动的振幅达到最小值，各分振动合成的结果使质点静止不动. 这时，在旋转矢量图中，各分振幅矢量依次相接，构成的是一个闭合的正多边形.

以上讨论的结果可应用在光的干涉和衍射规律的研究上.

2. 同方向、不同频率简谐振动的合成

如果一个质点参与两个方向相同但频率不同的简谐振动，为简单起见，设 $\omega_2 > \omega_1$。振动表达式分别为

$$x_1 = A_1 \cos(\omega_1 t + \varphi_1)$$
$$x_2 = A_2 \cos(\omega_2 t + \varphi_2)$$

则合振动表达式为

$$x = x_1 + x_2 = A_1 \cos(\omega_1 t + \varphi_1) + A_2 \cos(\omega_2 t + \varphi_2)$$

合振动的方向仍与分振动的方向相同，但由于上述两个简谐振动的角频率不同，在图 1-20 所示的旋转矢量图中，两个简谐振动的旋转矢量 A_1 与 A_2 的转动角速度就不相同，它们之间的夹角即两个分振动的相位差 $(\omega_2 - \omega_1)t + (\varphi_2 - \varphi_1)$ 将随时间 t 变化。由 A_1 和 A_2 构成的平行四边形 OM_1MM_2，在转动过程中也将不断改变形状。因此，代表合振动的旋转矢量 A 的长度（即 OM）和转动角速度 ω 都在变化。故合振动不再是简谐振动，而是较为复杂的运动。

授课录像：同一直线上不同频率简谐振动的合成

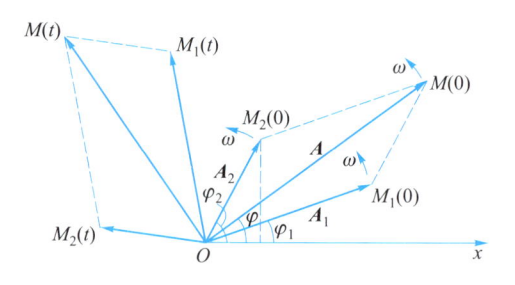

图 1-20 两个同方向、不同频率简谐振动的合成

由于 A_2 比 A_1 转得快，所以有时 A_2 与 A_1 之间的夹角为零，即两分振动同相，此时合振动的振幅最大，即 $A = A_1 + A_2$，合振动最强；有时 A_2 与 A_1 指向相反，即两分振动反相，此时合振动的振幅最小，即 $A = |A_1 - A_2|$。因为在旋转矢量图上，单位时间内 A_2 比 A_1 多转了 $\nu_2 - \nu_1$ 圈，所以，单位时间内两分振动同相、反相的次数各为 $\nu_2 - \nu_1$ 次，或者说单位时间内振动加强或减弱 $\nu_2 - \nu_1$ 次。

当 ω_1, ω_2 都较大、而 $\omega_2 - \omega_1$ 又很小时，两个简谐振动的旋转矢量 A_1 与 A_2 的夹角 $(\omega_2 - \omega_1)t + (\varphi_2 - \varphi_1)$ 的变化则很缓慢，合振动经历一次强弱变化所需的时间就很长，因而合振动时强时弱的周期性变化就会明显地表示出来，如图 1-21 所示。我们把这种两个频率都较大但两者频差很小的同方向简谐振动合成时，所产生的合振幅时而加强时而减弱的现象称为拍。合振动在单位时间内加强或减弱的次数称为拍频，以 ν 表示，$\nu = |\nu_2 - \nu_1|$。人们常利用拍现象校准乐器、测定声波或无线电波的频率等。

拍

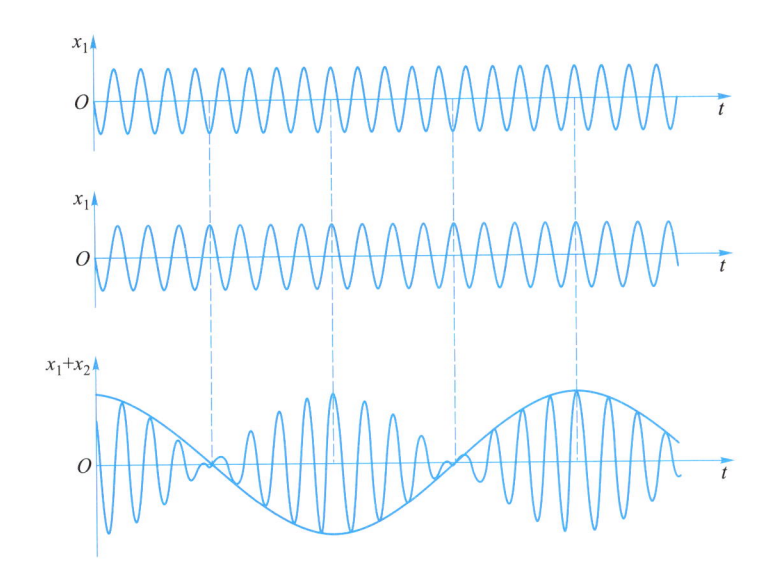

图 1-21 拍的形成

1.3.2 相互垂直简谐振动的合成

当一个质点同时参与两个不同方向的振动时,它的合位移是两个分位移的矢量和.这时质点在两个运动方向所决定的平面上运动.下面只讨论两个运动方向相互垂直、频率相同或为整数比的简谐振动的合成问题.

1. 相互垂直、同频率简谐振动的合成

设一个质点同时参与分别沿 x 轴方向和 y 轴方向的两个同频率简谐振动,它们在 t 时刻的位移分别为

$$x = A_1 \cos(\omega t + \varphi_1)$$
$$y = A_2 \cos(\omega t + \varphi_2)$$

我们可先把上两式分别改写为

$$\frac{x}{A_1} = \cos \omega t \cos \varphi_1 - \sin \omega t \sin \varphi_1$$

$$\frac{y}{A_2} = \cos \omega t \cos \varphi_2 - \sin \omega t \sin \varphi_2$$

然后分别对上两式乘以 $\cos \varphi_2$、$\cos \varphi_1$ 并相减,乘以 $\sin \varphi_2$、$\sin \varphi_1$ 并相减,再平方相加,可得质点的轨道方程

$$\frac{x^2}{A_1^2} + \frac{y^2}{A_2^2} - \frac{2xy}{A_1 A_2} \cos(\varphi_2 - \varphi_1) = \sin^2(\varphi_2 - \varphi_1) \quad (1-49)$$

这是一个椭圆方程,其具体形状由两分振动的振幅 A_1、A_2 和相位

授课录像:同周期相互垂直简谐振动的合成

差 $\varphi_2-\varphi_1$ 确定. 下面讨论几种特殊情形:

(1) 当两分振动同相时,即当 $\varphi_2-\varphi_1=2k\pi, k=0,\pm 1,\pm 2,\cdots$ 时,式(1-49)变为

$$y=\frac{A_2}{A_1}x$$

这表明质点的运动轨迹为一条通过原点的直线,其斜率为 $A_2/A_1>0$,如图 1-22(a)所示. 在 t 时刻,质点离开平衡位置的位移为

$$s=\sqrt{x^2+y^2}=\sqrt{A_1^2\cos^2(\omega t+\varphi_1)+A_2^2\cos^2(\omega t+\varphi_1+2k\pi)}$$
$$=\sqrt{A_1^2+A_2^2}\cos(\omega t+\varphi_1)$$

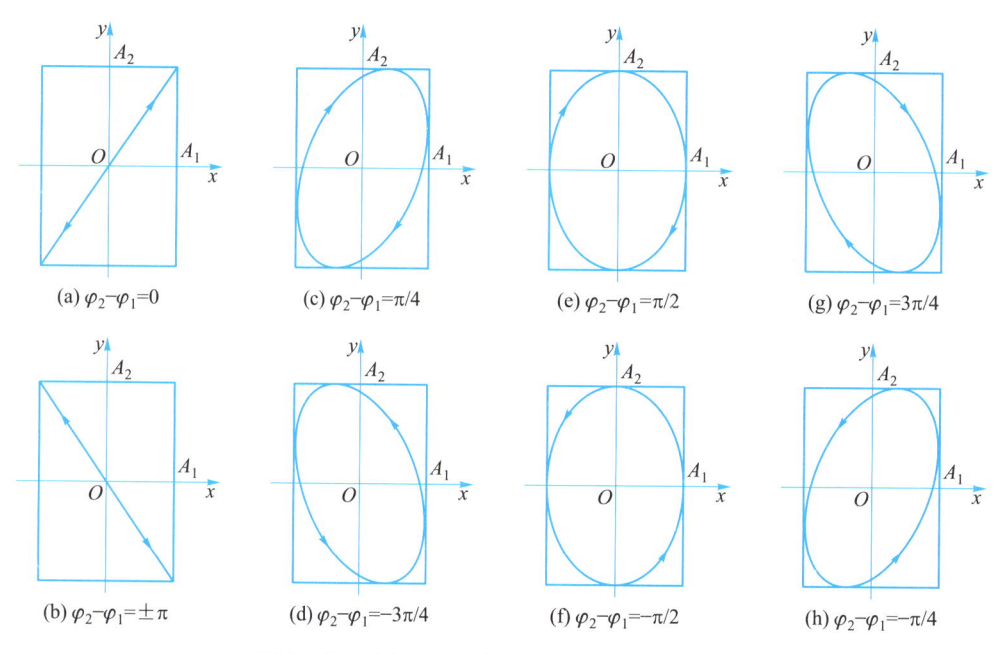

图 1-22 两个相互垂直、同频率简谐振动的合成

因此,此时两个同频率、同相位、相互垂直的简谐振动的合成运动也是一个简谐振动. 合振动的频率与分振动相同,振幅等于 $A=\sqrt{A_1^2+A_2^2}$.

(2) 当两分振动反相时,即当 $\varphi_2-\varphi_1=(2k+1)\pi, k=0,\pm 1,\pm 2,\cdots$ 时,式(1-49)变为

$$y=-\frac{A_2}{A_1}x$$

这表明质点的运动轨迹为一条通过原点的直线,其斜率为 $-A_2/A_1<0$,如图 1-22(b)所示. 因此,两个同频率、反相位、相互垂直的简谐振动的合成运动也是一个频率与分振动相同、振幅等于 $A=$

$\sqrt{A_1^2+A_2^2}$ 的简谐振动.

综合(1)和(2)两种情形可知,任何一个简谐振动都可以分解成两个相互垂直、同频率的简谐振动.

(3) 当沿 y 轴方向的分振动相位超前沿 x 轴方向的分振动相位 π/2 时,即当 $\varphi_2-\varphi_1=\pi/2$ 时,式(1-49)变为

$$\frac{x^2}{A_1^2}+\frac{y^2}{A_2^2}=1$$

这表明质点的运动轨迹为以坐标轴为主轴的正椭圆,如图 1-22(e)所示. 这种运动不是简谐振动. 如果两个分振动的振幅相等,即 $A_1=A_2$,则椭圆将变为圆.

由于 y 轴方向的振动相位比 x 轴方向超前 π/2,当质点达到 x 轴正方向最大位移处时,它在 y 轴方向正通过原点向负方向运动,因此质点沿椭圆或圆轨道运动的方向是顺时针的,或者说是右旋的.

(4) 当沿 y 轴方向的分振动相位落后沿 x 轴方向的分振动相位 π/2 时,即在 $\varphi_2-\varphi_1=-\pi/2$ 时,质点的运动轨迹也是以坐标轴为主轴的正椭圆,如图 1-22(f)所示. 只是沿椭圆轨道运动的方向是逆时针的,或者说是左旋的.

如果两个分振动的振幅相等,即 $A_1=A_2$,则(3)和(4)两种情形中的质点运动轨迹都将由椭圆变为圆.

如果相位差 $\varphi_2-\varphi_1$ 不是取以上(1)、(2)、(3)和(4)中的特殊值,则合振动的轨迹一般是一些方位不同的斜椭圆,这些斜椭圆被局限在边长分别为 $2A_1$、$2A_2$ 且平行于 x 轴、y 轴的矩形范围内,它们的主轴与原来两个振动方向不重合,如图 1-22(c)、(d)、(g)、(h)所示. 当 $0<\varphi_2-\varphi_1<\pi$ 时,质点沿顺时针方向运动;当 $-\pi<\varphi_2-\varphi_1<0$ 时,质点沿逆时针方向运动.

上述讨论也说明,任何一个简谐振动、圆周运动或椭圆运动都可分解成两个互相垂直的同频率简谐振动.

2. 相互垂直、不同频率简谐振动的合成

如果一个质点参与两个方向相互垂直的简谐振动,它们的表达式为

$$x=A_1\cos(\omega_1 t+\varphi_1)$$
$$y=A_2\cos(\omega_2 t+\varphi_2)$$

两个分振动具有不同频率,其相位差将随时间而变化,因而二者合成运动的轨迹一般不能形成稳定的图形.

若当两个分振动的频率相差较小时,它们的相位差 $(\omega_2-\omega_1)t+\varphi_2-\varphi_1$ 随时间缓慢地变化,则合振动的轨迹将不断地

视频:相互垂直不同周期的简谐振动的合成

在边长为 $2A_1$、$2A_2$ 的矩形范围内由直线逐渐变为椭圆、又由椭圆变为直线,并周而复始地变化下去.

若当两个分振动的频率相差较大,但频率比为简单的整数比时,则合振动的轨迹为稳定的封闭曲线,这种曲线称为**李萨如**(Jules Antoine Lissajous,1822—1880)**图**. 如图1-23所示,李萨如图的具体形状取决于两个分振动的初相差 $\varphi_2-\varphi_1$ 和频率之比 ω_2/ω_1,并且有如下关系:

$$\frac{N_x}{N_y}=\frac{\omega_2}{\omega_1} \tag{1-50}$$

其中 N_x 为任意水平直线与李萨如图相交的最大交点数,N_y 为任意竖直直线与李萨如图相交的最大交点数. 工程上经常由一个振动的已知频率,通过测量 N_x、N_y 来测定未知频率.

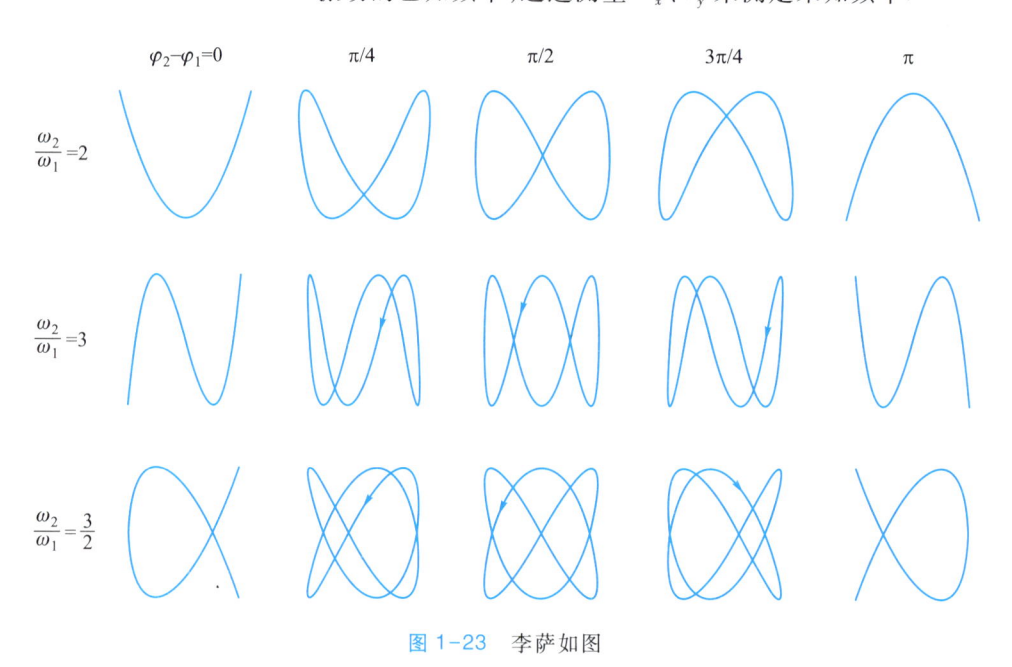

图 1-23 李萨如图

1.4 阻尼振动 受迫振动 共振

1.4.1 阻尼振动

前面所讨论的简谐振动是一种理想的情况. 由于不考虑摩

擦力和其他阻力等因素的影响,振动过程中系统的机械能守恒,所以振幅不随时间变化,这种振动称为无阻尼自由振动.实际上,振动的阻力总是或多或少地存在.振动系统最初所获得的能量,在振动过程中因不断克服阻力做功而衰减,振幅也就会随时间逐渐减小,这种振动称为**阻尼振动**.如弹簧振子在油中或较黏稠的液体中的缓慢运动是阻尼振动.

振动系统能量衰减的方式通常有两种.一种是摩擦阻尼,即由于振动系统受到摩擦阻力的作用,如单摆运动时的空气阻力等,使振动系统的机械能逐渐转化为热能;另一种是辐射阻尼,即由于振动系统引起邻近介质中各质元的振动,使能量向四周辐射出去而减小.如音叉发声时,一部分机械能随声波辐射到周围空间,导致音叉振幅减小.下面主要讨论摩擦阻尼作用下的振动情况.

一般来说,振动系统受到的摩擦阻力往往是介质的黏性力.实验指出,当物体运动速率不太大时,黏性力的大小与物体运动的速率 v 成正比,方向与运动方向相反,即

$$F_v = -\gamma v = -\gamma \frac{\mathrm{d}x}{\mathrm{d}t}$$

其中 γ 为阻力系数,与物体的形状、大小、表面状况和周围介质的性质有关.根据牛顿第二定律,在弹性力(或准弹性力)$F = -kx$ 和黏性力 F_v 的共同作用下,质量为 m 的振子的动力学方程为

$$-kx - \gamma \frac{\mathrm{d}x}{\mathrm{d}t} = m \frac{\mathrm{d}^2 x}{\mathrm{d}t^2}$$

令

$$\omega_0^2 = \frac{k}{m}, \quad \beta = \frac{\gamma}{2m}$$

则上式可写成

$$\frac{\mathrm{d}^2 x}{\mathrm{d}t^2} + 2\beta \frac{\mathrm{d}x}{\mathrm{d}t} + \omega_0^2 x = 0 \quad (1-51)$$

其中 ω_0 为振动系统的固有角频率,由系统本身的性质决定.β 称为阻尼系数,表征阻尼的强弱,它与系统本身的质量和介质的阻力系数有关.式(1-51)称为阻尼振动的微分方程.下面根据 β 与 ω_0 的相对大小,分三种情况对阻尼振动进行讨论.

1. 欠阻尼

当 $\beta < \omega_0$ 时,阻力较小的情形,称为欠阻尼.式(1-51)的解为

$$x = A_0 \mathrm{e}^{-\beta t} \cos(\omega t + \varphi_0) \quad (1-52)$$

其中 A_0 和 φ_0 为积分常量,由初始条件确定;$\omega = \sqrt{\omega_0^2 - \beta^2}$ 为阻尼振动的角频率,由振动系统的固有角频率和阻尼系数确定.

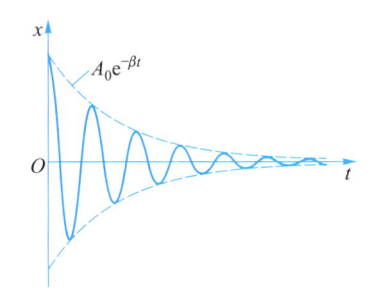

图 1-24 欠阻尼振动曲线

授课录像:过阻尼与临界阻尼

由欠阻尼情况下的振动表达式(1-52)和振动曲线(图1-24)可知,它可视为振幅为 $A_0 e^{-\beta t}$、角频率为 ω 的振动. 显然振幅 $A_0 e^{-\beta t}$ 随时间指数衰减. 阻尼越大,振幅衰减越快,经过一定时间后,振子不再回到原来的位置. 因此阻尼振动不是严格意义下的周期运动,通常称之为准周期运动,即可把它近似地视为一种振幅在减小的振动. 我们把振子相继两次通过极大(或极小)位置所经历的时间称为阻尼振动的周期,即

$$T = \frac{2\pi}{\omega} = \frac{2\pi}{\sqrt{\omega_0^2 - \beta^2}} \qquad (1-53)$$

说明阻尼振动的周期大于振动系统的固有周期 $2\pi/\omega_0$,或者说,由于阻尼的作用,振动变慢了.

2. 过阻尼

当 $\beta > \omega_0$ 时,阻力很大的情形,称为过阻尼. 式(1-51)的解为

$$x = C_1 e^{-(\beta - \sqrt{\beta^2 - \omega_0^2})t} + C_2 e^{-(\beta + \sqrt{\beta^2 - \omega_0^2})t} \qquad (1-54)$$

其中 C_1 和 C_2 为积分常量,由初始条件确定. 此时,偏离平衡位置的振子只能缓慢地回到平衡位置,不再做周期性的往复运动. 这是一种非周期运动.

3. 临界阻尼

当 $\beta = \omega_0$ 时,振子恰好从准周期运动变为非周期运动,称为临界阻尼. 式(1-51)的解为

$$x = (C_1 + C_2 t) e^{-\beta t} \qquad (1-55)$$

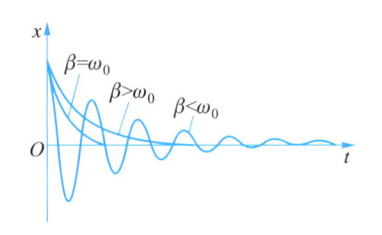

图 1-25 三种阻尼的比较

与欠阻尼和过阻尼比较,在临界阻尼情况下振子回到平衡位置而静止下来所需时间最短,如图 1-25 所示. 在电子仪表中常利用过阻尼或临界阻尼抑制指针振动.

1.4.2 受迫振动

由于能量的损耗,阻尼振动最终会停止. 若要维持等幅振动,就需要给系统输入能量. 通常以一周期性外力不断地对系统做功,这种周期性外力称为驱动力. 在驱动力作用下系统发生的运动称为**受迫振动**. 如发动机正在运转时汽车本身的振动,飞机从房屋上飞过时窗玻璃的振动,跳水比赛中人在跳板上走过时跳板的振动等,都是受迫振动.

设质量为 m 的振子除受到弹性力(或准弹性力) $-kx$ 和黏性

力$-\gamma v$的作用外,还受到驱动力$F=F_0\cos\omega t$的作用. 其中F_0为驱动力的最大值,称为力幅,ω为驱动力的角频率. 根据牛顿第二定律可知振子的动力学方程为

$$m\frac{\mathrm{d}^2 x}{\mathrm{d}t^2}=-kx-\gamma\frac{\mathrm{d}x}{\mathrm{d}t}+F_0\cos\omega t$$

令

$$\omega_0^2=\frac{k}{m}, \quad \beta=\frac{\gamma}{2m}, \quad h=\frac{F_0}{m}$$

上式可写成

$$\frac{\mathrm{d}^2 x}{\mathrm{d}t^2}+2\beta\frac{\mathrm{d}x}{\mathrm{d}t}+\omega_0^2 x=h\cos\omega t \qquad (1-56)$$

其中ω_0为振动系统的固有角频率,β为阻尼系数. 式(1-56)为受迫振动的微分方程. 在欠阻尼即$\beta<\omega_0$的通常情况下,其解为

$$x=A_0\mathrm{e}^{-\beta t}\cos(\sqrt{\omega_0^2-\beta^2}\,t+\varphi_0)+A\cos(\omega t+\varphi)$$

上式中第一项代表欠阻尼振动,它随时间逐渐衰减,经过一段时间后可以忽略不计. 第二项代表与简谐振动形式相同的等幅振动,是受迫振动的稳定解. 从能量角度来看,在受迫振动过程中,系统一方面因阻尼而损耗能量,另一方面又因驱动力做功而获得能量. 起初能量的损耗和补充是不等的,因而受迫振动是不稳定的. 当补充的能量和损耗的能量相等时,系统才处于稳定的振动状态,形成与驱动力同频率的等幅振动,其表达式为

$$x=A\cos(\omega t+\varphi) \qquad (1-57)$$

由式(1-56)和式(1-57),可求得稳定后的振幅和初相分别为

$$A=h/\sqrt{(\omega_0^2-\omega^2)+4\beta^2\omega^2} \qquad (1-58)$$

$$\varphi=\arctan\left(\frac{-2\beta\omega}{\omega_0^2-\omega^2}\right) \qquad (1-59)$$

上两式说明受迫振动的振幅和初相并不取决于系统的初始状态,而是依赖于系统的性质、阻尼的大小和驱动力的特性.

1.4.3 共振

由式(1-58)可见,在稳定状态下,受迫振动的振幅与驱动力的角频率有关. 当驱动力的角频率ω与振动系统的固有角频率ω_0相差较大时,受迫振动的振幅较小;而当ω与ω_0相差较小时,受迫振动的振幅较大. 对式(1-58)求极值,即令$\mathrm{d}A/\mathrm{d}\omega=0$,可

得当

$$\omega = \omega_r = \sqrt{\omega_0^2 - 2\beta^2} \quad (1-60)$$

时,受迫振动的振幅达到最大值 A_r,且

$$A_r = \frac{h}{2\beta\sqrt{\omega_0^2 - \beta^2}} \quad (1-61)$$

共振振幅

我们把受迫振动的振幅达到最大值的现象称为共振.当系统发生共振时,驱动力的角频率 ω_r 称为共振角频率,式(1-60)则为**共振条件**.图 1-26 绘出了不同阻尼系数时,受迫振动的振幅与驱动力的角频率的关系曲线.

式(1-60)说明共振角频率 ω_r 不仅与系统的固有角频率 ω_0 有关,也与阻尼系数 β 有关. β 越小, ω_r 越接近 ω_0,由式(1-61)给出的共振振幅 A_r 也越大.当 $\beta \ll \omega_0$ 时, $\omega_r = \omega_0$,共振振幅将非常大.

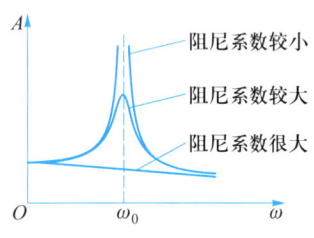

图 1-26 受迫振动的 A-ω 曲线

从能量角度来看,在共振过程中,驱动力的方向与物体振动方向相同,驱动力始终对物体做正功,因此输入振动系统的能量最大,振幅具有最大值.

授课录像:共振的危害与应用

生活中有许多共振的现象.例如,玻璃窗在载重车驶过时抖动,风吹高压电线发出尖啸声等.共振有很重要的用处,例如,钢琴、小提琴等乐器利用共振来提高音响效果,收音机利用电磁共振进行选台,核内的核磁共振被用来进行物质结构的研究和医疗诊断等.共振也有害处,全世界的桥梁工程师都不会忘记:1904 年,一队俄国士兵以整齐的步伐通过彼得堡的一座桥时,由于产生共振而使桥倒塌;1940 年 11 月 7 日,美国的连接华盛顿州与奥林匹克半岛的塔科马大桥在风中因发生共振而坍塌了.我们既要将共振充分运用到各个科学领域,还要防止共振现象给生活、工作带来危害.

本章提要

1. 简谐振动的描述

(1) 简谐振动表达式

$$x = A\cos(\omega t + \phi)$$

特征量

- 振幅 A 由振动的能量 E[或初始条件 $(x_0、v_0)$]决定

$$A = \sqrt{\frac{2E}{k}} = \sqrt{x_0^2 + \frac{v_0^2}{\omega^2}}$$

- 角频率 ω 由振动系统的固有性质决定

$$\omega = \sqrt{\frac{k}{m}} \quad (\text{弹簧振子})$$

$$\omega = \sqrt{\frac{g}{l}} \quad (\text{单摆})$$

$$\omega = \sqrt{\frac{mgh}{J}} \quad (\text{复摆})$$

- 初相 φ 由初始条件 $(x_0、v_0)$ 决定

$$\varphi = \arctan\left(-\frac{v_0}{\omega x_0}\right)$$

（2）振动曲线——$x-t$ 曲线

由振动曲线可以获得 $A、T(\omega)、\varphi、x(t)$ 和 $v(t)$ 等物理信息.

（3）旋转矢量图——参考圆

旋转矢量图直观地表示简谐振动的 $A、\omega、\varphi、x(t)、v(t)$ 和 $a(t)$ 等物理量.

（4）简谐振动的微分方程

$$\frac{d^2 x}{dt^2} + \omega^2 x = 0$$

2. 简谐振动的特征

（1）运动学特征——（角）加速度与（角）位移成正比

$$a = -\omega^2 x$$

$$\alpha = -\omega^2 \theta$$

（2）动力学特征——回复力(矩)与（角）位移成正比

$$F = -kx$$

$$M = -k'\theta$$

（3）能量特征——无阻尼自由振动系统的机械能守恒，总能量正比于振幅的平方

$$E = E_k + E_p = \frac{1}{2}m\omega^2 A^2 = \frac{1}{2}kA^2 = \text{常量}$$

动能与势能相互转化

$$E_k = \frac{1}{2}mv^2 = \frac{1}{2}mA^2\omega^2 \sin^2(\omega t + \varphi)$$

$$E_p = \frac{1}{2}kx^2 = \frac{1}{2}mA^2\omega^2 \cos^2(\omega t + \varphi)$$

动能和势能的平均值相等

$$\overline{E_k} = \overline{E_p} = \frac{1}{2}E$$

3. 简谐振动的合成

（1）同方向、同频率简谐振动的合成——合振动是同频率的简谐振动

$$x = x_1 + x_2 = A_1\cos(\omega t + \varphi_1) + A_2\cos(\omega t + \varphi_2) = A\cos(\omega t + \varphi)$$

$$A = \sqrt{A_1^2 + A_2^2 + 2A_1 A_2\cos(\varphi_2 - \varphi_1)}$$

$$\varphi = \arctan\frac{A_1\sin\varphi_1 + A_2\sin\varphi_2}{A_1\cos\varphi_1 + A_2\cos\varphi_2}$$

重要特例：

同相——$\varphi_2 - \varphi_1 = 2k\pi$，$k = 0, \pm 1, \pm 2, \cdots$，$A = A_1 + A_2$

反相——$\varphi_2 - \varphi_1 = (2k+1)\pi$，$k = 0, \pm 1, \pm 2, \cdots$，$A = |A_1 - A_2|$

（2）同方向、不同频率简谐振动的合成——合振动不是简谐振动

重要特例：

拍——两个频率都较大但频差很小的同方向简谐振动合成的运动；

拍频 $\nu = |\nu_2 - \nu_1|$.

（3）相互垂直、同频率简谐振动的合成——合振动是椭圆运动、圆周运动或简谐振动

（4）相互垂直、不同频率简谐振动的合成——合振动的轨迹一般不能形成稳定的图形.

重要特例：

李萨如图——当两个分振动的频率比为简单的整数比时合振动所形成的稳定的封闭轨迹.

4. 阻尼振动

（1）阻尼振动的微分方程

$$\frac{d^2x}{dt^2} + 2\beta\frac{dx}{dt} + \omega_0^2 x = 0$$

（2）三种阻尼状态

- 欠阻尼——当 $\beta < \omega_0$ 时，$x = A_0 e^{-\beta t}\cos(\sqrt{\omega_0^2 - \beta^2}\, t + \varphi_0)$
- 过阻尼——当 $\beta > \omega_0$ 时，$x = C_1 e^{-(\beta - \sqrt{\beta^2 - \omega_0^2})t} + C_2 e^{-(\beta + \sqrt{\beta^2 - \omega_0^2})t}$
- 临界阻尼——当 $\beta = \omega_0$ 时，$x = (C_1 + C_2 t)e^{-\beta t}$

5. 受迫振动

在驱动力 $F = F_0\cos\omega t$ 作用下，受迫振动的微分方程

$$\frac{d^2x}{dt^2} + 2\beta\frac{dx}{dt} + \omega_0^2 x = h\cos\omega t$$

稳定的受迫振动是与驱动力同频率的等幅振动.

重要特例：

共振——当驱动力的角频率 ω 等于 $\omega_r = \sqrt{\omega_0^2 - 2\beta^2}$（共振角频率）时振幅达到最大值 $A_r = \dfrac{h}{2\beta\sqrt{\omega_0^2 - \beta^2}}$ 的受迫振动.

思考题

1-1 从运动学的角度看，什么是简谐振动？从动力学的角度看，什么是简谐振动？

1-2 简谐振动的旋转矢量有什么参考意义？旋转矢量图中的各物理量与简谐振动中的各物理量是如何一一对应的？

1-3 下列运动中哪些是简谐振动？
（1）拍皮球；
（2）悬线下小球在水平面内做圆周运动（圆锥摆）；
（3）小球在半径很大的光滑凹球面底部的小幅摆动；
（4）荡秋千；
（5）物体落入假想的沿地球直径贯穿地球的深井中.

1-4 当一个弹簧振子的振幅增大到两倍时，其振动的周期、速度最大值、加速度最大值和振动的能量将如何变化？

1-5 思考下列问题：
（1）将一单摆从其平衡位置移开，使其悬线偏离竖直线一微小角度 φ，然后由静止释放，任其摆动. 如果在释放时开始计时，该 φ 角是否就是振动的初相？而单摆的角速度是否就是振动的角频率？
（2）摆长和摆锤都相同的两个单摆，在同一地点以不同的摆角（均小于 5°）摆动时，它们的周期是否相同？
（3）一根细线挂在高大的塔顶上，如果看不见它的上端而只能看见它的下端，如何测量该细线的长度？

1-6 将一质量为 m 的物体悬挂在一弹性系数为 k 的轻弹簧下，该振动系统的固有频率是多少？若把弹簧等分为两段，物体挂在分割后的一段弹簧上，系统的固有频率是否变化？如果将两段弹簧并联起来，再把物体悬挂在下面，情况又如何？

1-7 将两个小球分别系于长度均为 l 且不可伸长而上端固定的细线的下端. 将第一个小球沿竖直方向上举至悬点；而将第二个小球从平衡位置移开，使细线偏离竖直线一微小角度 α，如思考题 1-7 图所示. 现将两个小球同时由静止释放，问哪一个小球先到达最低位置？

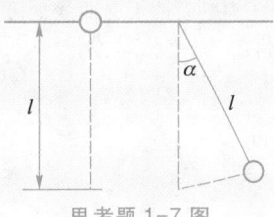

思考题 1-7 图

1-8 当初始条件不变时，做简谐振动的弹簧振子系统的总能量在下列情况下如何变化？
（1）m 不变，k 减小为原来的一半；
（2）k 不变，m 减小为原来的一半.

1-9 同方向、同频率的简谐振动合成后的振动是否一定比分振动强度大？

1-10 一质点参与两个相互垂直的同频率简谐振动，其轨迹的形状主要是由什么决定的？

1-11 （1）受迫振动的频率是否由振动系统的固有频率所决定？（2）产生共振的条件是什么？

习题

1-1 一个小球和轻质弹簧组成的系统，按 $x = 0.01\cos(8\pi t + \pi/3)$（SI 单位）的规律振动．(1) 求振动的角频率、周期、振幅、初相、速度最大值和加速度最大值；(2) 求在 $t=1$ s、2 s、10 s 时的相位；(3) 分别画出位移、速度、加速度与时间的关系曲线．

1-2 一质量为 0.2 kg 的质点做简谐振动，其振动表达式为
$$x = 0.6\cos\left(5t - \frac{\pi}{2}\right) \quad \text{（SI 单位）}$$
求：(1) 质点的初速度；(2) 质点在正方向最大位移一半处所受的力．

1-3 一质量为 10 g 的物体做简谐振动，其振幅为 2 cm，频率为 4 Hz. 当 $t=0$ 时，位移为 -2 cm，初速度为零．求：(1) 振动表达式；(2) 当 $t=1/4$ s 时，物体所受的力．

1-4 一简谐振动的振动曲线如习题 1-4 图所示，求振动表达式．

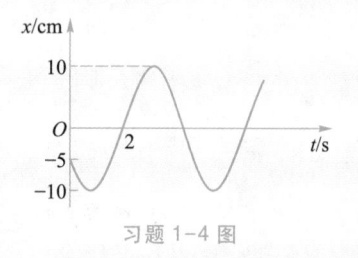

习题 1-4 图

1-5 两个物体做同方向、同频率、等幅的简谐振动．在振动过程中，每当第一个物体经过位移为 $A/\sqrt{2}$ 的位置向平衡位置运动时，第二个物体也经过此位置，但向远离平衡位置的方向运动．试利用旋转矢量图求它们的相位差．

1-6 一质点做简谐振动，其振动表达式为 $x = 0.24\cos(\pi t/2 + \pi/3)$（SI 单位）．试利用旋转矢量图求出质点由初始状态（$t=0$ 的状态）运动到 $x = -0.12$ m，$v < 0$ 的状态所需最短时间 Δt．

1-7 有一轻质弹簧，在其下端挂一质量为 10 g 的物体时，伸长量为 4.9 cm. 用该弹簧和其下端悬挂质量为 80 g 的小球构成一弹簧振子，将小球由平衡位置向下拉开 1.0 cm 后，给予向上的初速度 $v_0 = 5.0$ cm·s^{-1}．试求该弹簧振子振动的周期和振动表达式．

1-8 一物体沿 x 轴做简谐振动，振幅为 0.06 m，周期为 2.0 s，当 $t=0$ 时位移为 0.03 m，且向 x 轴正方向运动．(1) 求 $t=0.5$ s 时，物体的位移、速度和加速度；(2) 物体从 $x=-0.03$ m 处向 x 轴负方向开始运动，到平衡位置，至少需要多少时间？

1-9 一轻弹簧在 60 N 的拉力下伸长 30 cm，现把质量为 4 kg 的物体悬挂在该弹簧的下端并使之静止，再把物体向下拉 10 cm，然后由静止释放并开始计时，求：(1) 物体的振动表达式；(2) 物体在平衡位置上方 5 cm 时弹簧对物体的拉力；(3) 物体从第一次越过平衡位置时刻起到它运动到上方 5 cm 处所需要的最短时间．

1-10 做简谐振动的小球，振幅 $A = 2$ cm，速度最大值 $v_m = 3$ cm·s^{-1}．若从速度为正的最大值的某一时刻开始计时，求：(1) 振动的周期；(2) 加速度最大值；(3) 振动表达式；(4) 当动能和势能相等时的 t 的取值．

1-11 一弹簧振子，弹簧的弹性系数为 $k = 25$ N·m^{-1}．当振子以初动能 0.2 J 和初势能 0.6 J 振动时，求：(1) 振幅；(2) 当动能和势能相等时振子的位移；(3) 当位移是振幅的一半时弹簧振子的势能．

1-12 一弹簧振子沿 x 轴做简谐振动．已知振动物体最大位移为 $x_m = 0.4$ m，最大回复力为 $F_m = 0.8$ N，最大速度为 $v_m = 0.8\pi$ m·s^{-1}．在 $t=0$ 时初位移为 $+0.2$ m，且初速度方向与所选 x 轴正方向相反．求：(1) 弹簧振子振动的能量；(2) 振动表达式．

1-13 一定滑轮的半径为 R，转动惯量为 J，其上挂一轻绳，绳的一端系一质量为 m 的物体，另一端与一固定的轻质弹簧相连，如习题 1-13 图所示．设弹簧的弹性系数为 k，绳与滑轮间无滑动，且忽略轴的摩擦力及空气阻力．现将物体 m 从平衡位置拉下一微小距离后放手，证明物体将做简谐振动，并求出其角频率．

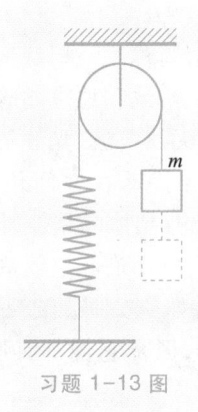

习题 1-13 图

1-14 一质量 $m=1$ kg 物体 A，放在倾角 $\theta=30°$ 的光滑斜面上，通过不可伸长的轻绳跨过无相对滑动的定滑轮（设定滑轮质量为 $m_0=m$，半径 r）与弹性系数 $k=49$ N·m^{-1} 的轻质弹簧相连，如习题 1-14 图所示．将物体由弹簧尚未形变的位置静止释放并开始计时，试写出物体的振动方程．

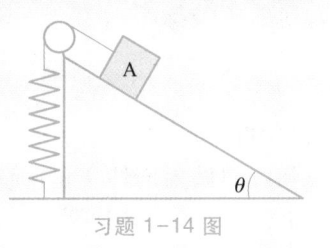

习题 1-14 图

1-15 三个同方向、同频率简谐振动表达式分别为

$$x_1 = 0.08\cos\left(314t+\frac{\pi}{6}\right) \quad \text{(SI 单位)}$$

$$x_2 = 0.08\cos\left(314t+\frac{\pi}{2}\right) \quad \text{(SI 单位)}$$

$$x_3 = 0.08\cos\left(314t+\frac{5\pi}{6}\right) \quad \text{(SI 单位)}$$

求：(1) 合振动的角频率、振幅、初相及合振动表达式；
(2) 合振动由初始位置运动到 $x=\sqrt{2}A/2$（A 为合振动的振幅）处所需要的最短时间．

1-16 将频率为 348 Hz 的标准音叉的振动和一个待测频率的音叉的振动合成，测得拍频为 3.0 Hz．若在待测频率的音叉的一端加上一小块物体，则拍频将减小，求待测频率的音叉的固有频率．

1-17 示波管的电子束受到两个互相垂直的电场的作用，电子在两个方向上的位移分别为 $x=A\cos\omega t$ 和 $y=A\cos(\omega t+\varphi)$．求在 $\varphi=0°$、$\varphi=30°$ 和 $\varphi=90°$ 三种情况下，电子在荧光屏上的轨迹方程．

第 2 章 波 动

2.1 波动的基本特征 平面简谐波的波函数
2.2 波的能量
2.3 波的叠加
2.4 多普勒效应
本章提要
思考题
习题

振动在空间的传播称为波动,简称波.机械振动在弹性介质中的传播,称为机械波,如水面波、声波和地震波等.变化的电磁场在空间的传播,称为电磁波,如无线电波、光波等.实际上任何一个宏观的或微观的物理量所受扰动在空间传递时都可形成波.如温度变化的传递构成温度波,晶体晶格振动的传递构成点阵波等.广义地说,凡是具有时间周期性和空间周期性特征的描述运动状态的函数都可称为波,如引力波,微观粒子的概率波等.尽管各类波有着不同的机制,但是它们都具有干涉、衍射等波动特有的性质.

本章主要通过对机械波的讨论来揭示各类波动的共同性质和规律.

2.1 波动的基本特征 平面简谐波的波函数

所谓波动是指振动在空间的传播.波传播到的空间称为波场.波场中每点的物理状态随时间做周期性变化,而在每瞬时,场中各点物理状态的空间分布也呈现一定的周期性.因此,我们说波动具有时间和空间双重周期性.伴随着波的传播,同时有能量的传输.这样具有时空双重周期性的振动状态和能量的传播,是波动的基本特性.

2.1.1 波的产生与传播

振动是产生波动的根源.要形成波,就必须具有激发波动的波源.机械振动系统(如音叉)在介质(如空气)中振动时,由于

授课录像:波的形成 1

介质质元之间的相互作用,使周围的介质也陆续地发生振动,形成机械波.可见,波源和介质是产生机械波的两个不可缺少的条件.然而交变的电场和交变的磁场的相互激发可以不需要任何介质,因此电磁波能在真空中传播.

波是振动状态或能量的传播.对于机械波来说,介质中的各质元仅在它们各自的平衡位置附近振动,并没有随着波一起迁移.例如,原先漂浮着树叶的平静水面,当投入石子引起水波时,水面上的树叶只在原处摇曳,并不随波纹向外漂流.树叶的运动反映了载波的介质即水并没有向外流动.

2.1.2 横波与纵波

按照振动方向和波的传播方向之间的关系,波可分为横波和纵波两种基本类型.

振动方向与传播方向垂直的波称为 横波. 例如,将绳的一端固定,另一端用手拉紧并使之做垂直于绳子的振动,此振动就沿着绳子向另一端传播,形成绳上的横波,如图 2-1 所示. 机械横波具有凸起的波峰和凹下的波谷的外形特征,并且波峰、波谷沿横波的传播方向移动.

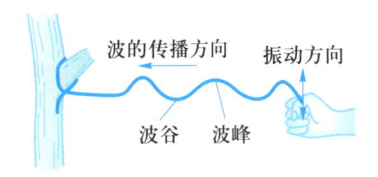

产生机械横波需要介质内部有垂直于波的传播方向的切向力.在气体和液体内部不能产生这种切向力,因此气体和液体内部不能传播机械横波;固体能够承受一定的切变,故而能传播横波.

振动方向与传播方向在一条直线上的波称为 纵波. 例如,声波在空气中传播时,由于空气微粒的振动方向与波的传播方向在一条直线上所以是纵波,如图 2-2 所示. 机械纵波具有"稀疏"和"稠密"区域的外形特征,并且疏、密形态沿纵波的传播方向移动.

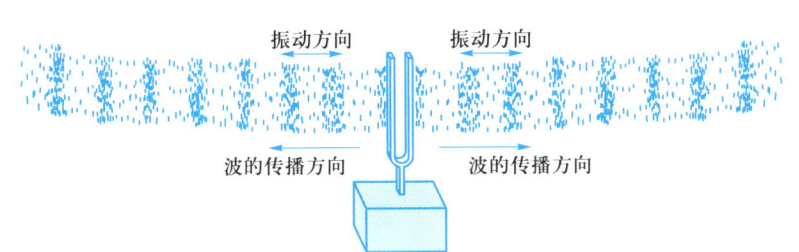

图 2-1 绳上的横波

图 2-2 音叉振动在空气介质中产生纵波

当机械纵波在介质中传播时,介质局部发生压缩或膨胀(伸长)的形变.对于固体、液体和气体这三种介质来说,都能承受一定的压缩或膨胀(伸长)的形变,因此纵波在固体、液体和气体中能够传播.

在一般情况下,一个机械波波源在固体中可以产生纵波和横波. 例如,地震在地壳中常引起纵波和横波,即所谓 P 波和 S 波. 还有一些较复杂的波,例如水面波. 当水面波传播时,由于重力及水表面张力的作用,水的微团(质元)沿圆或椭圆轨道运动,如图 2-3 所示,图中箭头线表示某一时刻各处水微团相对于其自身平衡位置的位移矢量,将各矢量末端连接起来即显示出水面. 随着每个水微团的运动,位移矢量绕其平衡位置旋转.

图 2-3 水面波

授课录像:波的几何描述

2.1.3 波的几何描述

为了形象地描述波在空间的传播情况,下面介绍几个概念.

1. 波线

在波场中给出一簇线,它们每一点的切线方向代表该点波的传播方向,这样沿波的传播方向所画的带箭头的线称为 波线. 对于光波来说,波线又称为光线;许多光线合在一起,又称为光束. 显然,波线上各点的相位沿传播方向依次落后.

2. 波面(波阵面)

在波场中某一时刻,振动相位相同的各点所连接成的面称为 波面(波阵面),亦称为同相面. 例如,投石入于静止水面中,引起水波的波面是许多同心圆. 显然,波源的振动状态传至同一波面上的各点所用的时间是相同的. 在各向同性介质中,波线总是与波面垂直;但在各向异性介质中,波线不一定与波面垂直.

3. 波前

在某一时刻波源最初振动状态所传播到的各点所连接成的面称为 波前. 波前上各点同时开始振动,各点的相位必然是相同的,且与波源的初相相同,因而波前是波面的特例,它就是在某一时刻最前面的波面. 显然,在任一时刻波面的数目是任意多的,而波前则只能有一个.

根据波面的形状常把波分为球面波[图 2-4(a)]、平面波[图 2-4(b)]和柱面波[图 2-4(c)]等,它们的波面依次为球面、平面和圆柱面等. 例如,图 2-4(a)所示的球面波是位于 O 点的点波源在各向同性均匀介质中向各方向发出的波,其波前和波面都是以点波源为中心的球面(图中只画出波面的一部分);其波线从点波源出发,沿径向呈辐射状.可以将离点波源足够远的局部区域内的球面波视为如图 2-4(b)所示的平面波,其波前和波面的形状可近似地视为平面;波线则是与波面垂直的许多平行直线.例如,就整个太阳系来看,太阳可视为点波源,它发出的光波是球面波,但射到地面(对整个太阳系来说这是一个很小的区域)上的太阳光波可视为平面波;远处传来的声波也可视为平面波.图 2-4(c)所示的柱面波(图中只画出波面的一部分)是由在 z 轴上的同步线源在各向同性均匀介质中产生的波动,所谓同步线源是指在直线波源上各点的振动完全相同.例如,在光学上可以用平面光波照亮一个狭缝来获得近似的柱面波.

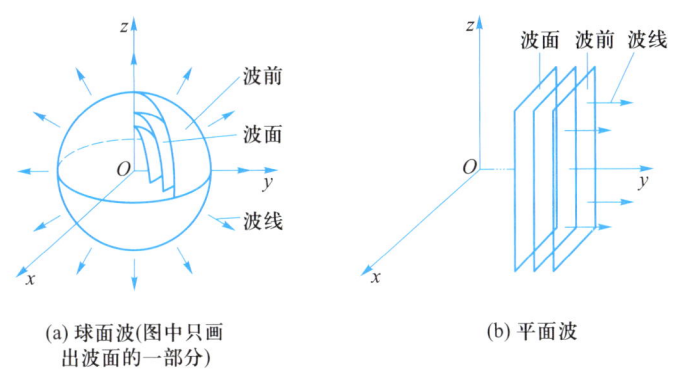

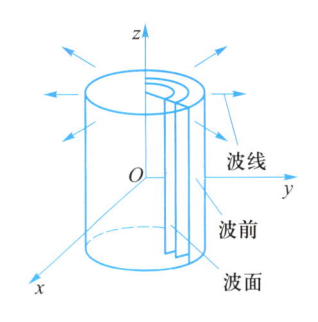

(a) 球面波(图中只画出波面的一部分)

(b) 平面波

(c) 柱面波(图中只画出波面的一部分)

图 2-4　几种典型的波面

2.1.4 描述波的特征量

下面介绍一些反映波动特征的物理量.

1. 波长 λ、波数 σ、角波数 k

波线上相位差为 2π 的两点之间的距离称为**波长**,以 λ 表示.波长 λ 反映波动的空间周期性,可形象地把波长 λ 视为一个完整的波的长度.例如,在机械横波中,两个相邻波峰之间的距离或两个相邻波谷之间的距离都等于波长;纵波中,两个相邻密区中央之间的距离或两个相邻疏区中央之间的距离也都等于波长.

波长的倒数称为**波数**或空间频率,以 σ 表示,即

$$\sigma = \frac{1}{\lambda} \tag{2-1}$$

波数 σ 表示波线上单位长度所包含的完整的波的数目.

波数的 2π 倍称为角波数,以 k 表示,即

角波数公式

$$k = 2\pi\sigma = \frac{2\pi}{\lambda} \tag{2-2}$$

角波数 k 表示波线上 2π 长度所包含的完整的波的数目. 注意,这里的符号 k 并不像前面那样代表弹簧的弹性系数. 在 SI 中,σ 的单位为 m^{-1},k 的单位为 $\text{rad}\cdot\text{m}^{-1}$.

2. 周期 T、频率 ν、角频率 ω

波传播一个波长所需的时间或一个完整的波通过波线上某点所需的时间称为波的周期,以 T 表示. 周期 T 反映波动的时间周期性.

周期的倒数称为波的频率,以 ν 表示,即

频率公式

$$\nu = \frac{1}{T} \tag{2-3}$$

频率 ν 表示波在单位时间内前进的距离中所包含的完整的波的数目,或在单位时间内通过波线上某点的完整的波的数目.

频率的 2π 倍称为波的角频率(圆频率),以 ω 表示,即

角频率公式

$$\omega = \frac{2\pi}{T} = 2\pi\nu \tag{2-4}$$

角频率 ω 表示波在 2π s 内前进的距离中所包含的完整的波的数目,或 2π s 内通过波线上某点的完整的波的数目.

波源每完成一次全振动,波就前进一个波长的距离,因而波的周期(或频率)等于波源振动的周期(或频率). 周期和频率仅由波源决定,而与介质无关.

3. 波速 u

在单位时间内振动状态所传播的距离称为波速,以 u 表示. 振动状态的传播也就是相位的传播,因而这一波速也称为相速. 波速 u 反映振动状态传播的快慢程度,它与振动速度是不同的,不能把两者混淆起来.

授课录像:波速

对于机械波,波速通常由介质的弹性和惯性决定,即由介质的弹性模量和密度决定. 例如,在固体中,横波波速和纵波波速分别为

$$u_\text{T} = \sqrt{\frac{G}{\rho}} \tag{2-5}$$

$$u_\text{L} = \sqrt{\frac{E}{\rho}} \tag{2-6}$$

其中 G 为介质的切变模量，E 为介质的弹性模量，ρ 为固体介质的密度。由于固体的弹性模量大于切变模量，所以在同一固体中纵波波速 u_L 就大于横波波速 u_T。例如，当地震发生时，P 波（纵波）比 S 波（横波）总是先到达观测点。在气体或液体内传播的纵波波速为

$$u_L = \sqrt{\frac{K}{\rho}} \qquad (2-7)$$

其中 K 是气体或液体的体积模量，ρ 是气体或液体介质的密度。理想气体中声波的传播可认为是绝热过程，其传播速度即声速可表示为

$$u_L = \sqrt{\frac{\gamma p}{\rho}} = \sqrt{\frac{\gamma RT}{M}} \qquad (2-8)$$

理想气体中的声速公式

其中 γ 为理想气体的比热容比，p 为该理想气体的压强，T 为该理想气体的热力学温度，M 是理想气体的摩尔质量，R 是摩尔气体常量，ρ 是该理想气体的密度。例如，声波在 0 ℃ 的空气中的声速为 332 m·s^{-1}，在水中约为 1 500 m·s^{-1}，在铁轨中约为 5 000 m·s^{-1}。

由于在一个周期内，波传播了一个波长的距离，所以波速、波长、周期三者之间的关系式为

$$u = \frac{\lambda}{T} = \lambda \nu \qquad (2-9)$$

这样波动的空间周期性与时间周期性就通过式（2-9）联系起来了。由于波速由介质决定，而频率由波源决定，所以波长由介质和波源共同决定。

例 2-1

2007 年 1 月 7 日下午 14:56，为给青岛火车站改造让路，对火车站旁已有 15 年历史的青岛铁道大厦实施爆破拆除工程。爆破时产生的地震波沿铁轨传到某观测站并被仪器记录了下来。已知地震波的纵波和横波在铁轨中的波速分别为 5 000 m·s^{-1} 和 3 000 m·s^{-1}，观测站记录的纵波和横波的到达时刻相差 4.0 s，试求青岛火车站与观测站间的铁轨长度。

解：设青岛火车站到观测站的铁轨长度为 L，地震波的纵波和横波由青岛火车站沿铁轨传播到观测站所需的时间分别为 t_1 和 t_2。则有

$$t_2 - t_1 = \frac{L}{u_2} - \frac{L}{u_1}$$

其中 u_1 和 u_2 为纵波和横波在铁轨中的波速。

已知 $u_1 = 5\,000$ m·s^{-1}，$u_2 = 3\,000$ m·s^{-1}；$t_2 - t_1 = 4.0$ s。由上式得青岛火车站与观测站间的铁轨长度：

$$L = \frac{(t_2 - t_1) u_1 u_2}{u_1 - u_2}$$

$$= \frac{4.0 \times 5\,000 \times 3\,000}{5\,000 - 3\,000} \text{ m} = 30 \text{ km}$$

2.1.5 惠更斯原理　波的衍射

1. 惠更斯原理

在波的传播过程中,波场中各点之间存在着相互作用.如介质质元之间的弹性力作用使机械波得以传播,而空间中电场与磁场交互作用产生电磁波.波源的振动会引起其邻近场点 P_1 处的振动,而 P_1 处的振动又会引起其邻近场点 P_2 处的振动……从而使振动在波场中进行传播.就波场中任一点 P（如 P_1,P_2,…）处的振动会引起其邻近点处的振动而言,P 点和波源并没有本质上的区别,因此 P 点也可以视为新的波源.如图 2-5 所示,水面波在传播时,遇到一带小孔的障碍物,当孔径的大小与波长相近时,就会看到穿过小孔后的波面是以小孔为圆心的圆弧,与原来的波面形状无关,这说明小孔就可以视为一个新的波源.

在分析和总结这类现象的基础上,荷兰物理学家惠更斯（Christiaan Huygens,1629—1695）于 1690 年提出一条描述波传播特性的重要原理:在波的传播过程中,波前上的每一点都可视为发射子波的波源,在其后的任一时刻,这些子波的包络就成为新的波面.这就是**惠更斯原理**.

惠更斯原理适用于任何波动过程,无论是机械波或是电磁波.而且不论波动经过的介质是均匀的还是非均匀的,是各向同性的还是各向异性的,只要知道某一时刻的波前,就可以根据这一原理,利用几何作图的方法来确定以后任一时刻的波前,从而确定波的传播方向.

图 2-6 以平面波和球面波为例,说明惠更斯原理的应用.其中已知在各向同性的均匀介质中以波速 u 传播的波在 t 时刻的波前为 S_1.根据惠更斯原理,S_1 上的各点都可视为发射子波的波源,经过 Δt 时间后这些子波的波前是以子波源为中心,以半径为

图 2-5　障碍物的小孔视为新的波源

图 2-6　应用惠更斯原理确定波前

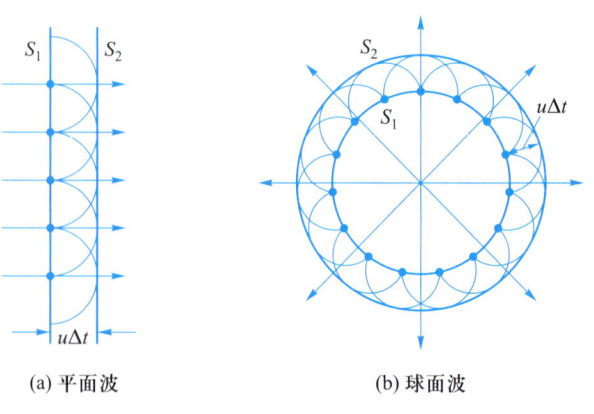

(a) 平面波　　　(b) 球面波

$u\Delta t$ 的球面.

在波的前进方向上,这些子波的包络即与这些子波波前相切的公切面就成为波在 $t+\Delta t$ 时刻的波前 S_2.

2. 波的衍射

波在传播过程中遇到障碍物时,能够绕过障碍物的边缘而传播的现象称为**波的衍射**(或绕射)现象.例如,俗话说的"隔墙有耳"就涉及声波的衍射现象,即声音能绕过厚墙,被墙外的人听到.

利用惠更斯原理可以说明波的衍射现象,如图 2-7 所示.当平面波以波速 u 传播时,遇到一带窄缝的障碍物,若波前在 t 时刻到达窄缝,根据惠更斯原理,窄缝上的各点作为新的子波源都会发出子波,经过 Δt 时间后这些子波的波前是以子波源为中心、以半径为 $u\Delta t$ 的球面,这些子波的包络就是波通过缝后在 $t+\Delta t$ 时刻的波前.很明显,缝后波前不再保持原来的平面形状,即在窄缝的边缘处,波线发生了弯曲并进入障碍物的阴影区.

衍射现象是波动所独具的特征之一.衍射现象显著与否,和障碍物上的缝(或孔口)的宽度或障碍物本身的线度 a 与波长 λ 之比 a/λ 有关.若 a 远大于波长 λ,则衍射现象不显著.若 a 与波长 λ 相近,则衍射现象显著;且 a 越小或波长 λ 越大,则衍射现象越显著.例如,一般人所能听见的声波的波长在 17 mm 至 17 m 的范围内,跟一般障碍物的尺寸比较相近,因此这个范围内的声波能明显地绕过一般障碍物,使我们能听到障碍物另一侧的声音.而可见光的波长在 0.4 μm 至 0.8 μm 的范围内,远小于一般障碍物的尺寸,因此我们通常难以看到光的衍射现象.这就是司空见惯的闻其声而不见其人现象的原因.

利用惠更斯原理虽然能定性地解释衍射现象,但不能定量地分析衍射现象.1815 年法国物理学家菲涅耳(Augustin Jean Fresnel,1788—1827)对惠更斯原理作了补充,有关内容将在第 5 章介绍.

3. 波的反射和折射

波在均匀介质中传播时,波的传播方向是不会改变的.而当波从一种介质传向另一种介质时,在两种介质的分界面上,波的传播方向要发生改变.入射波的一部分从分界面上返回到原来的介质中,形成反射波,另一部分进入另一种介质,形成折射波,这就是波的反射现象和折射现象.下面利用惠更斯原理说明波的反射和折射现象,并推导出波的反射定律和折射定律.

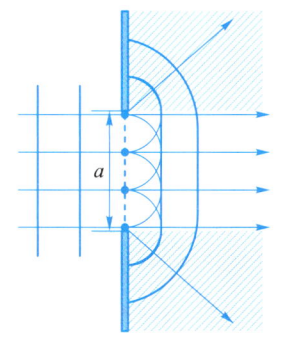

图 2-7 波的衍射

(1) 波的反射定律

如图 2-8 所示，有一平面波以波速 u_1 由介质 I 传向介质 I 和介质 II 的分界面，入射波的波面和两种介质的分界面均与图面垂直．分界面与图面的交线为直线 MN，用 e_n 表示分界面的法线方向，入射波的波线即入射线与分界面法线的夹角 i 称为入射角．设在 t_A 时刻，入射波的波前与图面的交线为直线 AD，且 A 点在分界面上．在直线 AD 上，取 B、C 两点，将直线 AD 三等分．随后，波从 AD 上的 B、C、D 点依次分别在 t_B、t_C、t_D 时刻传至分界面上的 B_1、C_1、D_1 点，有

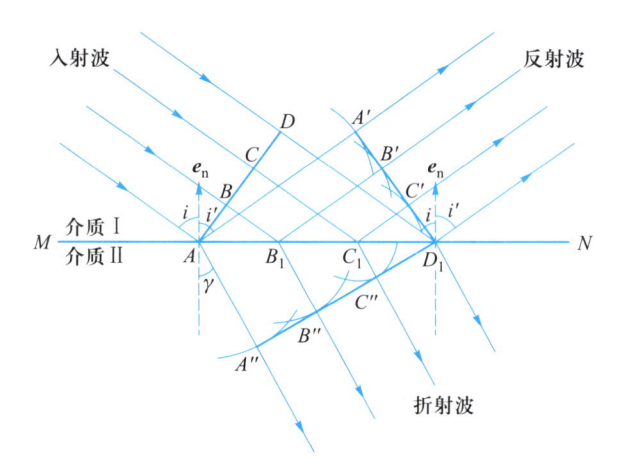

图 2-8 波的反射和折射

$$t_B - t_A = BB_1/u_1 \tag{2-10}$$
$$t_C - t_A = CC_1/u_1 \tag{2-11}$$
$$t_D - t_A = DD_1/u_1 \tag{2-12}$$

且有几何关系

$$BB_1 = CC_1/2 = DD_1/3 \tag{2-13}$$

根据惠更斯原理，在 t_A、t_B、t_C 时刻，分别从 A、B_1、C_1 点依次发出的反射波的子波面与图面的交线是圆弧．在 t_D 时刻，这些圆弧的半径可利用式（2-10）至式（2-13）表示为

$$AA' = u_1(t_D - t_A) = DD_1 \tag{2-14}$$
$$B_1B' = u_1(t_D - t_B) = u_1(t_D - t_A) - u_1(t_B - t_A) = DD_1 - BB_1 = CC_1 \tag{2-15}$$
$$C_1C' = u_1(t_D - t_C) = u_1(t_D - t_A) - u_1(t_C - t_A) = DD_1 - CC_1 = BB_1 \tag{2-16}$$

则这些圆弧的包络是通过 D_1 点并与这些圆弧相切的直线 $A'D_1$．因而在 t_D 时刻，反射波的波前为经过直线 $A'D_1$ 并与图面垂直的平面．与波面 $A'D_1$ 垂直的射线 AA'、B_1B'、C_1C' 等，是反射波的波线即反射线．反射线与分界面法线的夹角 i' 称为反射角．

由图 2-8 可见，ΔDAD_1 和 $\Delta A'D_1A$ 两个直角三角形是全等的．因此 $\angle DAD_1 = \angle A'D_1A$，所以

$$i = i' \tag{2-17}$$

即入射角等于反射角，此为结论 1．从图 2-8 中还可以看出结论 2，即入射线、反射线和分界面法线均在同一平面内；且入射线、反射线分居分界面法线的两侧．以上两个结论称为**波的反射定律**．

（2）波的折射定律

在图 2-8 中，入射波的另一部分从介质Ⅰ进入介质Ⅱ．则在 t_A、t_B、t_C 时刻，也分别从 A、B_1、C_1 子波源依次向介质Ⅱ发出折射波，这些折射波的子波面与图面的交线也是圆弧．设折射波在介质Ⅱ中的波速为 u_2，在 t_D 时刻，这些圆弧的半径可利用式（2-14）—式（2-16）表示为

$$AA'' = u_2(t_D - t_A) = u_2 \frac{AA'}{u_1} = u_2 \frac{DD_1}{u_1} \tag{2-18}$$

$$B_1B'' = u_2(t_D - t_B) = u_2 \frac{B_1B'}{u_1} = u_2 \frac{CC_1}{u_1} \tag{2-19}$$

$$C_1C'' = u_2(t_D - t_C) = u_2 \frac{C_1C'}{u_1} = u_2 \frac{BB_1}{u_1} \tag{2-20}$$

且这些圆弧的包络是通过 D_1 点并与这些圆弧相切的直线 $A''D_1$，因而在 t_D 时刻，折射波的波前为经过直线 $A''D_1$ 并与图面垂直的平面．与波面 $A''D_1$ 垂直的射线，是折射波的波线即折射线．折射线与分界面法线的夹角 γ 称为折射角．由图 2-8 可见，$\angle DAD_1 = i$，$\angle AD_1A'' = \gamma$，而 $DD_1 = AD_1 \sin i$，$AA'' = AD_1 \sin \gamma$，将这两式代入式（2-18），得到

$$\frac{\sin i}{\sin \gamma} = \frac{u_1}{u_2} = n_{21} \tag{2-21}$$

上式表明，入射角的正弦与折射角的正弦之比等于波在介质Ⅰ中的波速与波在介质Ⅱ中的波速之比，比值 n_{21} 称为介质Ⅱ对于介质Ⅰ的相对折射率，此为结论 1．从图 2-8 中还可以看出结论 2，即入射线、折射线和分界面法线均在同一平面内；且入射线、折射线分居分界面法线的两侧．以上两个结论称为**波的折射定律**．

波的反射和折射，在日常生活和生产中应用甚广．例如，在地震勘探中，由人工方法如爆破激发的地震波在地壳中传播，遇有介质性质不同的岩层分界面，地震波将发生反射与折射，在地表或井中用检波器接收这种地震波并进行处理和分析，可用以勘探各种矿藏、储油、气层或地质构造．

2.1.6 简谐波

简谐振动在空间中传播所形成的波称为简谐波,它是一种最基本、最简单的波.例如,单色光波和单音调的声波都可视为具有一定频率的简谐波.任何一种复杂形式的波都可视为由若干简谐波合成的.

授课录像:简谐波

图 2-9 简谐波的形成与传播

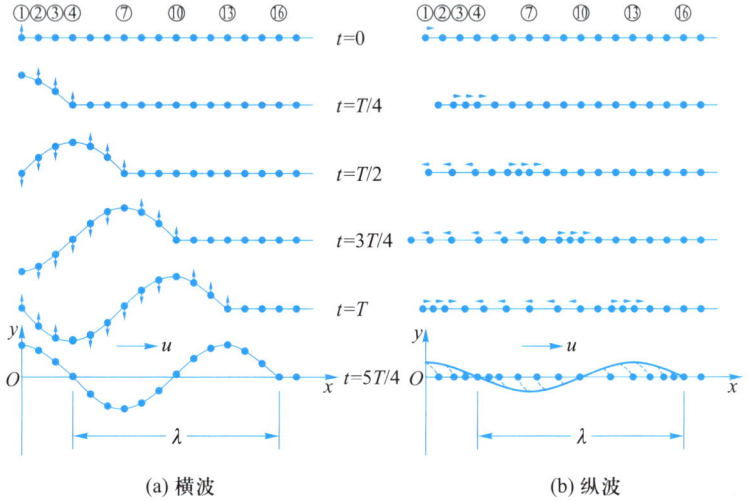

(a) 横波　　(b) 纵波

简谐波形成的过程可由图 2-9 看出.当 $t=0$ 时,从左至右由①起顺序编号的各质元都处在各自的平衡位置,即均在一条直线上;随着左端起第①个质元做周期为 T 的简谐振动,在质元间弹性力作用下第②个、第③个、第④个……质元都依次开始做简谐振动,从而呈现出振动状态的传播.当 $t=T/4$ 时,第④个质元开始振动,它处于第①个质元在 $t=0$ 时的振动状态,其中箭头表示质元的振动方向;当第①个质元振动一周期后,即 $t=T$ 时,正好传出一个完整的波,即每一个质元完成一次全振动都沿波线向其后传出一个完整的波.

沿波的传播方向,各质元依次模仿波源的振动.从相位上看,离波源远的质元总要比离波源近的质元振动要晚一些,即振动相位要落后.因此沿波线方向前、后质元的振动存在一个相位差,这也是波动的一个重要特征.对简谐波,当前、后质元的振动时间相差半个周期时,相位差为 π;当时间相差一个周期时,相位差为 2π.

某一时刻波线上的各质元偏离平衡位置的位移 y(广义上则是振动的物理量)与相应的平衡位置坐标 x 的关系曲线称为该时刻的波形图或波形曲线.波形图利用"几何语言"描述波动,以

波形图

几何图线形象地反映出波动规律．横波的波形图与实际的图像是相似的，图 2-9(a) 中画出了横波在 $t=5T/4$ 时的波形图；对于图 2-9(b) 中的纵波，当 $t=5T/4$ 时，设想把介质中各质元偏离平衡位置的位移逆时针转过 $90°$ 后就可画出纵波在该时刻的波形图．利用波形图，可以获得波长 λ、振幅、给定时刻各质元离开各自平衡位置的位移及运动方向等与波动有关的物理信息．

2.1.7 平面简谐波的波函数

波面为平面的简谐波称为平面简谐波．

1. 沿 x 轴正方向传播的平面简谐波的波函数

如图 2-10 所示，设一列平面简谐波在无吸收、均匀无限大介质中以波速 u 沿 x 轴正方向传播．平面简谐波的所有波线都是等价的，即所有波线上波动的传播情况都相同，因此在研究平面简谐波的传播规律时，只需讨论任意一条波线上波的传播规律．在下面的定量分析中，某处质元是指平衡位置在该处的质元．在图 2-10 中，取任意一条波线为 x 轴，设原点 O 处质元的振动表达式为

$$y_0 = A\cos(\omega t + \varphi_0) \quad (2-22)$$

其中 A 为振幅，ω 为角频率，φ_0 为原点 O 处质元振动的初相，y_0 为原点 O 处质元在 t 时刻离开平衡位置的位移．

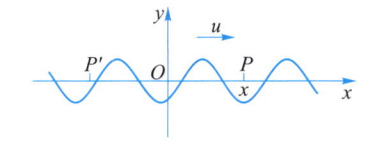

图 2-10 沿 x 轴正方向传播的平面简谐波的波形图

对于在 x 轴上且坐标满足 $x>0$ 的任意一点 P 处的质元，当振动从 O 处传播到 P 处时，它将以相同的振幅（由于均匀介质无吸收）和相同的频率重复 O 处质元的振动，但是时间滞后 $\Delta t = x/u$，即振动相位滞后 $\omega \Delta t$．因而 O 处质元在 $t-\Delta t$ 时刻的振动状态将在 t 时刻传播给 P 处质元，或者说 P 处质元在 t 时刻离开平衡位置的位移等于 O 处质元在 $t-\Delta t$ 时刻离开平衡位置的位移，则有 P 处质元在 t 时刻离开平衡位置的位移

$$y = A\cos\left[\omega\left(t - \frac{x}{u}\right) + \varphi_0\right] \quad (2-23)$$

对于在 x 轴上且坐标满足 $x<0$ 的任意一点 P' 处的质元，上式也成立．但此时它的振动比 O 处质元的振动在时间上超前 $|x|/u$．式 (2-23) 就是以波速 u 沿 x 轴正方向传播的平面简谐波的波函数，它为时空坐标的二元函数．

利用式 (2-3)、式 (2-4) 和式 (2-9)，可以将式 (2-23) 改写为以下几种常用的形式

$$y = A\cos\left[2\pi\left(\nu t - \frac{x}{\lambda}\right) + \varphi_0\right] \quad (2-24)$$

$$y = A\cos\left[2\pi\left(\frac{t}{T} - \frac{x}{\lambda}\right) + \varphi_0\right] \quad (2-25)$$

$$y = A\cos(\omega t - kx + \varphi_0) \quad (2-26)$$

为了数学处理上的方便,有时将波函数表示成下面的复数形式

$$\tilde{y} = A e^{i(\omega t - kx + \varphi_0)} \quad (2-27)$$

取其实部则有式(2-26),即

$$y = \mathrm{Re}\,\tilde{y} = A\cos(\omega t - kx + \varphi_0)$$

2. 波函数的物理意义

下面通过分析式(2-23)中两个自变量 x 和 t 的变化来了解波函数的物理意义.

(1)当 x 为给定值 x_1 时,y 仅为时间 t 的周期函数. 将 $x = x_1$ 代入式(2-23)中有

$$y_{x_1} = A\cos\left[\omega t + \left(\varphi_0 - \frac{\omega x_1}{u}\right)\right] = A\cos(\omega t + \varphi_{x_1})$$

上式即为 x_1 处质元的振动表达式,其中 $\varphi_{x_1} = \varphi_0 - \omega x_1/u = \varphi_0 - 2\pi x_1/\lambda$ 可视为 x_1 处质元振动的初相. 显然,不同处质元振动的初相是不同的,但是

$$y_{x_1+\lambda} = A\cos\left[\omega t + \varphi_0 - \frac{2\pi(x_1+\lambda)}{\lambda}\right] = A\cos\left(\omega t + \varphi_0 - \frac{2\pi x_1}{\lambda}\right) = y_{x_1}$$

即 x 轴上相距为波长 λ 的整数倍的两个质元的振动曲线完全同形,因此这也说明波长 λ 反映波动在空间上的周期性.

(2)当 t 为给定值 t_1 时,则 y 仅为质元的平衡位置坐标 x 的周期函数. 将 $t = t_1$ 代入式(2-23)和式(2-25)中有

$$y_{t_1} = A\cos\left(\omega t_1 - \omega \frac{x}{u} + \varphi_0\right) = A\cos\left[2\pi\left(\frac{t_1}{T} - \frac{x}{\lambda}\right) + \varphi_0\right]$$

上式即为 t_1 时刻的波形曲线方程,它给出了波场中的各质元在 t_1 时刻离开各自平衡位置的位移分布情况. 显然,不同时刻的波形图一般是不同的,但是

$$y_{t_1+T} = A\cos\left[2\pi\left(\frac{t_1+T}{T} - \frac{x}{\lambda}\right) + \varphi_0\right] = A\cos\left[2\pi\left(\frac{t_1}{T} - \frac{x}{\lambda}\right) + \varphi_0\right] = y_{t_1}$$

即时间间隔为周期 T 的整数倍的两个时刻的波形图完全一样,因此这也说明周期 T 反映波动在时间上的周期性.

(3)当 x 和 t 都变化时,y 是质元的平衡位置坐标 x 和时间 t 的二元函数,并可表示成

授课录像:波函数的物理意义

$$y = f\left(t - \frac{x}{u}\right) \qquad (2\text{-}28)$$

式(2-28)给出了波场中的任意质元在任意时刻离开平衡位置的位移,或者说它包括了无数个不同时刻的波形. 显然有

$$y(x + u\Delta t, t + \Delta t) = y(x, t) \qquad (2\text{-}29)$$

这说明在 Δt 时间内, t 时刻的整个波形曲线将沿着波线平移 $u\Delta t$ 的距离,如图 2-11 所示,即波形以波速 u 沿着波线在空间传播. 因此这种波称为 **行波**. 沿 x 轴正方向传播的行波称为右行波,它可表示成式(2-28)的形式,且满足关系式(2-29); 沿 x 轴负方向传播的行波称为左行波.

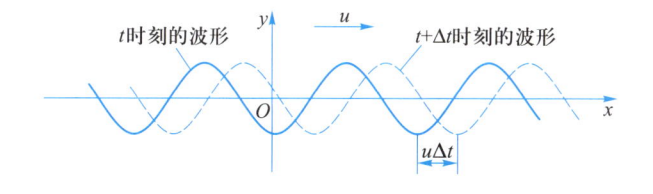

授课录像:行波

行波

图 2-11 平面简谐波波形的传播

3. 沿 x 轴负方向传播的平面简谐波的波函数

如果平面简谐波在无吸收、均匀无限大介质中以波速 u 沿 x 轴负方向传播,如图 2-12 所示. 在 x 轴上且坐标满足 $x>0$ 的任意一点 P 处的质元的振动比 O 处质元的振动要超前时间 $\Delta t = x/u$, 亦即 P 处质元在 t 时刻离开平衡位置的位移等于 O 处质元在 $t + \Delta t$ 时刻离开平衡位置的位移. 若 O 处质元的振动表达式仍是式(2-22),则有 P 处质元在 t 时刻离开平衡位置的位移

$$y = A\cos\left[\omega\left(t + \frac{x}{u}\right) + \varphi_0\right] \qquad (2\text{-}30)$$

对于在 x 轴上且坐标满足 $x<0$ 的任意一点 P' 处的质元,上式也成立. 但此时它的振动比 O 处质元的振动在时间上要落后 $|x|/u$. 利用式(2-3)、式(2-4) 和式(2-9),也可以将式(2-30) 改写为以下几种常用的形式

$$y = A\cos\left[2\pi\left(\nu t + \frac{x}{\lambda}\right) + \varphi_0\right] \qquad (2\text{-}31)$$

$$y = A\cos\left[2\pi\left(\frac{t}{T} + \frac{x}{\lambda}\right) + \varphi_0\right] \qquad (2\text{-}32)$$

$$y = A\cos(\omega t + kx + \varphi_0) \qquad (2\text{-}33)$$

或复数形式

$$\widetilde{y} = A e^{i(\omega t + kx + \varphi_0)} \qquad (2\text{-}34)$$

取其实部则有式(2-33),即

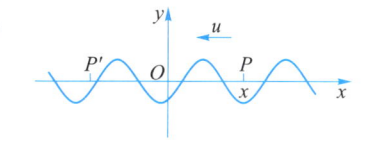

图 2-12 沿 x 轴负方向传播的平面简谐波的波形图

$$y = \mathrm{Re}\ \tilde{y} = A\cos(\omega t + kx + \varphi_0)$$

式(2-30)—式(2-34)就是沿 x 轴负方向传播的平面简谐波的波函数,它们与式(2-23)—式(2-27)相比仅在圆括号中或者 k 前有"+"与"-"号的差别.

上面在建立平面简谐波的波函数时,假定已知 O 处质元的振动表达式. 如果已知的是 x_0 处质元的振动表达式

$$y_{x_0} = A\cos(\omega t + \varphi_{x_0}) \tag{2-35}$$

其中 φ_{x_0} 为 x_0 处质元振动的初相. 利用前面建立波函数的方法,可得以下几种常用的形式的平面简谐波的波函数

$$y = A\cos\left[\omega\left(t \mp \frac{x-x_0}{u}\right) + \varphi_{x_0}\right] \tag{2-36}$$

$$y = A\cos\left[2\pi\left(\nu t \mp \frac{x-x_0}{\lambda}\right) + \varphi_{x_0}\right] \tag{2-37}$$

$$y = A\cos\left[2\pi\left(\frac{t}{T} \mp \frac{x-x_0}{\lambda}\right) + \varphi_{x_0}\right] \tag{2-38}$$

$$y = A\cos\left[\omega t \mp k(x-x_0) + \varphi_{x_0}\right] \tag{2-39}$$

式(2-36)—式(2-39)中,符号"$\mp$"中的"-"号代表沿 x 轴正方向传播的平面简谐波,"+"号代表沿 x 轴负方向传播的平面简谐波.

将波函数式(2-36)对时间求偏导数,则可以得到 x 处质元振动的速度和加速度分别为

$$v = \frac{\partial y}{\partial t} = -A\omega\sin\left[\omega\left(t \mp \frac{x-x_0}{u}\right) + \varphi_{x_0}\right] \tag{2-40}$$

$$a = \frac{\partial^2 y}{\partial t^2} = -A\omega^2\cos\left[\omega\left(t \mp \frac{x-x_0}{u}\right) + \varphi_{x_0}\right] \tag{2-41}$$

式(2-40)和式(2-41)说明,在平面简谐波传播的波场中,质元振动的速度和加速度也是波动的物理量,它们也是时空坐标的二元函数.

由式(2-37)还可以确定在同一 t 时刻,x_1 处质元与 x_2 处质元的振动相位差为

$$\Delta\varphi = \varphi_1 - \varphi_2 = 2\pi\frac{x_2-x_1}{\lambda} = 2\pi\frac{\Delta x}{\lambda} \tag{2-42}$$

其中 $\Delta x = x_2 - x_1$. 由式(2-42)可知,波线上每隔一个波长的距离,相位差为 2π.

例 2-2

一列平面简谐横波以 0.8 m·s^{-1} 的速度沿一长弦线传播. 在 $x = 0.1$ m 处,弦线质元的位移随时间的变化关系为 $y = 0.05\sin(1.0-4.0t)$ (SI 单位),试写出波函数.

解:$x = 0.1$ m 处质元的振动表达式为
$$y = 0.05\sin(1.0-4.0t)$$
$$= 0.05\cos\left[\frac{\pi}{2}-(1.0-4.0t)\right]$$
$$= 0.05\cos(4.0t+0.57) \text{(SI 单位)}$$

将 $A = 0.05$ m, $\omega = 4.0$ rad·s^{-1}, $u = 0.8$ m·s^{-1}, $x_0 = 0.1$ m 和 $\varphi_{x_0} = 0.57$ rad 代入式 (2-36) 中,若该波沿 x 轴正方向传播,则有波函数

$$y = 0.05\cos\left[4.0\left(t-\frac{x-0.1}{0.8}\right)+0.57\right]$$
$$= 0.05\cos(4.0t-5x+1.07) \text{(SI 单位)}$$

若该波沿 x 轴负方向传播,则有波函数
$$y = 0.05\cos\left[4.0\left(t+\frac{x-0.1}{0.8}\right)+0.57\right]$$
$$= 0.05\cos(4.0t+5x+0.07) \text{(SI 单位)}$$

例 2-3

已知 $t = 2$ s 时一列平面简谐波的波形曲线如图 2-13 所示,求该波的波函数及 $x = 0$ 处质元的振动表达式.

解:沿 x 轴负方向传播的平面简谐波的波函数的标准形式为
$$y = A\cos\left[2\pi\left(\frac{t}{T}+\frac{x}{\lambda}\right)+\varphi_0\right]$$

由图 2-13 可知 $A = 0.5$ m, $u = 0.5$ m·s^{-1}, $\lambda = 2$ m,由式 (2-9) 可得
$$T = \frac{\lambda}{u} = \frac{2}{0.5} \text{ s} = 4 \text{ s}$$

当 $t = 2$ s, $x = 0.5$ m 时, $y = 0.5$ m,即
$$0.5 = y(t=2, x=0.5)$$
$$= 0.5\cos\left[2\pi\left(\frac{2}{4}+\frac{0.5}{2}\right)+\varphi_0\right]$$
$$\cos\left(\frac{3\pi}{2}+\varphi_0\right) = 1$$

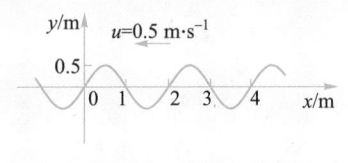

图 2-13 例 2-3 图

$$\varphi_0 = \frac{\pi}{2}$$

故该平面简谐波的波函数为
$$y = 0.5\cos\left(\frac{\pi}{2}t+\pi x+\frac{\pi}{2}\right) \text{(SI 单位)}$$

将 $x = 0$ 代入上式得到 $x = 0$ 处质元的振动表达式为
$$y_0 = 0.5\cos\left(\frac{\pi}{2}t+\frac{\pi}{2}\right) \text{(SI 单位)}$$

例 2-4

已知一列平面简谐横波的波函数为 $y=0.5\cos\pi(4t+2x)$（SI 单位）.（1）求该波的波长 λ、频率 ν 和波速 u；（2）写出当 $t=4.2$ s 时各波峰位置的坐标表示式，并求此时离坐标原点最近波峰的位置，该波峰何时通过坐标原点？（3）画出 $t=4.2$ s 时刻的波形曲线.

解：该波是左行波.

（1）将该波的波函数 $y=0.5\cos\pi(4t+2x)$（SI 单位）与平面简谐波的标准形式式（2-33）对比，可知角波数 $k=2\pi$ rad·m^{-1}，角频率 $\omega=4\pi$ rad·s^{-1}.

由 $k=2\pi/\lambda$ 得波长 $\lambda=2\pi/k=1$ m.
由 $\omega=2\pi\nu$ 得频率 $\nu=\omega/2\pi=2$ Hz.
波速 $u=\nu\lambda=2$ m·s^{-1}.

（2）波峰位置即 $y=0.5$ m 的位置，由 $\cos\pi(4t+2x)=1$，有

$$\pi(4t+2x)=2n\pi, \quad n=0,\pm1,\pm2,\cdots$$

解上式得波峰的位置的坐标表示式为

$$x=n-2t$$

当 $t=4.2$ s 时，有

$$x=n-8.4$$

对离原点最近即 $|x|$ 为最小的波峰，n 应取 8，所以离原点最近的波峰位置为

$$x=-0.4 \text{ m}$$

设该波峰在 t' 时刻在坐标原点处，经过 Δt 时间即在 $t'+\Delta t=4.2$ s 时刻传播到 $x=-0.4$ m 处，在 Δt 这段时间内波传播的距离为 $|\Delta x|=0.4$ m，则有

$$\Delta t=\frac{|\Delta x|}{u}=\frac{0.4}{2}\text{ s}=0.2\text{ s}$$

因此该波峰通过坐标原点的时刻应是 $t'=4$ s.

（3）根据波长 $\lambda=1$ m 和当 $t=4.2$ s 时波峰在 $x=-0.4$ m 处即可画出该时刻波形曲线，如图 2-14 所示.

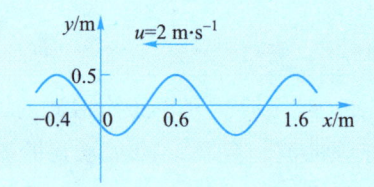

图 2-14 例 2-4(3)图

2.1.8 波动方程

授课录像：波动方程

前面曾给出右行波的函数式（2-28）以及所满足的关系式（2-29），对波速为 u 的左行波则有函数式

$$y=f\left(t+\frac{x}{u}\right) \tag{2-43}$$

且满足关系式

$$y(x-u\Delta t,t+\Delta t)=y(x,t) \tag{2-44}$$

设

$$\beta=t\mp\frac{x}{u}$$

则行波波函数的一般形式为

$$y=f(\beta)=f\left(t\mp\frac{x}{u}\right) \tag{2-45}$$

其中"-"代表右行波,"+"代表左行波. 例如,$y=\sqrt{ax+bt}$ 代表一列可能的行波,而 $y=\cos(ax^2-bt)$ 不代表行波.

把式(2-45)的 y 分别对 t 和 x 求二阶偏导数,则有

$$\frac{\partial^2 y}{\partial t^2}=\frac{\partial^2 f}{\partial \beta^2}$$

$$\frac{\partial^2 y}{\partial x^2}=\frac{1}{u^2}\frac{\partial^2 f}{\partial \beta^2}$$

比较以上两式,可得

$$\frac{\partial^2 y}{\partial x^2}=\frac{1}{u^2}\frac{\partial^2 y}{\partial t^2} \tag{2-46}$$

波动方程

式(2-46)称为波动方程,这是一个二阶齐次线性偏微分方程. 式(2-28)和式(2-43)就是这个波动方程的两个行波解. 可以证明任意两个行波解 y_1 和 y_2 叠加所合成的波即 y_1+y_2 一定也是波动方程的解,但合成波 y_1+y_2 不一定还是行波. 因此波动方程虽然是由行波的波函数推导出的,但对其他形式的波动仍然成立.

在经典物理学中,若推广到三维空间,则对波动的物理量 ξ,有三维波动方程

$$\nabla^2 \xi=\frac{1}{u^2}\frac{\partial^2 \xi}{\partial t^2} \tag{2-47}$$

三维波动方程

其中 ∇^2 为拉普拉斯算符

$$\nabla^2=\frac{\partial^2}{\partial x^2}+\frac{\partial^2}{\partial y^2}+\frac{\partial^2}{\partial z^2}$$

任何物理量 ξ,无论是力学量,还是电学量或其他形式的量,只要它与时间和坐标的函数关系满足波动方程,则此物理量的运动形式就一定是波动.

2.2 波的能量

2.2.1 波的能量传播特征

1. 波场中质元的能量

机械波在介质中传播时,波场中各质元都在各自的平衡位置附近振动,因而它们具有动能. 同时因介质要发生形变,它们还具有势能. 介质的动能与势能之和称为波的能量. 下面以在细长棒中传播的平面简谐纵波为例说明波的能量的传播特征,所得的结论对平面简谐横波也是成立的.

授课录像:波的能量1

如图 2-15 所示，一细长棒沿 x 轴放置，其质量密度为 ρ，横截面积为 S，弹性模量为 E，设在细长棒中以波速 u 沿 x 轴正方向传播的平面简谐纵波的波函数为

$$y = A\cos\omega\left(t - \frac{x}{u}\right) \tag{2-48}$$

在细长棒中坐标为 x 处取一原长为 dx 的质元，其质量为 $dm = \rho dV$，体积为 $dV = Sdx$. 当波传播到该质元时，其振动速度为

$$v = \frac{\partial y}{\partial t} = -\omega A \sin\omega\left(t - \frac{x}{u}\right)$$

因而该质元的振动动能为

$$dE_k = \frac{1}{2}(dm)v^2 = \frac{1}{2}(\rho dV)\omega^2 A^2 \sin^2\omega\left(t - \frac{x}{u}\right) \tag{2-49}$$

该质元的左端面离开其平衡位置 x 处的位移为 y，右端面离开其平衡位置 $x+dx$ 处的位移为 $y+dy$，则该质元的实际伸长量即形变为 dy，质元的相对形变即单位长度的伸长量为应变 $\partial y/\partial x$. 设引起质元发生形变 dy 的弹性力为 F，则质元单位横截面积所受的力即应力为 F/S. 由弹性模量 E 的定义

$$E = \frac{应力}{应变} = \frac{F/S}{\partial y/\partial x}$$

和胡克定律

$$F = k\,dy$$

有

$$k = \frac{ES}{dx}$$

因而该质元的弹性势能为

$$dE_p = \frac{1}{2}k(dy)^2 = \frac{1}{2}ESdx\left(\frac{\partial y}{\partial x}\right)^2 = \frac{1}{2}EdV\left(\frac{\partial y}{\partial x}\right)^2$$

而由式(2-6)得

$$E = \rho u^2$$

由波函数得

$$\frac{\partial y}{\partial x} = \frac{\omega A}{u}\sin\omega\left(t - \frac{x}{u}\right)$$

因而

$$dE_p = \frac{1}{2}(\rho dV)\omega^2 A^2 \sin^2\omega\left(t - \frac{x}{u}\right) \tag{2-50}$$

所以质元的总能量为

$$dE = dE_k + dE_p = (\rho dV)\omega^2 A^2 \sin^2\omega\left(t - \frac{x}{u}\right) \tag{2-51}$$

由式(2-49)和式(2-50)可以看出，在波动过程中，质元中的动能和势能总是相等且同步变化，即两者同时达到最大值，又同

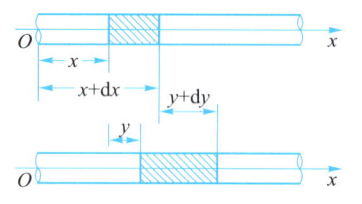

图 2-15 纵波在细长棒中传播引起质元的形变分析

时变为零．这与孤立的做简谐振动的弹簧振子的能量情况是截然不同的．从图 2-16 所示的波形曲线可以看出，某一时刻处于平衡位置的那些质元，例如 A 处质元和 B 处质元，不仅由于有最大的振动速度，所以具有最大的动能，而且由于质元的相对形变 $\partial y/\partial x$（即波形曲线的斜率）的绝对值也最大，所以势能也最大．而处于最大振动位移处的那些质元，例如 C 处质元和 D 处质元，不仅振动动能为零，而且由于相对形变 $\partial y/\partial x$ 也为零，所以势能也为零．

由式(2-51)可以看出，质元的总能量随时间做周期性的变化，是不守恒的．这与孤立的弹簧振子保持其总能量不变是不同的．这是因为介质中的每一质元都不是孤立的，通过与相邻质元间的相互作用，它不断地从前方质元"吸入"能量，使能量从零逐渐增大到最大值，又不断把能量"吐给"后方质元，使能量从最大值变为零．这样，每一质元就好像一个周期性地不断重复如此"吞吐"过程的能量"吞吐器"．于是能量就随着波动过程，从波源出发，借助一个个能量"吞吐器"，源源不断地流向远处．因此，波动过程就是能量传播的过程，即波是能量传播的一种方式．这是波动的一个重要特征．

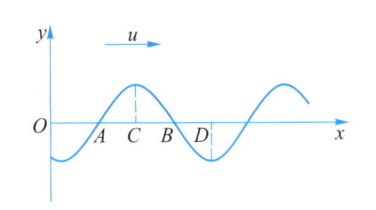

图 2-16 质元的动能与势能讨论用图

2. 波的能量密度

波场中单位体积的介质中所包含的能量称为波的能量密度，以 w 表示，即

$$w = \frac{\mathrm{d}E}{\mathrm{d}V} \tag{2-52}$$

波的能量密度可用来描述介质中各处能量的分布情况．对于式(2-48)表示的平面简谐波，可由式(2-51)和式(2-52)求出波的能量密度 w 为

$$w = \rho \omega^2 A^2 \sin^2 \omega \left(t - \frac{x}{u} \right) \tag{2-53}$$

式(2-53)中波的能量密度 w 与 t 和 x 的关系可以表示成以 $t-x/u$ 为变量的函数，这说明它是以行波的形式沿 x 轴正方向传播的，波速为 u．

3. 波的平均能量密度

能量密度在一个周期内对时间的平均值称为波的平均能量密度，以 $\overline{w}$ 表示，即

$$\overline{w} = \frac{1}{T} \int_0^T w \mathrm{d}t$$

将式(2-53)代入上式，有

$$\overline{w} = \frac{1}{T} \int_0^T \rho \omega^2 A^2 \sin^2 \omega \left(t - \frac{x}{u} \right) \mathrm{d}t = \frac{1}{2} \rho \omega^2 A^2 \tag{2-54}$$

式(2-54)表明，波的平均能量密度与介质的质量密度 ρ、角频率的平方 ω^2 和振幅的平方 A^2 三者成正比．上式虽然是由平面简谐波导出的，但它对于任何弹性简谐波都是适用的．

2.2.2 波的能流与能流密度

1. 波的能流

波在传播,其能量在流动,所以一束波就是一束能量流.能量流的流量,亦即在单位时间内通过介质中某一截面的能量称为通过该截面的能流,以 P 表示.在 SI 中,能流的单位为 W(瓦).

例如,设在介质中垂直于波的传播方向上取一个面积为 $S_\perp$ 的截面,如图 2-17 所示.在单位时间内通过此截面的能量就等于体积为 $uS_\perp$ 的介质中所包含的波的能量.这是因为能量以速度 u 传播,即在单位时间内,能量传播的距离是 u,这样与此截面的距离在 u 以内的振动质元的能量在单位时间内都将陆续流过此截面.因此通过该截面的能流 P 为

$$P = uS_\perp w \tag{2-55}$$

式(2-55)表明,波的能流 P 也像能量密度 w 那样是时间 t 和位置坐标 x 的函数.

2. 波的平均能流(功率)

由于人或大多数仪器的反应时间通常比所观测的波的周期要大得多,所以常把通过某一截面的能流在一个周期内对时间的平均值作为波的能量流的量度,称为波通过该截面的平均能流或波通过该截面的平均功率,以 $\overline{P}$ 表示.所谓波源的功率就是对包围波源的闭合曲面的功率.

由式(2-55)和式(2-54)可得通过垂直于波的传播方向且面积为 $S_\perp$ 的截面的平均能流 $\overline{P}$ 为

$$\overline{P} = uS_\perp \overline{w} = \frac{1}{2}\rho S_\perp \omega^2 A^2 u \tag{2-56}$$

3. 波的平均能流密度(强度)

通过垂直于波的传播方向的单位面积的平均能流称为平均能流密度.平均能流密度越大,单位时间内通过垂直于波的传播方向的单位面积的平均能量越多,波就越强,因此平均能流密度是波的强弱的一种量度,也称为波的强度,以 I 表示,即

$$I = \frac{\overline{P}}{S_\perp} = u\overline{w} = \frac{1}{2}\rho u\omega^2 A^2 = \frac{1}{2}Z\omega^2 A^2 \tag{2-57}$$

其中

$$Z = \rho u \tag{2-58}$$

Z 在机械波的有关公式中频繁出现,它是反映介质特性的一个常量,称为介质的特性阻抗.由式(2-57)可看出,波的强度和振幅的平方以及角频率的平方成正比.这是一个普遍的结果,对各种类

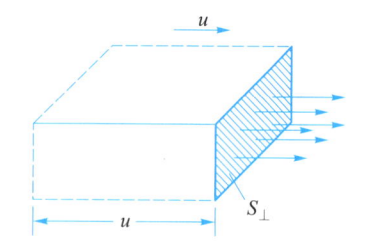

图 2-17 体积为 $uS_\perp$ 的介质中所包含的波的能量等于通过面积为 $S_\perp$ 的截面的能流

型的波都适用. 在 SI 中,波的强度的单位为 $W \cdot m^{-2}$. 在光学中,光波的强度称为光强;在声学中,声波的强度称为声强. 例如,当炮声震耳时,声强约为 $1\ W \cdot m^{-2}$,这主要由于声波的振幅较大;而超声波的声强可达 $10^9\ W \cdot m^{-2}$,则这主要由于其频率很高.

平均能流密度是一矢量,常称为坡印廷矢量,它的方向即为波速的方向. 故式(2-57)可写成如下的矢量形式

$$I = \frac{1}{2}\omega^2 A^2 \rho \boldsymbol{u} \tag{2-59}$$

坡印廷矢量

如图 2-18 所示,设有一列平面简谐波以波速 u 在均匀介质中传播. 在垂直于波的传播方向上任取两个面积都等于 $S_\perp$ 的平面,并且通过第一个平面的波线也通过第二个平面. 若介质不吸收波的能量,则从能量守恒的角度出发,分别通过这两个平面的平均能流 $\overline{P}_1$ 和 $\overline{P}_2$ 应相等. 设 A_1 和 A_2 分别表示平面简谐波在这两平面处的振幅,则由式(2-56)可得到 $A_1 = A_2$,即平面简谐波在无吸收的均匀介质传播的过程中振幅保持不变. 前面在推导平面简谐波的波函数时我们就已经用到了这个结论. 但是,对球面波来说,情况就不同. 具体分析讨论请参见下面的例 2-5.

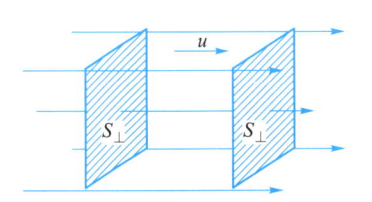

图 2-18 平面简谐波中能量的传播

例 2-5

一球面简谐波以波速 u 在无吸收的均匀介质中传播. 在距离波源 $r_1 = 1$ m 处质元的振幅为 A. 设波源振动的角频率为 ω,初相为零. 试求该球面简谐波的波函数.

解: 如图 2-19 所示,设球面简谐波的点波源在 O 处,以 O 为圆心作半径为 r_1 和 r_2 的两个球形波面. 在介质不吸收波的能量的条件下,通过这两个球面的平均能流 $\overline{P}_1$ 和 $\overline{P}_2$ 应相等.

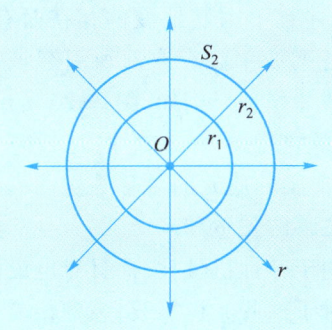

图 2-19 球面波中能量的传播

设 A_1 和 A_2 分别表示在这两个球形波面处波的振幅,则由式(2-56)可知

$$4\pi r_1^2 A_1^2 = 4\pi r_2^2 A_2^2$$

因而有

$$\frac{A_1}{A_2} = \frac{r_2}{r_1}$$

可见,球面波在传播过程中,介质中各处波的振幅与该处到波源的距离成反比. 由于已知在距离波源 $r_1 = 1$ m 处质元的振幅为 A,所以由上式可知,在距波源 r 处质元的振幅为 A/r,且其相位比波源落后 $\omega r/u$,该球面简谐波的波函数为

$$y = \frac{A}{r}\cos\omega\left(t - \frac{r}{u}\right)$$

其中,由于 r 是变量,故球面简谐波的振幅不是常量. 由于波的强度和振幅的平方成正比,所以对球面波还可得出

$$\frac{I_1}{I_2} = \frac{r_2^2}{r_1^2}$$

实际上,波在介质中传播时,沿途的介质总是要吸收波的一部分能量,将其转化为其他形式的能量(例如介质的内能),因此波的振幅和强度都要沿波的传播方向衰减,这种能量的损耗现象,称为波的吸收. 例如,通常声波由某处发出后,声强随声波传播距离增大而减弱,原因除了声强与距离平方成反比外,还有介质对声能的吸收等.

2.3 波的叠加

2.3.1 波的叠加原理

授课录像:波的独立性与叠加原理

波的叠加原理

观察和实验表明,当不同波源产生的几列波同时在同一介质中传播时,无论相遇与否,它们都会各自保持其原有的振幅、频率、波长、振动方向等特征不变,并按照各自原来的传播方向继续前进,彼此互不影响. 这就是波传播的独立性. 例如,从两个探照灯射出的光波,在空间交叉后仍然以各自原有的颜色和方向传播,一束光的传播情况就如同另一束光不存在一样. 当乐队合奏或几个人同时讲话时,声波也并不因在空间互相交叠而变化,因此我们能够辨别出每种乐器或每个人的音量、音调和音色. 又例如,通常天空中同时有大量的无线电波相互交错,但我们仍可以接收到不同的广播和电视节目,或进行不同手机之间的交流.

波的这种独立性,使得当几列波在空间的某点相遇时,每列波都单独引起该点的振动,并且不因其他波的存在而有所改变,因此该点实际的振动就是各列波单独存在时所引起该点的各个振动的叠加. 这就是波的叠加原理. 例如,图 2-20 所示的是,当沿一直线相向传播的两列绳波相遇时,在不同时刻绳上的波形(实线). 在相遇区域内,绳上某处质元的位移为这两列波单独存在时在该处所引起的振动位移的矢量和.

波的叠加原理不仅适用于弹性机械波,而且对电磁波和微观粒子的概率波等也适用. 对于这些非机械波,波的传播不一定需要介质,所研究的物理量一般也不是位移.

应当指出,波的叠加原理并不是普遍成立的. 只有在波的

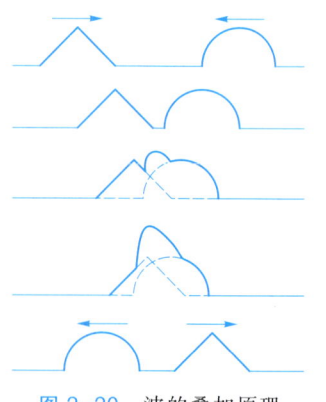

图 2-20 波的叠加原理

强度较小时,即在振幅较小的振动条件下,波动方程可表示为式(2-47)的线性形式,波的叠加原理才是正确的. 对于像爆炸所形成的冲击波、极强的光波等强度甚大的波,波动方程是非线性的,因而上述波的叠加原理就失效了.

波的叠加原理的重要性在于可以将任一复杂的波分解为一些简谐波的线性组合.

2.3.2 波的干涉

在波的叠加现象中,比较有意义的现象是波的干涉. 如果频率相同、振动方向一致、相位相等或相位差恒定的两个(或几个)波源发出的两列(或几列)波在相遇的区域内,某些地方的合振动会始终加强,某些地方的合振动会始终减弱或完全抵消,从而合成波的强度在空间呈现有规律的稳定分布. 这种现象称为波的干涉. 三个条件,即① 频率相同,② 相位差恒定,③ 振动方向一致,称为**相干条件**. 满足相干条件的两列(或几列)波才能发生干涉,称为相干波. 发出相干波的波源称为相干波源.

下面讨论在空间某点 P 处发生干涉加强或减弱的条件. 设两个相干波源 S_1 和 S_2 的振动表达式分别为

$$y_{10} = A_{10}\cos(\omega t + \varphi_{10})$$

$$y_{20} = A_{20}\cos(\omega t + \varphi_{20})$$

其中 ω 为角频率,A_{10}、A_{20} 和 φ_{10}、φ_{20} 分别为两个相干波源的振幅和初相. 根据相干条件可知,两个波源的相位差 $\varphi_{20} - \varphi_{10}$ 是恒定的. 若分别从波源 S_1 和 S_2 发出的两列相干波在同一无吸收的均匀介质中传播,则它们的波长均为 λ. 如图 2-21 所示,在两列波相遇的区域内任取一点 P,P 点与两波源的距离分别是 r_1 和 r_2.

设两列波在 P 点的振幅分别为 A_1 和 A_2,则两列波分别在 P 点引起的两个分振动为

$$y_1 = A_1\cos\left(\omega t + \varphi_{10} - 2\pi\frac{r_1}{\lambda}\right)$$

$$y_2 = A_2\cos\left(\omega t + \varphi_{20} - 2\pi\frac{r_2}{\lambda}\right)$$

根据叠加原理,P 处的合振动就是这两个同方向、同频率的分振动的合成,故 P 处的合振动表达式为

$$y = y_1 + y_2 = A\cos(\omega t + \varphi)$$

其中合振动的振幅 A 和初相 φ 分别利用第 1 章中式(1-42)和式(1-43)表示为

授课录像:波的干涉

相干条件

图 2-21 波的干涉示意图

$$A = \sqrt{A_1^2 + A_2^2 + 2A_1 A_2 \cos\left(\varphi_{20} - \varphi_{10} - 2\pi \frac{r_2 - r_1}{\lambda}\right)} \quad (2-60)$$

$$\varphi = \arctan \frac{A_1 \sin\left(\varphi_{10} - 2\pi \frac{r_1}{\lambda}\right) + A_2 \sin\left(\varphi_{20} - 2\pi \frac{r_2}{\lambda}\right)}{A_1 \cos\left(\varphi_{10} - 2\pi \frac{r_1}{\lambda}\right) + A_2 \cos\left(\varphi_{20} - 2\pi \frac{r_2}{\lambda}\right)} \quad (2-61)$$

由于波的强度正比于振幅的平方,所以若用 I_1、I_2 和 I 分别表示两列相干波和合成波的强度,就有

$$I = I_1 + I_2 + 2\sqrt{I_1 I_2} \cos \Delta\varphi \quad (2-62)$$

其中

$$\Delta\varphi = \varphi_{20} - \varphi_{10} - 2\pi \frac{r_2 - r_1}{\lambda} \quad (2-63)$$

$\Delta\varphi$ 为两列波在 P 处所引起的两个分振动的相位差. 它包含两部分,一部分是两个波源的初相差 $\varphi_{20} - \varphi_{10}$,具有恒定值;另一部分是由于两列波的传播路程(称为波程)r_1 和 r_2 的不同而引起的相位差 $-2\pi(r_2 - r_1)/\lambda$. 对于两列波相遇的区域内任一确定的点 P 来说,波程差 $\delta = r_1 - r_2$ 是恒定的,因此 $\Delta\varphi$ 也将保持恒定,从而强度是恒定的. 空间不同点将有不同的恒定的 $\Delta\varphi$ 值,相应的合成波的强度将不同. 有些地方加强了($I > I_1 + I_2$),有些地方减弱了($I < I_1 + I_2$),但各自都是恒定的,即在空间呈现强度稳定分布的干涉现象. 很显然,干涉的强弱取决于两列波的相位差. 下面讨论几种情况:

(1) 若在空间某干涉点

$$\Delta\varphi = \varphi_{20} - \varphi_{10} - 2\pi \frac{r_2 - r_1}{\lambda} = \pm 2k\pi, \quad k = 0, 1, 2, \cdots \quad (2-64)$$

则该点合振动的振幅最大,其值为 $A = A_1 + A_2$,且合成波的强度达到最大值,即

$$I = I_1 + I_2 + 2\sqrt{I_1 I_2} \quad (2-65)$$

这表明该点干涉加强,称为相长干涉.

(2) 若在空间某干涉点

$$\Delta\varphi = \varphi_{20} - \varphi_{10} - 2\pi \frac{r_2 - r_1}{\lambda} = \pm(2k+1)\pi, \quad k = 0, 1, 2, \cdots$$
$$(2-66)$$

则该点合振动的振幅最小,其值为 $A = |A_1 - A_2|$,且合成波的强度处于最小值,即

$$I = I_1 + I_2 - 2\sqrt{I_1 I_2} \quad (2-67)$$

这表明该点干涉减弱,称为相消干涉.

(3) 若 $\varphi_{10} = \varphi_{20}$,即两个相干波源为同相波源,这种情况在光

学中常会遇到,则 $\Delta\varphi$ 就等于由从波源 S_1 和 S_2 发出的两列相干波到干涉点的波程差 $\delta=r_1-r_2$ 引起的相位差.

相长干涉条件可以简化为

$$\Delta\varphi = 2\pi\frac{r_1-r_2}{\lambda} = \pm 2k\pi, \quad k=0,1,2,\cdots \quad (2-68)$$

或

$$\delta = r_1-r_2 = \pm k\lambda, \quad k=0,1,2,\cdots \quad (2-69)$$

相消干涉条件可以简化为

$$\Delta\varphi = 2\pi\frac{r_1-r_2}{\lambda} = \pm(2k+1)\pi, \quad k=0,1,2,\cdots \quad (2-70)$$

或

$$\delta = r_1-r_2 = \pm(2k+1)\frac{\lambda}{2}, \quad k=0,1,2,\cdots \quad (2-71)$$

即当两相干波源的振动相位相同时,在两列相干波相遇区域内,波程差等于零或等于波长的整数倍(即半波长的偶数倍)的各点,干涉加强;波程差等于半波长的奇数倍各点,干涉减弱.

在图 2-21 中,两列相干波各自的波峰在实线圆弧上,波谷在虚线圆弧上,两相邻波峰或波谷之间的距离是一个波长. 在两列相干波的波峰与波峰相遇处或波谷与波谷相遇处,两列相干波所引起的两个分振动就是同相位的,都同时使该处质元发生同方向的位移,因而合振动的振幅最大. 图中实线圆弧与实线圆弧或虚线圆弧与虚线圆弧相交的各点如 a、b、c 点等都是相长干涉点;图中实线圆弧与虚线圆弧相交的各点如 f、g、h 点等是波峰与波谷相遇之处(相消干涉点),在这些点两列波所引起的两个分振动是反相的,其叠加结果是两者互相削弱,因此在这些点处质元的振幅最小甚至是零. 在上述的相长干涉点和相消干涉点之间的其他各处质元也是以固定的振幅振动的,其振幅则介于上述两者之间. 利用上面的分析就很容易说明图 2-22 中的水波干涉现象,水槽内两个同相位的点波源是由同一个振源驱动的,它们不停地拍打水面,产生水波,在水面上就出现了干涉图样.

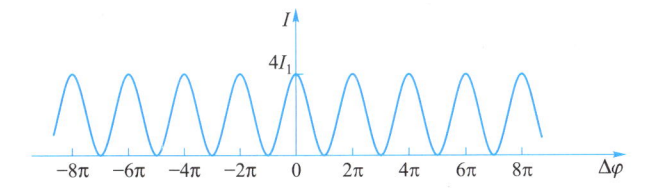

图 2-22 水波的干涉现象

若 $A_1=A_2$,则 $I_1=I_2$,那么合成波的强度为

$$I = 2I_1(1+\cos\Delta\varphi) = 4I_1\cos^2\frac{\Delta\varphi}{2} \quad (2-72)$$

合成波的强度随 $\Delta\varphi$ 变化的情况如图 2-23 所示,其最大值为 $4I_1$,最小值为零.

图 2-23 干涉现象(合成波)的强度分布($I_1=I_2$)

干涉现象是波遵从叠加原理的表现,是波的形式所具有的重要特征之一. 因为只有波的合成,才能产生干涉现象. 干涉现象对于光学、声学和电磁学等都十分重要,对于近代物理学的发展也有重大的作用. 某种物质运动若能产生干涉现象便可证明其具有波的本质.

例 2-6

波长为 40 cm 的声波从声源发出,通过一个由长直部分和半圆部分组成的管子,如图 2-24 所示. 该声波的一部分通过半圆后与其沿直线传播的另一部分会合,结果发生干涉. 当在检测处的波的强度为最小时,求半圆的半径 r 的最小值.

图 2-24　例 2-6 图

解: 在本题中,两列相干波是由同一个声源驱动的,即 $\varphi_{10} = \varphi_{20}$. 则在会合处,两列相干波的波程差 δ 为

$$\delta = r_1 - r_2 = \pi r - 2r$$

在检测处波的强度为最小说明会合处发生相消干涉,δ 应满足条件

$$\delta = \pi r - 2r = (2k+1)\lambda/2, \quad k = 0, 1, 2, \cdots$$

当 $k = 0$ 时,半径 r 取最小值,即

$$r = r_{\min} = \frac{\lambda}{2(\pi-2)} = \frac{40 \text{ cm}}{2(\pi-2)} = 17.5 \text{ cm}$$

2.3.3 驻波

驻波是一种特殊的干涉现象. 两列振幅相同的相干波在同一直线上沿相反方向传播时,在叠加区域内形成的波称为驻波. 在日常生活和工程技术中经常会遇到驻波. 例如,当海波从悬崖或码头处反射时,就可以看到入射波与反射波叠加后形成的驻波;当管弦乐器发出稳定的音调时,在气柱和弦线上有声音的驻波在振荡;当激光器发光时,工作物质中有光的驻波在振荡.

1. 驻波的形成

图 2-25 是弦线上的驻波的演示实验简图. 如图 2-25(a)所示,将一条水平弦线的一端与电动音叉一臂的末端 M 相连,另一端经过支点 B 并跨过定滑轮 N 后与一重物 m 相连,以使弦线拉紧并产生张力. 如图 2-25(b)所示,当音叉振动时,弦线上产生

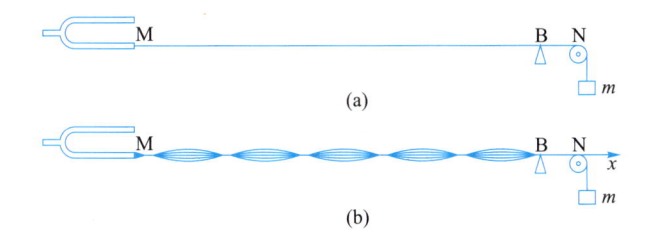

图 2-25 弦线上驻波演示实验

一沿 x 轴正方向传播的行波即入射波；入射波在支点 B 处反射后，变成一沿 x 轴负方向传播的行波即反射波．因为机械波在质地不同的介质之间反射率很高，常常在 99% 以上，所以反射波的振幅和入射波的振幅相同．这样，同一弦线上就有了振幅相同、传播方向相反的两列相干波，它们将相互叠加．当支点 B 移至适当位置时，结果可形成图 2-25（b）中所示的驻波．

图 2-26 所示的是弦线上的驻波实验中的入射波和反射波以及它们合成的驻波在 $t=0$、$T/8$、$T/4$、$3T/8$ 和 $T/2$ 各时刻的波形图．

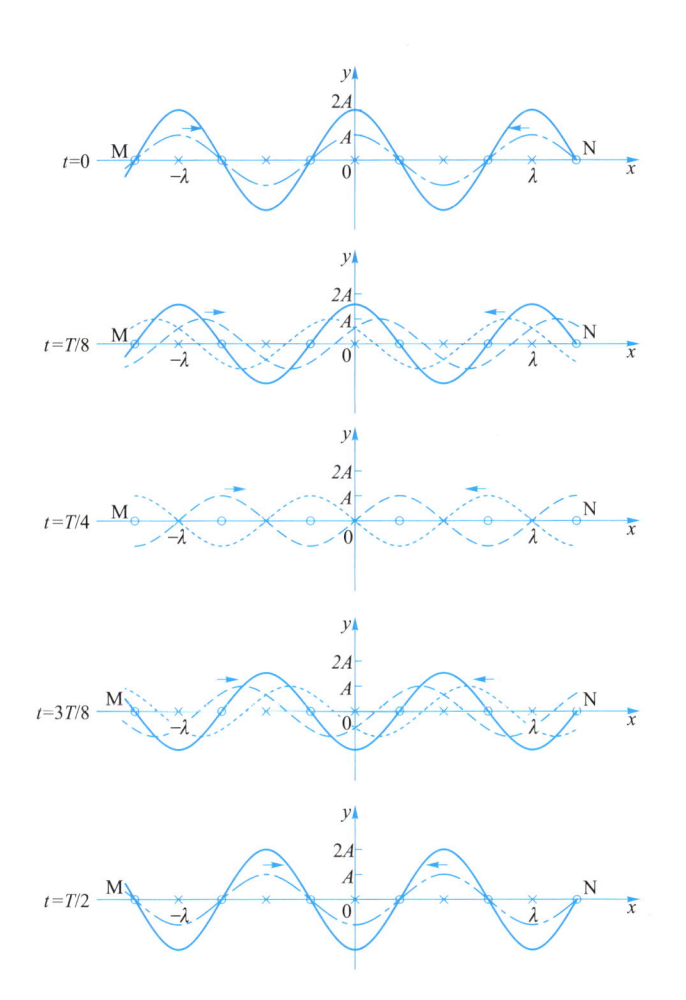

图 2-26 驻波的形成图解

通过这些波形图,可以了解驻波形成的物理过程. 图中虚线和点线分别表示波长均为 λ 的右行波(入射波)和左行波(反射波)的波形曲线,点划线表示这两列波的波形曲线完全重合,实线是合成波亦即驻波的波形曲线. 为方便起见,计时起点即 $t=0$ 时刻选取在入射波和反射波的波形曲线恰好重合时,并把坐标 $x=0$ 选取在任一位移极大处. 由各时刻驻波的波形图可见,无论何时,质元振动位移 $|y|$ 最大的位置,总是在图中坐标 $x=0$、$\pm\lambda/2$、$\pm\lambda$,以"×"表示的各点,这些位置称为此驻波的波腹;而在图中 $x=\pm\lambda/4$、$\pm3\lambda/4$、$\pm5\lambda/4$,以"○"表示的各处质元总是不动的,它们始终静止在自己的平衡位置上,这些位置称为此驻波的波节. 波腹和波节均等间距排列,两个相邻波节之间的距离或两个相邻波腹之间的距离等于 $\lambda/2$. 这样看上去,以波节的位置作为分割点可把弦线上从 M 点到 N 点的驻波分成几段,每段的两个端点是波节,其段长为 $\lambda/2$. 在同一段中,各质元的振幅不同,其中央波腹处质元的振幅最大;但这些质元的振动相位相同,它们总是同时开始向下运动,并同时到达各自的负方向最大位移处,或者同时开始向上运动并同时到达各自的正方向最大位移处. 对于相邻的两段中的质元来说,它们的振动相位相反,即当一段中的质元到达各自的正方向最大位移处时,另一段的质元到达各自的负方向最大位移处,并且相邻的两段中的质元同时沿相反的方向经过平衡位置. 也就是说,驻波是一种分段振动,在一段之内各处的相位完全相同,在两段之间却发生 π 的突变. 简言之,同段同相,邻段反相,只有相位突变,没有相位传播. 当观察弦线上的驻波时,由于两列相干波的频率较大及视觉暂留,我们只能看到驻波的轮廓,如图 2-25(b)所示. 由于驻波完全没有行波的振动状态或相位传播的特征,而表现为一个原地踏步的图样,故称之为驻波.

驻波的波腹与波节

2. 驻波的波函数(驻波的表达式)

下面对驻波进行定量分析. 根据如图 2-26 所示的入射波和反射波的波形图,可知它们的波函数分别为

$$y_1 = A\cos\left(\omega t - 2\pi \frac{x}{\lambda}\right)$$

$$y_2 = A\cos\left(\omega t + 2\pi \frac{x}{\lambda}\right)$$

它们的合成波为

$$y = y_1 + y_2 = A\left[\cos\left(\omega t - 2\pi \frac{x}{\lambda}\right) + \cos\left(\omega t + 2\pi \frac{x}{\lambda}\right)\right]$$

利用余弦函数的化和为积方法可得驻波的波函数(或驻波的表达式)

$$y = 2A\cos\frac{2\pi}{\lambda}x\cos\omega t \qquad (2-73)$$

式(2-73)由两项组成:一项只与位置有关,称为振幅因子;另一项只与时间有关,称为简谐振动因子. 由此可见,在形成驻波时,波线上各质元都在做同频率的简谐振动,即在坐标为 x 处的质元,做的是振幅为 $2A|\cos(2\pi x/\lambda)|$、角频率为 ω 的简谐振动. 由于变量 x 和 t 分别出现在两个因子中,驻波的波函数式(2-73)并不是 $t-x/u$ 或 $t+x/u$ 的函数,所以它不是行波的波函数. 这表明驻波不是行波,它不具有行波的波形、相位或能量的传播特征.

3. 驻波的特征

(1) 振幅分布

在驻波中,各质元的振幅 $2A|\cos(2\pi x/\lambda)|$ 与它们的位置坐标 x 有关,而与时间 t 无关. 可见,在 x 轴上任一质元都具有恒定的振幅,且振幅分布在空间呈现周期性.

振幅的最大值为 $2A$,发生在波腹处,因此波腹的位置可由

$$\left|\cos\left(\frac{2\pi x}{\lambda}\right)\right| = 1$$

即

$$\frac{2\pi}{\lambda}x = k\pi, \quad k = 0, \pm 1, \pm 2, \cdots$$

确定,为

$$x = k\frac{\lambda}{2}, \quad k = 0, \pm 1, \pm 2, \cdots \qquad (2-74)$$

相邻两波腹间的距离为

$$x_{k+1} - x_k = \frac{\lambda}{2}$$

它们是等间距的. 同样,振幅的最小值为零,发生在波节处,因此波节的位置可由

$$\left|\cos\left(\frac{2\pi x}{\lambda}\right)\right| = 0$$

即

$$\frac{2\pi}{\lambda}x = (2k+1)\frac{\pi}{2}, \quad k = 0, \pm 1, \pm 2, \cdots$$

确定,为

$$x = (2k+1)\frac{\lambda}{4}, \quad k = 0, \pm 1, \pm 2, \cdots \qquad (2-75)$$

相邻两波节间的距离同相邻两波腹间的距离一样也为 $\lambda/2$,而相邻的一个波腹和一个波节之间的距离为 $\lambda/4$. 振幅分布的这一结论可以用来测量波长,只要测定两个相邻波节(或波腹)之

间的距离,就可以确定原来两个相干行波的波长.

(2) 相位分布

在式(2-73)中的 $\cos(2\pi x/\lambda)$ 在不同的 x 处是有正有负的. 凡使 $\cos(2\pi x/\lambda)>0$ 的 x 处质元的振动相位都是 ωt;而凡使 $\cos(2\pi x/\lambda)<0$ 的 x 处质元的振动相位都是 $\omega t+\pi$. 由余弦函数的取值规律可知,在两个波节之间,即在同一段中,各处 $\cos(2\pi x/\lambda)$ 的正负是相同的,因而质元的振动相位也相同;分列于波节两侧即相邻的两段中的两点,$\cos(2\pi x/\lambda)$ 的正负是相反的,因而质元的振动相位也相反. 于是我们可以得出同段同相,邻段反相的结论.

(3) 能量分布

在驻波场中,当各质元的位移都达到最大值时,各质元的速度为零,即它们的动能为零,这时驻波的能量全部是势能. 在波节处质元的相对形变 $\partial y/\partial x$(即波形曲线的斜率)的绝对值最大,因而势能最大;在波腹处质元的相对形变为零,因而势能为零. 此时驻波的能量以势能的形式集中在波节附近.

当各质元均处于平衡位置时,各处的形变为零,因而势能为零,这时驻波的能量全部是动能. 在波节处质元的速度为零,动能为零;在波腹处质元速度最大,因而动能最大. 此时驻波的能量以动能的形式集中在波腹附近.

由式(2-59)可知,形成驻波的两列相干波的坡印廷矢量是等值反向的,因此合成后的驻波的坡印廷矢量为零,即不存在沿单一方向的能流.

总之,在驻波场中,能量不断地在波腹和波节之间往复转移,并且在动能和势能之间不断相互转化,然而没有能量的定向传播.

2.3.4 半波损失

在图 2-25 所示的弦线上驻波实验中,入射波在固定点 B 处反射并生成反射波,反射波和入射波叠加,在反射点 B 处形成的是驻波的一个波节. 这说明在反射点 B 处反射波的相位与入射波的相位正好相反,或者说反射使该处的相位发生了 π 的突变,这也相当于波程损失了半个波长,因此这种现象称为**半波损失**. 若反射点是自由的,则在该处形成的是驻波的一个波腹,这说明在反射点 B 处反射波和入射波是同相位的,在反射时没有相位突变,即不产生半波损失.

一般情况下,波在两种介质的分界面上反射时是否产生半波损失,取决于波的种类和两种介质的有关性质以及入射角的大小. 实验和理论都表明,对于机械波,在垂直入射界面的情况下,有无半波损失由介质的特性阻抗 $Z=\rho u$ 即介质的密度 ρ 与波速 u 之乘积来决定. 两种介质相比较, 特性阻抗 Z 相对较大的介质称为波密介质, 特性阻抗 Z 相对较小的介质称为波疏介质. 当波从波疏介质垂直入射到波密介质的界面上发生反射时, 有半波损失, 形成的驻波在界面反射处出现波节. 反之, 当波从波密介质垂直入射到波疏介质的界面上发生反射时, 无半波损失, 界面反射处出现波腹. 对于光波, 在垂直入射(入射角 $i=0°$)或掠射(入射角 $i=90°$)两种情况下, 有无半波损失由介质的折射率 n 来决定. 相比之下, 折射率 n 较大的介质称为光密介质, 折射率 n 较小的介质称为光疏介质. 无论垂直入射还是掠射, 当光从光疏介质入射到光密介质的界面上发生反射时, 有半波损失, 反射波有 π 的相位突变; 反之, 当光线从光密介质入射到光疏介质的界面上发生反射时, 无半波损失, 反射波与入射波同相.

波密介质与波疏介质

例 2-7

设波源位于坐标原点 O 处, 其振动表达式为 $y_0=A\cos\omega t$. 在 $x=-3\lambda/4$ 的 Q 处有一波密介质反射壁(λ 为波长), 如图 2-27 所示. 求:

(1) 从 O 处发出的沿 x 轴传播的波的波函数;
(2) 从 Q 处反射的反射波的波函数;
(3) 在 OQ 区域内合成波的波函数;
(4) 在 $x>0$ 区域内合成波的波函数;
(5) 在 $x=-\lambda/2$ 的 P 处质元的振动表达式.

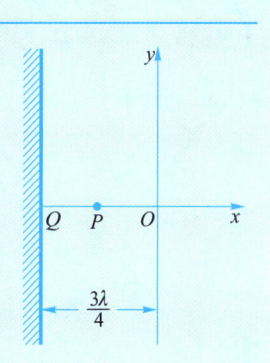

图 2-27 例 2-7 图

解: (1) 从 O 处发出的沿 x 轴正方向传播的波的波函数为

$$y_R = A\cos\left(\omega t - \frac{2\pi}{\lambda}x\right), \quad x>0$$

从 O 处发出的沿 x 轴负方向传播的波的波函数为

$$y_L = A\cos\left(\omega t + \frac{2\pi}{\lambda}x\right), \quad x<0$$

综合上面两式, 则从 O 处发出的沿 x 轴传播的波的波函数为

$$y = A\cos\left(\omega t - \frac{2\pi}{\lambda}|x|\right)$$

(2) 要写出反射波的波函数, 首先要写出反射波在某处质元的振动表达式, 这就选择在反射点 Q 处. 依照(1)的结论, 入射波在 Q 处的振动表达式为

$$y_{LQ} = A\cos\left[\omega t + \frac{2\pi}{\lambda}\left(-\frac{3}{4}\lambda\right)\right] = A\cos\left(\omega t - \frac{3}{2}\pi\right)$$

考虑到半波损失, 反射波在 Q 处的振动表达式为

$$y_{RQ} = A\cos\left(\omega t - \frac{3}{2}\pi + \pi\right) = A\cos\left(\omega t - \frac{\pi}{2}\right)$$

故反射波的波函数为

$$y'_R = A\cos\left[\omega t - \frac{2\pi}{\lambda}\left(x+\frac{3}{4}\lambda\right) - \frac{\pi}{2}\right] = A\cos\left(\omega t - \frac{2\pi}{\lambda}x\right)$$

(3) 在 OQ 区域内合成波的波函数为

$$y = y_L + y_R' = 2A\cos\frac{2\pi}{\lambda}x \cdot \cos\omega t$$

这是驻波的表达式.

(4) 在 $x>0$ 区域内合成波的波函数为

$$y = y_R + y_R' = 2A\cos\left(\omega t - \frac{2\pi}{\lambda}x\right)$$

这是平面简谐行波的波函数.

(5) 将 $x = -\lambda/2$ 代入 OQ 区域内驻波的表达式中就得 P 处质元的振动表达式

$$y = -2A \cdot \cos\omega t = 2A\cos(\omega t + \pi)$$

2.3.5 振动的简正模式

对于具有一定长度且两端固定的弦线,在其上形成驻波时,弦线两端一定是波节. 因此并非任何波长(或频率)的波都能在两端固定的弦线上形成驻波. 只有当弦线长度 L 等于半波长的整数倍时,即

$$L = n\frac{\lambda_n}{2}, \quad n = 0, 1, 2, \cdots \tag{2-76}$$

才能形成驻波. 其中 λ_n 为与某一 n 值对应的驻波波长,相应的驻波频率为

$$\nu_n = n\frac{u}{2L}, \quad n = 0, 1, 2, \cdots \tag{2-77}$$

其中 u 为横波在弦线上传播的速度,它与弦线中的张力 F_T 和质量线密度 ρ_L 的关系为

$$u = \sqrt{\frac{F_T}{\rho_L}}$$

因此弦线上形成的驻波波长、频率均不连续,或者说是"量子化"的. 这些频率称为弦线振动的本征频率,对应的振动方式称为弦线振动的简正模式. 图 2-28 是弦线振动的三种简正模式照片. 各个本征频率中,最低频率 ν_1 称为基频,产生的一个音称为基音. 其他较高的频率 $\nu_2, \nu_3, \cdots$ 各为基频 ν_1 的某一整数倍,称为二次谐频、三次谐频……产生的音称为谐音(泛音).

凡是有边界的振动物体,例如振动的鼓皮、被敲响的锣面及各种正在发声的乐器等,也同样各有其相应的简正模式,它们都是驻波系统. 一个驻波系统的简正模式所对应的简正频率称为系统的固有频率. 当周期性驱动力的频率与系统的固有频率之一相同时,就会引起系统共振,激起振幅很大的驻波. 一个驻波系统究竟按哪种模式振动,取决于初始条件,一般是它的各种简正模式的线性叠加. 例如,当两端固定的弦上某点受击而振动时,该点为波节的那些模式就不出现,可使演奏的音色更优美.

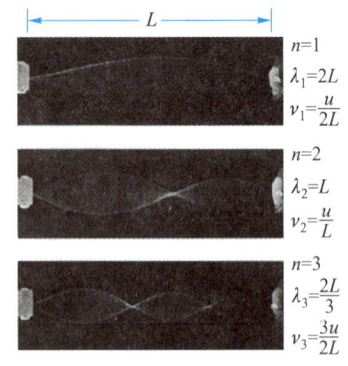

图 2-28 弦线振动的三种简正模式照片

2.4 多普勒效应

在前面所讨论的波动过程中,波源与观察者都是相对于介质静止的.这时,介质中各处质元的振动频率与波源的频率相同,即观察者接收到的频率与波源的频率相同.1842年,奥地利物理学家多普勒(Christian Doppler,1803—1853)发现,若波源和观察者之一或两者同时相对于介质在运动,观察者接收到的频率将不同于波源的振动频率,这种现象称为**多普勒效应**.例如,当救护车鸣着笛疾驶而近时,我们听着其鸣笛声的音调(频率)越来越高;当它疾驰远去时,我们听着其鸣笛声的音调(频率)则越来越低.下面我们仅分析当机械波的波源和观察者相对于介质运动时,发生在两者连线上的多普勒效应.

设波源或观察者沿着两者的连线运动,波源相对于介质的运动速度为 v_S,观察者相对于介质的运动速度为 v_R;介质中的波速为 u,介质中的波长为 λ;波源的频率为 ν_S,它是波源在单位时间内振动的次数,或在单位时间内发出完整的波的数目;观察者接收到的频率为 ν_R,它是观察者在单位时间内接收到的振动次数或完整的波的数目;波的频率为 ν,它是介质内质元在单位时间内振动的次数,或在单位时间内通过介质中某点的完整的波的数目.ν_S、ν_R 和 ν 可能互不相同,下面分三种情况进行讨论.

1. 波源静止($v_S=0$),观察者运动($v_R \neq 0$)

如图2-29所示,从介质中静止的点波源发出的球面波的波面是一系列同心等距的球面,它们均以速度 u 向四周传播,图中两相邻波面之间的距离为 λ.若观察者以速度 v_R 趋近波源运动,则波面以速度 $u+v_R$ 通过观察者.因此在单位时间内通过观察者的完整的波的数目,即观察者接收到的频率为

$$\nu_R = \frac{u+v_R}{\lambda} = \frac{u+v_R}{u/\nu} = \frac{u+v_R}{u}\nu \quad (2-78)$$

由于波源在介质中静止,所以波的频率与波源的频率相等.因此有

$$\nu_R = \frac{u+v_R}{u}\nu_S \quad (2-79)$$

可见,当观察者趋近波源时,观察者接收到的频率高于波源的频率,为波源频率的 $1+v_R/u$ 倍.

若观察者以速度 v_R 远离波源运动,则波面以速度 $u-v_R$ 通过观察者,因此观察者接收到的频率为

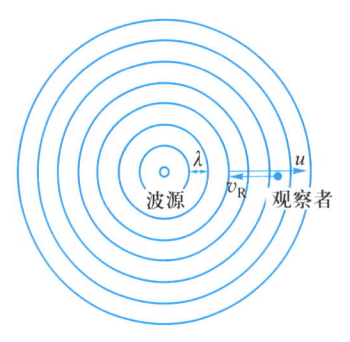

图2-29 当波源静止,观察者运动时的多普勒效应

$$\nu_R = \frac{u-v_R}{u}\nu_S \qquad (2\text{-}80)$$

显然,此时观察者接收到的频率低于波源的频率.

2. 观察者静止($v_R=0$),波源运动($v_S \neq 0$)

如图 2-30 所示,在点波源以速度 v_S 趋近观察者运动时,它发出的球面波的波面不再同心. 因为波面一旦从波源发出,就独立于波源在介质中以速度 u 向四周传播,所以图中两相邻波面半径之差为 $\lambda = uT$. 而在一个周期 T 内,波源向观察者移动的距离为 $v_S T$,此即图中两相邻波面球心之间的距离. 这样,在观察者处两个相邻波面之间的距离为 $\lambda - v_S T$. 这就相当于通过观察者所在处的波的波长 λ' 比原来缩短了 $v_S T$,即

$$\lambda' = \lambda - v_S T = (u - v_S)T$$

因此在单位时间内通过观察者的完整的波的数目,即观察者接收到的频率为

$$\nu_R = \frac{u}{\lambda - v_S T} = \frac{u}{(u-v_S)T} \qquad (2\text{-}81)$$

因波源的频率 $\nu_S = 1/T$,则有

$$\nu_R = \frac{u}{(u-v_S)}\nu_S \qquad (2\text{-}82)$$

可见,当波源趋近观察者时,观察者接收到的频率高于波源的频率,为波源频率的 $u/(u-v_S)$ 倍.

若波源以速度 v_S 远离观察者运动,则在观察者处两个相邻波面之间的距离为 $\lambda + v_S T$,因此观察者接收到的频率为

$$\nu_R = \frac{u}{(u+v_S)}\nu_S \qquad (2\text{-}83)$$

显然,此时观察者接收到的频率低于波源的频率.

3. 波源和观察者同时相对于介质运动($v_S \neq 0, v_R \neq 0$)

综合以上两种情况可知,当波源和观察者同时相对于介质运动时,一方面由于观察者运动,使波面通过观察者的速度增大或减小;另一方面由于波源运动,使观察者所在处的波的波长缩短或伸长. 因此这两种结果使观察者接收到的频率为

$$\nu_R = \frac{u \pm v_R}{u \mp v_S}\nu_S \qquad (2\text{-}84)$$

其中,当观察者朝向波源运动时,在 v_R 前取正号,背向时则取负号;当波源朝向观察者运动时,在 v_S 前取负号,背向时则取正号.

不仅机械波有多普勒效应,电磁波也有多普勒效应. 由于电磁波的传播速度为光速,且可以在真空中传播,所以,电磁波的多普勒效应与机械波有所不同.

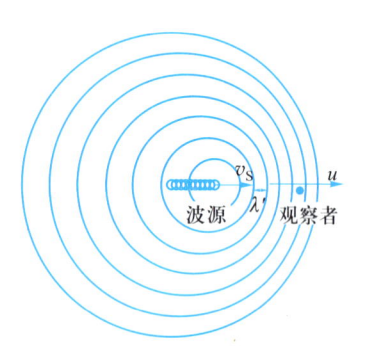

图 2-30 当观察者静止,波源运动时的多普勒效应

顺便指出,如果波源趋近观察者运动的速度 v_S 大于波速 u,那么式(2-81)、式(2-82)和式(2-84)因观察者接收到的频率 ν_R 小于零将失去意义.实际上,当 $v_S > u$ 时,在时间 t 内波源本身移动的距离 $v_S t$ 将超过它发出的波前传播的距离 ut,因此急速运动着的波源的前方不可能产生任何波动,所有波前的切面形成一个圆锥面,这个圆锥面称为**马赫锥**,如图 2-31 所示.显然,波动只能在马赫锥内传播,并使波的能量被高度集中在马赫锥内,容易造成巨大的破坏,这种波称为冲击波或激波.例如,当飞机、炮弹等以超音速飞行时,会在空气中激起冲击波.对马赫锥的半顶角 θ 有

$$\sin\theta = \frac{u}{v_S} \tag{2-85}$$

其中比值 v_S/u 称为马赫数,以 Ma 表示.

多普勒效应在科学技术上有着十分广泛的应用,例如,基于多普勒效应的雷达测速仪已广泛应用于车辆、导弹、卫星等运动目标速度的监测;医学上的多普勒超声诊断仪(D超)可用来检查人体内脏的运动情况、血液的流速和流量等.

授课录像:马赫锥

马赫锥

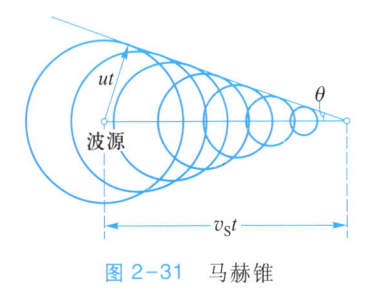

图 2-31 马赫锥

本章提要

1. 平面简谐波的描述
(1) 波函数

$$\begin{aligned}
y &= A\cos\left[\omega\left(t \mp \frac{x-x_0}{u}\right) + \varphi_{x_0}\right] \\
&= A\cos\left[2\pi\left(\nu t \mp \frac{x-x_0}{\lambda}\right) + \varphi_{x_0}\right] \\
&= A\cos\left[2\pi\left(\frac{t}{T} \mp \frac{x-x_0}{\lambda}\right) + \varphi_{x_0}\right] \\
&= A\cos\left[\omega t \mp k(x-x_0) + \varphi_{x_0}\right]
\end{aligned}$$

其中符号 $\mp$ 里的"$-$"号代表沿 x 轴正方向传播的平面简谐波;"$+$"号代表沿 x 轴负方向传播的平面简谐波.

特征量
- 周期 T 由波源所决定,描述波的时间周期性.

$$T = \frac{2\pi}{\omega} = \frac{1}{\nu}$$

- 波速 u 由介质的性质决定.

- 波长 λ 由波源和介质两方面因素决定,描述波的空间周期性.

$$\lambda = \frac{2\pi}{k} = uT$$

(2) 波形曲线 —— y-x 曲线

波的传播表现为波形曲线以波速 u 平移.

2. 平面简谐波的能量特征

体积为 $\mathrm{d}V$ 质元的总能量随时间做周期性的变化,是不守恒的.

$$\mathrm{d}E = \mathrm{d}E_k + \mathrm{d}E_p = (\rho \mathrm{d}V)\omega^2 A^2 \sin^2 \omega\left(t - \frac{x}{u}\right)$$

动能与势能相等

$$\mathrm{d}E_k = \mathrm{d}E_p = \frac{1}{2}(\rho \mathrm{d}V)\omega^2 A^2 \sin^2\left[\omega\left(t - \frac{x}{u}\right)\right]$$

能量密度

$$w = \frac{\mathrm{d}E}{\mathrm{d}V} = \rho\omega^2 A^2 \sin^2 \omega\left(t - \frac{x}{u}\right)$$

平均能量密度

$$\overline{w} = \frac{1}{2}\rho A^2 \omega^2$$

平均能流密度(波的强度)

$$I = \frac{1}{2}\rho A^2 \omega^2 u$$

3. 行波

行波波函数的一般形式为

$$y = f(\beta) = f\left(t \mp \frac{x}{u}\right)$$

其中"-"号代表右行波,"+"号代表左行波.

4. 惠更斯原理

在波的传播过程中,波前上的每一点都可视为发射子波的波源,在其后的任一时刻,这些子波的包络就成为新的波面.

5. 波的叠加原理

当不同波源产生的几列波同时在同一介质中传播时,无论相遇与否,它们都会各自保持其原有的振幅、频率、波长、振动方向等特征不变,并按照各自原来的传播方向继续前进,彼此互不影响.因此,在几列波相遇处,质元的振动就是各列波单独存在时所引起的该点的各个振动的叠加.

6. 波的干涉

频率相同、振动方向一致、相位相等或相位差恒定的两个(或几个)波源发出的两列(或几列)波在相遇的区域内,某些地方的合振动会始终加强,某些地方的合振动会始终减弱或完全抵消,从而合成波的强度在空间呈现有规律的稳定分布.

· 相干条件——(1) 频率相同;(2) 相位差恒定;(3) 振动方向一致

· 干涉加强和减弱的条件

相长干涉——当 $\Delta\varphi = \varphi_{20} - \varphi_{10} - 2\pi \dfrac{r_2 - r_1}{\lambda} = \pm 2k\pi, \quad k = 0, 1, 2, \cdots$ 时,有

$$A = A_1 + A_2$$
$$I = I_1 + I_2 + 2\sqrt{I_1 I_2}$$

相消干涉——当 $\Delta\varphi = \varphi_{20} - \varphi_{10} - 2\pi \dfrac{r_2 - r_1}{\lambda} = \pm (2k+1)\pi, \quad k = 0, 1, 2, \cdots$ 时,有

$$A = |A_1 - A_2|$$
$$I = I_1 + I_2 - 2\sqrt{I_1 I_2}$$

7. 驻波

两列振幅相同的相干波在同一直线上沿相反方向传播时,在叠加区域内形成的波.

(1) 驻波的表达式

$$y = y_1 + y_2 = A\cos\left(\omega t - 2\pi \dfrac{x}{\lambda}\right) + A\cos\left(\omega t + 2\pi \dfrac{x}{\lambda}\right)$$
$$= 2A\cos \dfrac{2\pi}{\lambda} x \cos \omega t$$

(2) 驻波的特征

· 振幅分布——各质元的振幅为 $2A|\cos(2\pi x/\lambda)|$,在空间呈现周期性.

振幅最大处——波腹,相邻波腹相距半个波长 $\lambda/2$(波腹间距);
振幅为零处——波节,相邻波节相距半个波长 $\lambda/2$(波节间距).

· 相位分布——同段同相,邻段反相.

· 能量分布——在驻波场中,能量不断地在波腹和波节之间往复转移,并且在动能和势能之间不断相互转化,然而没有能量的定向传播.

8. 半波损失

当机械波从波疏介质垂直入射到波密介质的界面上发生反射时,有半波损失,形成的驻波在界面反射处出现波节.反之,当波从波密介质垂直入射到波疏介质的界面上发生反射时,无半波

损失,界面反射处出现波腹.

9. 波动方程

$$\frac{\partial^2 \xi}{\partial x^2}+\frac{\partial^2 \xi}{\partial y^2}+\frac{\partial^2 \xi}{\partial z^2}=\frac{1}{u^2}\frac{\partial^2 \xi}{\partial t^2}$$

其中 ξ 为波动的物理量.

10. 多普勒效应

当波源和观察者之一或两者同时相对于介质运动时,观察者接收到的频率将不同于波源的振动频率的现象.

$$\nu_R = \frac{u \pm v_R}{u \mp v_S} \nu_S$$

其中,当观察者朝向波源运动时,在 v_R 前取正号,背向时取负号;当波源朝向观察者运动时,在 v_S 前取负号,背向时取正号.

思考题

2-1 机械波从一种介质进入另一种介质,其波长、频率和波速这三个物理量,哪些发生变化?

2-2 如何从振源的表达式导出平面波的波函数?怎样从波函数得出某质元的振动表达式?波函数的建立需要几个条件?建立波函数通常有哪几种?

2-3 如何描述波的强度?波在介质中传播时,为什么介质中质元的动能与势能具有相同的相位,而弹簧振子的动能和势能具有相反的相位?

2-4 从地面发出的足够强的声波能穿过大气层吗?

2-5 从能量的角度看,弹簧振子系统与传播机械波的弹性介质的质元有何不同?

2-6 为什么通常我们只观察到光线沿直线传播而较难观察到其衍射现象?

2-7 波的叠加与波的干涉有什么联系和区别?

2-8 驻波中各质元的相位有什么关系?为什么说相位没有传播?驻波与行波有什么联系与区别?

2-9 在什么情况下,波在两种介质的分界面上反射时产生相位 π 的突变?在什么情况下则不会产生相位 π 的突变?

2-10 在同一介质中,波源朝向观察者运动和观察者朝向波源以同样速率运动所形成的多普勒效应是否一定完全相同?

习题

2-1 如习题 2-1 图所示,一列平面简谐波沿 x 轴正方向传播,波速为 $u = 500 \text{ m}\cdot\text{s}^{-1}$,在 $L = 1 \text{ m}$ 处的 P 质元的振动表达式为 $y = 0.03\cos(500\pi t - \pi/2)$(SI 单位).(1) 按习题 2-1 图所示坐标系,写出相应的波函数;(2) 画出 $t = 0$ 时刻的波形曲线.

习题 2-1 图

2-2 一振幅为 10 cm、波长为 200 cm 的平面简谐波沿 x 轴正方向传播，波速为 100 cm·s^{-1}. 在 $t=0$ 时原点处质元恰好经过平衡位置并向位移正方向运动. 求：(1) 原点处质元的振动表达式；(2) $x=150$ cm 处质元的振动表达式.

2-3 已知一平面简谐波的波函数为 $y=0.25\cos(125t-0.37x)$（SI 单位）. 求：(1) $x_1=10$ m、$x_2=25$ m 两处质元的振动表达式；(2) x_1、x_2 两处质元间的振动相位差；(3) 当 $t=4$ s 时，x_1 处质元的振动位移.

2-4 一平面简谐波沿 x 轴负方向传播，波速为 1 m·s^{-1}. 在 x 轴上某处质元的振动频率为 1 Hz，振幅为 0.01 m. 在 $t=0$ 时该质元恰好在正方向最大位移处. 若以该质元的平衡位置为 x 轴的原点，求该平面简谐波的波函数.

2-5 一横波波函数为 $y=A\cos[2\pi(ut-x)/\lambda]$（SI 单位），式中 $A=0.01$ m，$\lambda=0.2$ m，$u=25$ m·s^{-1}. 求当 $t=0.1$ s 时，$x=2$ m 处的质元振动的位移、速度、加速度.

2-6 如习题 2-6 图所示，一平面简谐波沿 x 轴负方向传播，波速为 u. 若 P 处质元的振动表达式为 $y_P=A\cos(\omega t+\varphi)$，求：(1) O 处质元的振动表达式；(2) 该波的波函数；(3) 与 P 处质元振动状态相同的那些质元的平衡位置.

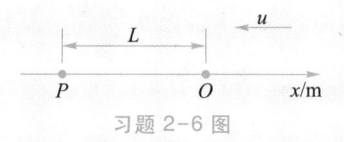

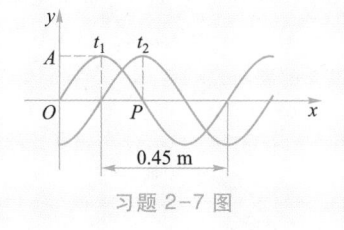

习题 2-6 图

2-7 一列沿 x 轴正方向传播的平面简谐波在 $t_1=0$ 和 $t_2=0.25$ s 时刻的波形曲线如习题 2-7 图所示. (1) 求 P 处质元的振动表达式；(2) 求该波的波函数；(3) 画出原点 O 处质元的振动曲线.

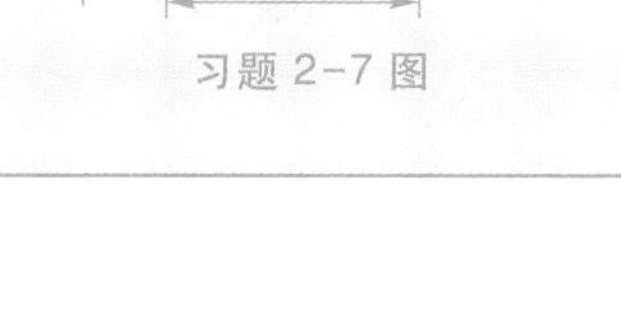

习题 2-7 图

2-8 一振幅为 10 cm、波长为 200 cm 的简谐横波，沿着一条很长的水平绷紧的弦从左向右行进，波速为 100 cm·s^{-1}. 取弦上一点为坐标原点，x 轴正方向指向右方. 在 $t=0$ 时，原点处质元从平衡位置开始向位移负方向运动. 求：(1) 该横波的波函数；(2) 弦上任一处质元振动的速度最大值.

2-9 如习题 2-9 图所示，在 A、B 两处放置两个相干的点波源，它们的振动相位差为 π. A、B 相距 30 cm，观察点 P 和 B 相距 40 cm，且 $PB\perp AB$. 若发自 A、B 的两列波在 P 处最大限度地互相削弱，求最大波长.

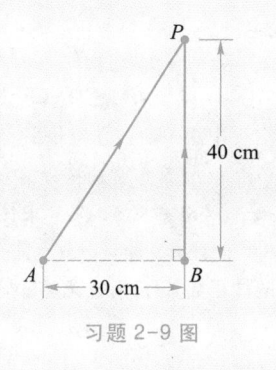

习题 2-9 图

2-10 如习题 2-10 图所示，S_1、S_2 为波长 $\lambda=8.00$ m 的两简谐波相干波源，S_2 的相位比 S_1 的相位超前 $\pi/4$. S_1 在 P 点引起的振动振幅为 0.30 m，$r_1=12.0$ m；S_2 在 P 点引起的振动振幅为 0.20 m，$r_2=14.0$ m. 求 P 点处的合振动的振幅.

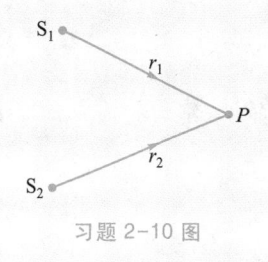

习题 2-10 图

2-11 A、B 为同一介质中的两个波源，相距 20 m. 两波源做同方向的振动，振动频率为 100 Hz，振幅均为 5 cm，波速为 200 m·s^{-1}. 设波在传播过程中振幅不变，且当 A 处为波峰时 B 处恰好为波谷. 取 A 到 B 为 x 轴正方向，A 为坐标原点，以 A 处质元达到正方向最大位移时为时间起点. 求：(1) B 波源产生的沿 x 轴负方向传播的波的波函数；(2) A、B 之间各因干涉而静止点的坐标.

2-12 如习题 2-12 图所示,在弹性介质中有一沿 x 轴正方向传播的平面简谐波,其表达式为 $y=0.01\cos(4t-\pi x-\pi/2)$ (SI 单位)。若在 $x=5.00$ m 处有一介质分界面,且在分界面处反射波相位突变了 π,设反射波的强度不变,求反射波的波函数。

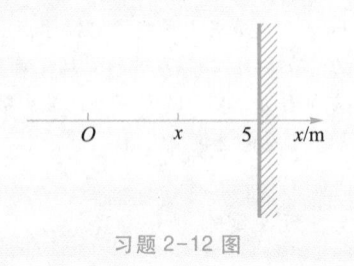

习题 2-12 图

2-13 如习题 2-13 图所示,有一平面简谐波在空气中沿 x 轴正方向传播,波速为 $u=2$ m·s^{-1}。已知 $x=2$ m 处质元 P 的振动表示式为 $y=6\times10^{-2}\cos(\pi t-\pi/2)$ (SI 单位)。(1) 求该波的波函数;(2) 若 $x=8.6$ m 处有一相对空气为波密的垂直反射壁,求反射波的波函数,设反射时无能量损耗;(3) 求波节的位置。

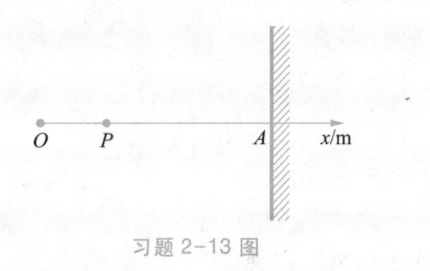

习题 2-13 图

2-14 如习题 2-14 图所示,三列频率相同、振动方向垂直纸面的简谐波在传播过程中在 O 处相遇。若三列简谐波各自单独在 S_1、S_2 和 S_3 处的振动表达式分别为

$$y_1 = A\cos(\omega t + \pi/2)$$
$$y_2 = A\cos \omega t$$
$$y_3 = 2A\cos(\omega t - \pi/2)$$

且 $|S_2O|=4\lambda$,$|S_1O|=|S_3O|=5\lambda$ (λ 为波长)。设传播过程中各简谐波的振幅不变,求 O 处的合振动表达式。

2-15 如习题 2-15 图所示,波源在原点 O 处,振动方向垂直纸面,波长是 λ。AB 为波的反射面,在反射时无半波损失。O 点位于 A 点的正上方,$|AO|=h$,Ox 轴平行于 AB。求 Ox 轴上各因干涉而加强点的坐标(限于 $x \geq 0$)。

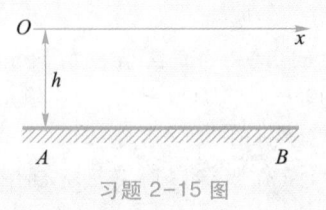

习题 2-15 图

2-16 两个相干波源 S_1 和 S_2 相距 11 m,S_1 的相位比 S_2 超前 $\pi/2$。这两个相干波源在 S_1、S_2 连线和延长线上传播时可看成两等幅的平面简谐波,它们的频率都等于 100 Hz,波速都等于 400 m·s^{-1}。求在 S_1、S_2 的连线和延长线上因干涉而静止各点的位置。

2-17 如习题 2-17 图所示,一平面简谐波以 $u=20$ m·s^{-1} 沿 x 轴负方向传播,该波在 A 处的振动表达式为 $y_A=3.0\cos 4\pi t$ (SI 单位)。求:(1) 若以距 A 点 5.0 m 处的 B 点为坐标原点,该平面简谐波的波函数;(2) 若在 B 处有波密介质反射壁且反射点为波节,反射波的波函数;(3) 驻波的表达式和波腹的位置。

习题 2-17 图

2-18 如习题 2-18 图所示,同一介质中的两个相干波源,分别位于 $x_1=-1.5$ m 和 $x_2=4.5$ m 处,它们的振幅均为 A,频率都是 100 Hz。当 x_1 处质元在正方向最大位移处时,x_2 处质元恰好经过平衡位置并向负方向运动。已知介质中波速为 $u=400$ m·s^{-1}。求:(1) x 轴上两波源间各因干涉而静止点的坐标;(2) x_1 处波源发出的沿 x 轴正方向传播的平面简谐波的波函数;(3) x_2 处波源发出的沿 x 轴负方向传播的平面简谐波的波函数。

习题 2-18 图

第 3 章　几何光学基础

光给我们带来了五彩缤纷的大自然的美,"光的本性是什么?"人们对此曾有各种猜测和争论. 17 世纪,牛顿(I. Newton,1643—1727)认为光是一股微粒流,沿直线传播,由此形成了几何光学,它以光的折射、反射定律为基础,研究光的直线传播和成像的规律. 与牛顿同时代的荷兰物理学家惠更斯(C. Huygens,1629—1695)提出了光是一种波动. 他认为光是机械振动在"以太"(ether)这种特殊物质中的传播. 由于当时的实验条件有限和牛顿的威信,18 世纪末之前人们普遍认同"光的微粒学说". 19 世纪初人们观察到了许多光的干涉、衍射和偏振现象,这些事实都为"光的波动学说"提供了重要的实验依据. 19 世纪 60 年代,麦克斯韦(J. C. Maxwell,1831—1879)建立的电磁场理论又赋予光以电磁波的本性,并认为"光的波动学说"比"光的微粒学说"更能圆满地描述当时已知的光现象. 波动光学在这样的背景下建立,它从光的波动性出发,研究光在传播时所表现出的现象.

随着光学向微观领域里的渗透,人们发现用经典的波动理论无法解释光与物质的相互作用. 从 19 世纪末到 20 世纪初,人们对黑体辐射和光电效应等实验规律的研究,再次验证了光的量子性. 1905 年爱因斯坦(A. Einstein,1879—1955)提出了光的量子理论. 在量子理论基础上,深入微观领域研究光与物质相互作用规律的分支学科,称为量子光学. 目前,人们对光的认识是光既具有粒子性又具有波动性,即光具有波粒二象性.

自 20 世纪 60 年代以来,特别是激光的问世,使得一度沉寂的古老的光学又焕发了青春,光学又开始了一个新的发展时期,派生出了与光学密切相关的成像光学、非线性光学、全息光学和光学信息处理等分支学科,我们称之为现代光学.

本书只介绍几何光学和波动光学的基本内容,有兴趣的读者可以在学完本课程后,进一步深入学习量子光学和现代光学.

3.1　几何光学的基本定律
3.2　平面和球面成像
3.3　薄透镜成像及其作图法
3.4　光学仪器
本章提要
思考题
习题

3.1 几何光学的基本定律

3.1.1 光的直线传播

当光在传播方向上遇到物体时,能在物体背后形成十分清晰的影子,这一事实告诉我们,光在均匀介质中沿直线行进,称为**光的直线传播定律**。在几何光学中,以一条有箭头的几何线代表光的传播方向,称为光线。

说明光的直线传播的另一例子,是针孔成像,如图 3-1 所示,在这个装置中,光通过一个小孔,使静止物体(如灯泡)成像在屏幕上。考察靠近灯泡顶部 a 点发出的光线。在向各个方向发射的许多光线中,对着小孔传播出去的光线,射到成像屏幕上靠近底部的 a' 点。同样地,从靠近灯泡底部 b 点发出的光线,通过小孔后射向成像屏幕顶部的 b' 点,这样就形成了整个灯泡的倒立像。如果把成像屏幕远离针孔,那么像会按比例放大,反之,如果靠近针孔,那么像会按比例缩小。

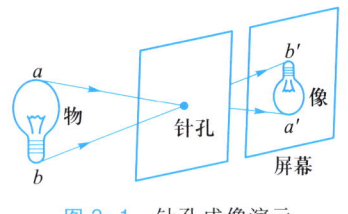

图 3-1 针孔成像演示

3.1.2 光学介质的折射率

光学介质的折射率(用符号 n 表示)定义:真空中的光速(用符号 c 表示)与在该种介质中的光速(用符号 v 表示)之比,即

$$n = \frac{c}{v} \tag{3-1}$$

通常把界面两边折射率较大的介质称为光密介质,折射率较小的介质称为光疏介质。由式(3-1)可以看出,光在光密介质中的速度比光疏介质中的速度小。

3.1.3 光的反射和折射

当光线入射到两种不同介质的分界面上时,一部分反射回第一介质,反射光的方向取决于分界面的情况,如果分界面光滑,则反射光束中的各条光线相互平行,沿同一方向反射回第一介质,称为镜面反射,如图 3-2(a)所示。如果分界面粗糙,则反射光束中的各条光线沿各种不同的方向反射回第一介质,称为漫反射,如图 3-2(b)所示.考察反射光时,把入射光线与分界面法线所构成的平面称为入射面.实验表明,反射光线总是位于入射面内,且与入射光线分居在法线的两侧,反射角 i' 等于入射角 i,即

$$i' = i \tag{3-2}$$

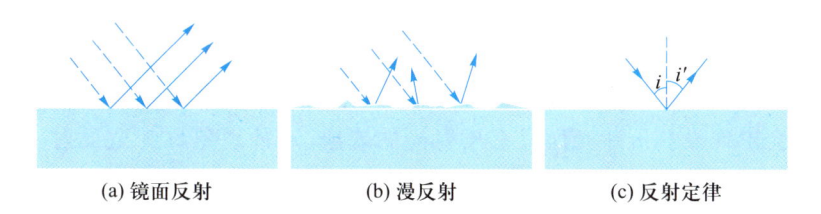

光的反射定律

(a) 镜面反射　　(b) 漫反射　　(c) 反射定律

图 3-2　光的反射

这一规律称为光的反射定律,如图 3-2(c)所示.

如图 3-3 所示,将两个平面镜垂直放置,一束光以 α 角入射,由光的反射定律可知,入射光线经过两次反射后,反射光线将按原方向返回.如果将三个平面反射镜互成直角放置,组合成立体直角,则无论从何方向来的光都将按原方向返回.由红色塑料制成的自行车尾灯,其外表是平面,在此塑料平面的背面(即朝着自行车前方的一面)整齐排列着许多凸起的直角锥棱镜,每个直角锥棱镜相当于立方体的一角,由三个互相垂直的平面镜构成.这种特殊的设计,使得在夜间骑车时,汽车灯光照在它上面时,无论入射方向如何,它都能把来自后方的光沿原方向返回.因此光强远大于漫反射光,像发光的红灯,足以使汽车司机观察到,保证了行车安全.

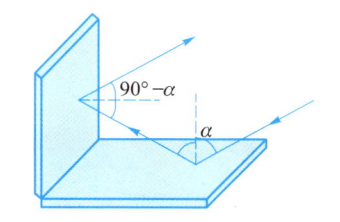

图 3-3　直角平面镜的反射

当光线传播过程中遇到两种不同介质的分界面时,除了一部分被反射外,另一部分在进入第二介质时发生折射(使光线的路径偏折),如图 3-4 所示.在考察折射光时,人们对光的折射现象分析和研究后总结出,入射角 i 的正弦和折射角 r 的正弦之比为一个常数,即

$$\frac{\sin i}{\sin r} = 常数 \tag{3-3}$$

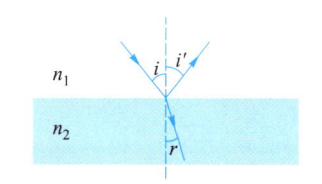

图 3-4　光经分界面折射时,遵守折射定律

同时,折射光线位于入射面内,且在法线的另一侧,这一规律称为光的折射定律.

光的折射定律

式(3-3)中的常数恰好是第二种介质的折射率 n_2 与第一种介质的折射率 n_1 之比,即

$$\frac{\sin i}{\sin r} = \frac{n_2}{n_1} \quad 或 \quad n_1 \cdot \sin i = n_2 \cdot \sin r \tag{3-4}$$

式(3-4)中 n_2/n_1 可写为 n_{21},称为第二种介质对第一种介质的相

图 3-5 光的全反射

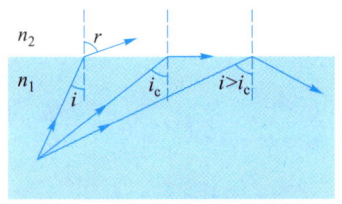

(a) $n_1 > n_2$ 时,如果入射角 i 大于临界角 i_c,会出现全反射现象

(b) 全反射演示

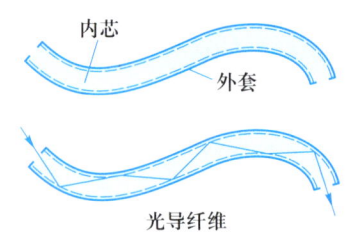

图 3-6 光导纤维利用全反射传递光信号

对折射率.

式(3-2)和式(3-4)中所用符号的对称性表明,如果反射光线或折射光线的方向反转,光线将循原路返回,这一规律称为光路可逆性原理.

由式(3-4)可知,当入射光线所在的介质折射率 n_1 大于折射光线所在的介质折射率 n_2 时,折射角 r 将大于入射角 i,如图 3-5(a)所示. 逐渐增大入射角 i,并趋向于某一角度 i_c,折射角 r 将趋向于 90°,此时的入射角 i_c 称为临界角. 当入射角大于临界角时,就会出现没有折射光而只有反射光的现象,这种现象称为全反射,如图 3-5(b)所示. 根据折射定律,可得发生全反射的临界角与周边介质折射率的关系为

$$\sin i_c = \frac{n_2}{n_1} = n_{21} \quad (3-5)$$

发展迅速的光导纤维,就是利用全反射规律而使光线沿着弯曲路径传播的光学元件. 光导纤维是由透明的介质制成的导光管,其折射率比环境折射率大得多. 当光从导光管的一端进入后,经历多次全反射,光将沿着导光管传播到另一端,因此可用于传递光信号,如图 3-6 所示. 医学上利用柔软、不怕震的光导纤维制成各种内窥镜,对人体内部的器官(如胃、肠、支气管等)进行成像观察;通信领域中利用光导纤维制成的光缆进行信号传递.

3.2 平面和球面成像

人们用照相机拍摄绚丽多彩的自然风景,用天文望远镜观察远方的星星,这些光学仪器都涉及光在平面和球面系统中反射和折射的成像问题. 成像是几何光学要研究的中心问题之一,前面介绍的几何光学的基本定律是研究光学仪器成像的基础. 在讨论光学系统的成像之前,先介绍与成像有关的几个基本概念.

3.2.1 同心光束　实像和虚像

几何光学把物体视为无数物点的组合(在近似情况下,也可用物点表示物体),由物点发出的一束光视为无数光线的集合. 如果一束光中的各光线或其反向延长线交于一点,则称此光束

为同心光束,其交点称为同心光束的顶点.根据光线方向又可分成会聚光束和发散光束.顶点在无穷远处的光束称为平行光束.

入射同心光束的顶点,称为物点.物有虚实之别,如果入射的光束是发散的同心光束,则相应的发散中心称为实物,如图 3-7(a)所示.如果入射的光束是会聚的同心光束,则相应的会聚中心称为虚物,如图 3-7(b)所示.由物点发出的一束光,经过反射或折射后,尽管光线的方向改变了,但光束中仍然能找到一个顶点,也就是说光束的同心性没有被破坏,那么这个顶点就是物点的像.在这种情况下,每个物点都有一个和它对应的像点.如果光束中各光线实际上确实是在该点会聚的,则这个会聚点称为 实像,如图 3-7(c)所示.如果反射或折射后的光束是发散的,但把这些光线反向延长后仍能找到光束的顶点,即光束仍保持同心性,那么这个发散光束的会聚点称为 虚像,如图 3-7(d)所示.

由若干反射面和折射面组成的光学系统称为光具组.一般来说,一束光通过介质界面的反射和折射后,光束不再保持同心性,即一个物点不能成像于一点.但在适当的条件下,光束的同心性能够近似地得到满足,本章只讨论光束的同心性近似得到满足的情况,而同心性被破坏引起的像差问题超出了大纲要求,不做讨论.如果入射同心光束通过一个光具组后仍保持同心性,则称该光具组为理想光具组.理想光具组成像时有保持同心性的特点,如图 3-7(c)和(d)所示.由此可知,任一物点 P 总有一像点 P' 与之对应,又因光路可逆性原理,反之亦然.物点和像点的这种对应关系称为物像共轭,相应的点称为共轭点,相应的光线称为共轭光线.入射光束经过的空间称为物空间或物方,反射或折射光束经过的空间称为像空间或像方.

3.2.2 平面反射成像

光学成像所研究的主要问题是怎样准确地反映物体的形状,也就是怎样能保持物体发出光束的同心性问题.实际上,只有平面镜的反射光束才能保持光束的同心性不被破坏.

反射面为平面的镜子称为平面镜,它是一种最简单、最常用的光学成像元件.如图 3-8 所示,一只灯泡位于平面镜 MM′ 前,首先考察任一发光点 P 在平面镜子中的成像,发光点 P 称为物点,与镜面之间的距离称为物距,用 s 表示.从任一发光点 P 发

实像

虚像

(a) 发散同心光束的发散
中心 P 点,为实物

(b) 会聚同心光束的会聚
中心 P 点,为虚物

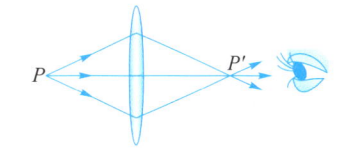

(c) 物点 P 发出的光线会聚
到 P' 点,为实像

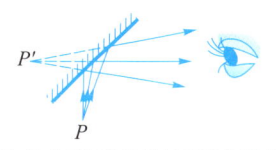

(d) 物点 P 发出的反射光线的反向
延长线会聚到 P' 点,为虚像

图 3-7 物和像的虚实

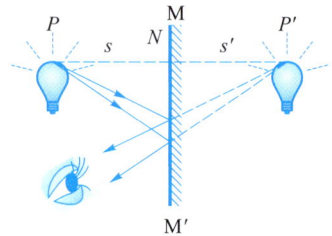

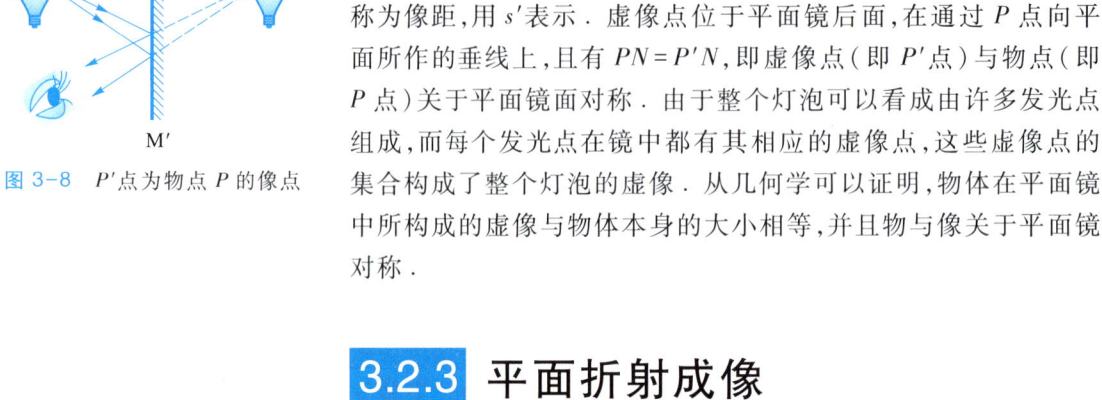

出的光束经平面镜反射后,由反射定律可知,其反射光线的反向延长线相交于 P' 点,P' 点就是 P 点的虚像点,与镜面之间的距离称为像距,用 s' 表示。虚像点位于平面镜后面,在通过 P 点向平面所作的垂线上,且有 $PN = P'N$,即虚像点(即 P' 点)与物点(即 P 点)关于平面镜面对称。由于整个灯泡可以看成由许多发光点组成,而每个发光点在镜中都有其相应的虚像点,这些虚像点的集合构成了整个灯泡的虚像。从几何学可以证明,物体在平面镜中所构成的虚像与物体本身的大小相等,并且物与像关于平面镜对称。

图 3-8 P' 点为物点 P 的像点

3.2.3 平面折射成像

与光的平面反射不同,光线在折射率不同的两个透明介质的平面分界面上折射时,除平行光束折射后仍为平行光束外,同心光束将被破坏。设发光点 P 在折射率为 n_1 的介质中发出一束光,经分界面折射进入折射率为 n_2(假设 $n_1 > n_2$)的介质中。由折射定律可知,各折射光线的反向延长线并不交于同一点,如图 3-9 所示。显然光束的同心性被破坏了,不能形成清晰的像,这种现象称为像散。但是,由于人眼的瞳孔很小,进入人眼的光束就很细,所以,进入人眼的这些折射光线的反向延长线就会近似交于一点,从而形成比较清晰的点像。这就是为什么可以在水面上看到水中物体的原因。

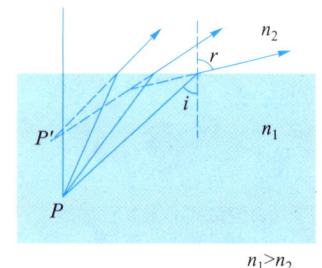

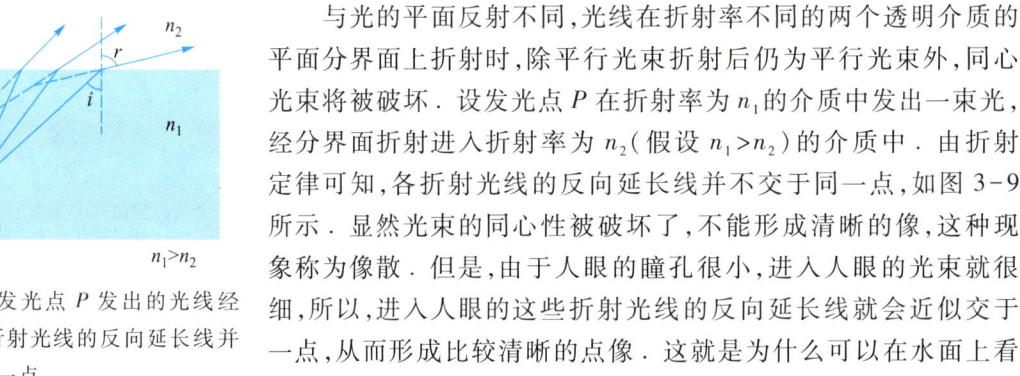

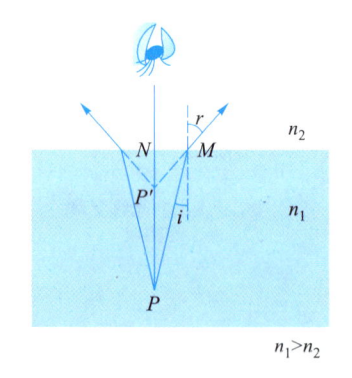

图 3-9 发光点 P 发出的光线经折射后,折射光线的反向延长线并不交于同一点

现在来讨论平面折射成像问题。如图 3-10 所示,介质 1 中有一个发光点 P,介质 2 中的观察者,在垂直于两种介质分界面的上方观察。设介质 1 的折射率为 n_1,介质 2 的折射率为 n_2,且 $n_1 > n_2$。从 P 点发出的光束中的一条光线垂直于分界面入射,并与分界面交于 N 点,另一条光线以 i 角入射,以 r 角折射,并与分界面交于 M 点,两条折射光线的反向延长线相交于 P' 点。假设进入人眼的光束范围很小(因人眼的瞳孔很小),这样相应的入射角 i 和折射角 r 也都很小,因此有 $\sin i = \tan i = NM/PN$,$\sin r = \tan r = NM/P'N$,由折射定律 $n_1 \cdot \sin i = n_2 \cdot \sin r$ 得

$$P'N = \frac{n_2}{n_1} PN \tag{3-6}$$

图 3-10 垂直于介质表面观察

式(3-6)表明,仅当 P 点所发出的光束几乎垂直于分界面时,折射光束近似保持光束的同心性,也就是说所有折射光线的反向延长线近似相交于同一点 P'。P' 点是 P 点的一个像点。P 点所发出的光束入射方向越倾斜,折射光束的像散就越显著。在水面上沿

竖直方向观看水中物体,所见到的像最清晰. 由于折射光线是发散的,所以 P' 点为虚像点. 又因 $n_1>n_2$, 由式(3-6)可知,像距 $P'N$ 小于物距 PN, 此时所见像的深度小于实际物体的深度. 像距 $P'N$ 称为物体的视深.

3.2.4 球面反射成像

汽车驾驶员可以通过小小的反光镜看到背后较大范围内的路况,这有赖于球面反射成像. 球面不仅是一个简单的光学系统,而且是组成光学仪器的基本元件. 研究光经球面的反射是研究光学成像的基础.

球面镜分凹面镜和凸面镜两种,本书将以凹面镜为例进行成像分析. 为了球面反射成像光路的表述方便,必须先说明一些概念. 如图 3-11 所示, AOB 表示球面的一部分, 镜面中心 O 称为球面镜的顶点, 凹面镜的曲率中心位于 C 点, 半径为 R, 连接顶点和曲率中心的直线 CO 称为球面镜的主光轴, 通过主光轴的平面称为主截面. 主光轴对所有的主截面具有对称性, 因此, 只需讨论一个主截面内光线的反射光路. 如图 3-11 所示为球面的一个主截面内各光线的光路.

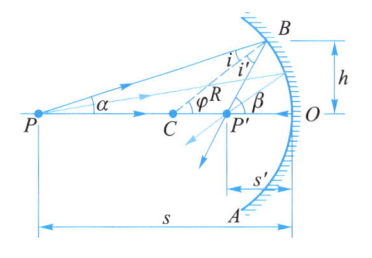

图 3-11 凹面镜反射傍轴光线成像光路图

设物点 P 位于主光轴上, 且 $PO>R$, 从物点 P 发出的光束中一条光线沿主光轴传播经镜面反射后沿原路返回; 另一条光线沿与主光轴夹角为 α 的方向入射于镜面上的 B 点, B 点处的法线与主光轴的夹角为 φ, 反射光线与主光轴的夹角为 β; 两条反射光线相交于主光轴上的 P' 点. 一般情况下, 从物点 P 发出的同心光束经球面反射后将不再保持同心性, 即出现像散现象. 但是如果入射光线与主光轴的夹角 α 很小时, β 和 φ 也很小, 那么入射光束的各反射光线会近似相交于同一点 P', P' 即为物点 P 的像点. 在不考虑像散的情况下, 入射光线与主光轴的夹角 α 很小, 光线与主光轴也很接近, 满足这个条件的光线称为**傍轴光线**. 在傍轴光线的条件下, 从物点 P 发散的同心光束经球面反射后仍将近似保持光束的同心性.

傍轴光线

根据图 3-11 的几何关系有 $\varphi=\alpha+i$ 和 $\beta=\varphi+i'$, 因此有

$$\alpha+\beta=2\varphi \tag{3-7}$$

设物距为 s, 像距为 s', 图中的 h 为 B 点至主光轴的垂直距离. 当 α、β 和 φ 都很小时, 有

$$\alpha \approx \tan\alpha \approx \frac{h}{s}, \quad \beta \approx \tan\beta \approx \frac{h}{s'}, \quad \varphi \approx \tan\varphi \approx \frac{h}{R}$$

将以上三式代入式(3-7),可得方程

$$\frac{1}{s}+\frac{1}{s'}=\frac{2}{R} \tag{3-8}$$

这个联系物距和像距的公式,称为**球面反射物像公式**.

上面就一种特殊情况求得球面反射物像公式(3-8). 对于凹面镜或凸面镜成像的其他情况,只要在傍轴光线的条件下且约定适当的符号法则,式(3-8)同样成立. 这类符号法则不是唯一的,本书采用以下的符号法则(假设光线自左向右传播):

(1)凹面镜的曲率半径 R 取正,凸面镜的曲率半径 R 取负.

(2)物点 P 在球面镜前时,物距 s 为正,物点 P 在球面镜后时,物距 s 为负.

(3)像点 P' 在球面镜前时,像距 s' 为正,像点 P' 在球面镜后时,像距 s' 为负.

(4)物点或像点至主光轴的垂直距离,在主光轴上方为正,在下方为负.

(5)作图中的线段总使用绝对值标识. 例如,若物距 s 是负的,则图中标识为 $-s$.

对于球面镜而言,实物和实像均在球面镜前,而虚物和虚像均在球面镜后,因此上述符号法则可简单归纳为"实正虚负".

当 $s=\infty$ 时,$s'=R/2$,入射光线可视为傍轴平行光线,主光轴上无穷远处的物点的共轭像点称为球面镜的像方焦点,用 F' 表示. 球面镜顶点到像方焦点的距离称为像方焦距,用 f' 表示. 由式(3-8)有

$$f'=R/2 \tag{3-9}$$

这样,球面反射物像公式又可以写为

$$\frac{1}{s}+\frac{1}{s'}=\frac{1}{f'} \tag{3-10}$$

式(3-10)中,对于凹面镜,R 取正,则 f' 取正,与实焦点相对应;对于凸面镜,R 取负,则 f' 取负,与虚焦点相对应.

3.2.5 球面镜成像作图法

在傍轴条件下,球面镜成像的像点与物点一一对应且相似. 这样,可以从物体上选择几个有代表性的物点,从这些点出发引入两条入射光线,经球面镜的反射后,反射线或其反向延长线的交点即为物点的像点,从而确定整个物体通过球面成像的位置和

大小．具体做法如下：

（1）平行于主光轴的入射光线经球面反射后，反射线或其反向延长线过焦点 F'；

（2）过焦点的入射光线经球面反射后，反射光线平行于主光轴；

（3）过球面曲率中心 C 的入射光线或其延长线，经球面镜反射后按原路返回．

依据以上三条，图 3-12 给出了球面镜成像光路图．

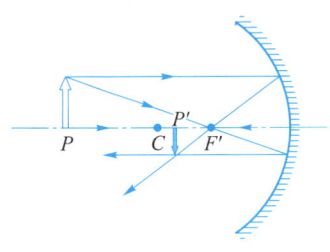

(a) 物距大于焦距和曲率半径，凹面镜成倒立缩小实像

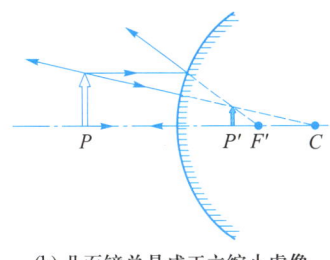

(b) 凸面镜总是成正立缩小虚像

图 3-12　球面镜成像光路图

3.2.6　球面镜成像的横向放大率

在光学系统中，最后的像与初始的物的横向大小（即在垂直于主光轴方向上的高度）之比定义为横向放大率，用 m 表示．

图 3-13 为一凹面镜反射成像光路图，从物点 Q 发出一束光，其中一条光线经过球面曲率中心 C 点，反射光线原路返回；另一条光线射向球面镜顶点 O，根据反射定律，反射光线与入射光线关于主光轴对称．两反射光线相交于 Q' 点，由几何关系，可知 $\triangle QOP$ 与 $\triangle Q'OP'$ 是相似直角三角形，因此，$PQ/P'Q' = PO/P'O = s/s'$．考虑符号法则，约定以物的取向为正方向，像正立时，$P'Q'$ 取正值，像倒立时，$P'Q'$ 取负值．这样**横向放大率**为

$$m = \frac{P'Q'}{PQ} = -\frac{s'}{s} \qquad (3-11)$$

式（3-11）对凹面镜和凸面镜同样适用．当 $m>0$ 时，成像为正立虚像；当 $m<0$ 时，成像为倒立实像．

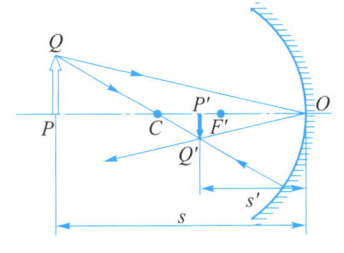

图 3-13　球面镜反射成像的横向放大率

横向放大率

例 3-1

曲率半径为 20 cm 的凹面镜，前方 5 cm 处有一点状物体，求凹面镜成像的位置和性质．

解：假设光线自左向右传播射向凹面镜，依据符号法则，已知 $R = 20$ cm，$s = 5$ cm，由式（3-8）可得 $\frac{1}{s'} = \frac{2}{20}\ \mathrm{cm}^{-1} - \frac{1}{5}\ \mathrm{cm}^{-1} = -\frac{1}{10}\ \mathrm{cm}^{-1}$，$s' = -10$ cm，即成像于凹面镜后 10 cm 处且为虚像．再由式（3-11）可得横向放大率 $m = -\frac{s'}{s} = -\frac{-10}{5} = 2$，即成像为放大正立虚像．

3.2.7 球面折射成像

前面讨论了球面反射成像，接下来进一步探讨单球面折射成像．如图 3-14 所示，AOB 是折射率分别为 n 和 n'（$n'>n$）的两种介质的球面界面，R 为球面半径，C 为球心，O 为球面顶点，OC 的延长线为球面的主光轴．

图 3-14 傍轴条件下球面折射成像光路图

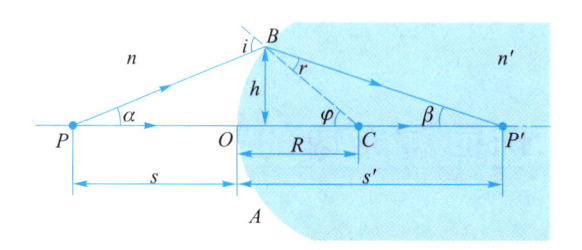

设物距为 s，像距为 s'，图中的 h 为 B 点至主光轴的垂直距离．在傍轴条件下，由物点 P 发出的光束经过球面折射后，折射光束仍能保持同心性．考察物点 P 发出的光束中一条光线入射于 O 点，入射角为零，折射光线无偏折地进入另一介质；P 点发出的另一光线入射于 B 点，入射角为 i，以折射角 r 折入另一介质．两条折射光线相交于主光轴上 P' 点，P' 点即为物点 P 的像点．在傍轴条件下，入射角 i 和折射角 r 都很小，这样，折射定律 $n \cdot \sin i = n' \cdot \sin r$ 可近似写为 $n \cdot i = n' \cdot r$．再由几何关系有 $i = \alpha + \varphi$，$\varphi = r + \beta$，可得

$$n \cdot \alpha + n' \cdot \beta = (n'-n) \cdot \varphi \tag{3-12}$$

当 α、β 和 φ 都很小时，有

$$\alpha \approx \tan \alpha \approx \frac{h}{s}, \quad \beta \approx \tan \beta \approx \frac{h}{s'}, \quad \varphi \approx \tan \varphi \approx \frac{h}{R}$$

将以上三式代入式（3-12），可得

球面折射物像公式

$$\frac{n}{s} + \frac{n'}{s'} = \frac{n'-n}{R} \tag{3-13}$$

式（3-13）称为**球面折射物像公式**．

式（3-13）右端只与介质的折射率和球面的曲率半径有关，反映球面对入射光线的屈光（或折光）程度．为此，引入**光焦度**来描述，用 Φ 表示，定义为

光焦度

$$\Phi = \frac{n'-n}{R} \tag{3-14}$$

光焦度的单位为屈光度，用 D 表示，1 D = 1 m^{-1}．

当 $s \to \infty$ 时，$s' = \dfrac{n' \cdot R}{n'-n}$，主光轴上无穷远处的物点的共轭像点

称为球面折射的像方焦点,用 F' 表示. 球面顶点到像方焦点的距离称为像方焦距,用 f' 表示. 由式(3-13)有

$$f' = \frac{n' \cdot R}{n'-n} \quad (3-15)$$

同样,根据光路的可逆性,在图 3-14 中,P' 点处的物点会成像于 P 点处,因此,当 $s' \to \infty$ 时,$s = \frac{n \cdot R}{n'-n}$,主光轴上无穷远处的像点的共轭物点称为球面折射的物方焦点,用 F 表示;球面顶点到物方焦点的距离称为物方焦距,用 f 表示. 由式(3-13)有

$$f = \frac{n \cdot R}{n'-n} \quad (3-16)$$

由式(3-15)和式(3-16)之比可得

$$\frac{f}{f'} = \frac{n}{n'} \quad (3-17)$$

这样,球面折射物像公式又可以写为

$$\frac{f}{s} + \frac{f'}{s'} = 1 \quad (3-18)$$

对于球面折射成像的其他情况,只要满足傍轴条件和约定适当的符号法则,式(3-13)至式(3-18)同样成立. 假设光线自左向右传播,符号法则为:

(1) 如果球面的曲率中心 C 在球面顶点 O 之右,则 $R>0$;C 在 O 之左,则 $R<0$;

(2) 如果物点 P 在球面顶点 O 之左(实物),则 $s>0$;P 在 O 之右(虚物),则 $s<0$;

(3) 如果像点 P' 在球面顶点 O 之左(虚像),则 $s'<0$;P' 在 O 之右(实像),则 $s'>0$;

(4) 物点或像点至主光轴的垂直距离,在主光轴上方为正,在下方为负;

(5) 作图中的线段总使用绝对值标识,例如,若物距 s 是负的,则图中标识为 $-s$.

物距 s 和像距 s' 的正负也可以用"实正虚负"来确定. f 和 f' 的符号分别与 s 和 s' 一样. 特别注意的是,球面折射时的半径 R 的符号约定与球面反射时的半径 R 的符号约定相反.

球面折射成像的横向放大率可以从图 3-15 的光路图中求出. 在傍轴条件下,从图中得到 $\sin i = \tan i = PQ/s$ 和 $\sin r = \tan r = P'Q'/s'$,根据折射定律 $n \cdot \sin i = n' \cdot \sin r$,再考虑符号法则,约定:以物的取向为正方向,像正立时,$P'Q'$ 取正值,像倒立时,$P'Q'$ 取负值. 这样球面折射成像的横向放大率为

图 3-15　PQ 经球面折射成像为 $P'Q'$ 的光路图

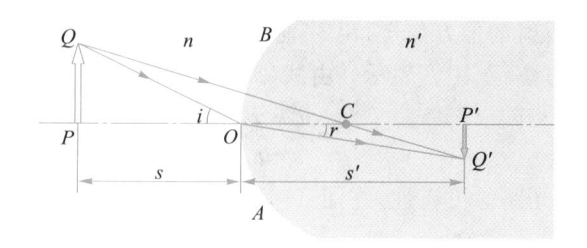

$$m = \frac{P'Q'}{PQ} = -\frac{n \cdot s'}{n' \cdot s} \qquad (3-19)$$

例 3-2

　　求平面折射的物像关系.

解：平面折射可以看成球面折射的一个特例，设平面介质的折射率为 n'，周围环境的折射率为 n. 当球面曲率半径 $R \to \infty$ 时，由式 (3-13) 可导出 $\frac{n}{s} + \frac{n'}{s'} = 0$ 或 $s' = -\frac{n'}{n}s$. 再由式 (3-19) 可得平面折射成像的横向放大率为 $m = 1$，即平面折射后，成像为正立虚像.

例 3-3

　　一半径为 10 cm，折射率为 1.5 的玻璃球，放在空气中，有一点光源 P 置于距离玻璃球心 25 cm 处．求点光源像点的位置．

解：由题意作图 3-16，对玻璃球左侧凸面而言，已知 $s_1 = 15$ cm，$R = 10$ cm，$n = 1$，$n' = 1.5$，由式 (3-13) 得

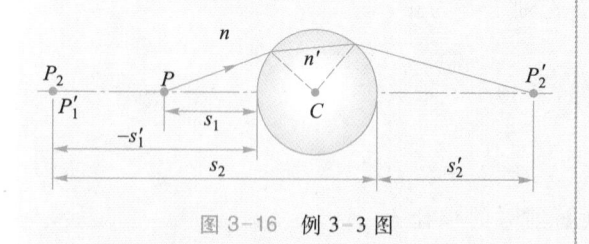

图 3-16　例 3-3 图

$$\frac{n}{s_1} + \frac{n'}{s_1'} = \frac{n'-n}{R}$$

$$\frac{1}{s_1'} = \frac{1}{1.5}\left(\frac{1.5-1}{10} - \frac{1}{15}\right) \text{cm}^{-1} = -\frac{1}{90} \text{cm}^{-1}$$

即 $s_1' = -90$ cm，点光源 P 经玻璃球左侧凸球面折射后成虚像于 P_1'. 对玻璃球右侧凹面而言，P_1' 处的虚像点相当于虚物点，物距 $s_2 = (90 + 20)$ cm $= 110$ cm，$R = -10$ cm，由式 (3-13) 得

$$\frac{n'}{s_2} + \frac{n}{s_2'} = \frac{n-n'}{R}$$

$$\frac{1}{s_2'} = \left(\frac{1-1.5}{-10} - \frac{1.5}{110}\right)\text{cm}^{-1} = \frac{2}{55} \text{cm}^{-1}$$

即 $s_2' = 27.5$ cm．最终的像点位于右侧离玻璃球心 37.5 cm 处，且成实像．

3.3 薄透镜成像及其作图法

前面讨论的球面折射是最简单的光学系统,一般光学系统是由多个折射球面组成,这些球面的主光轴重合,称为共轴球面系统. 最简单的共轴球面系统为薄透镜,它分为凸透镜和凹透镜两大类. 本节将以凸透镜为例讨论薄透镜的成像规律.

3.3.1 傍轴条件下的薄透镜成像公式

如图 3-17 所示,薄透镜由两个曲率半径分别为 R_1 和 R_2 的折射球面组成. 两个折射球面的顶点 O_1 和 O_2 相距为 d,当 d 远小于 R_1 和 R_2 时,可认为 $d \to 0$,O_1 和 O_2 重合为 O 点,称为薄透镜的光心. 设薄透镜的折射率为 n,周围环境的折射率为 n'($n' < n$). 主光轴上一物点 P 离薄透镜光心 O 的距离为 s. 对于左侧折射球面,物点 P 成像于主光轴上 P_1' 处,像距为 s_1',根据球面折射物像公式可得

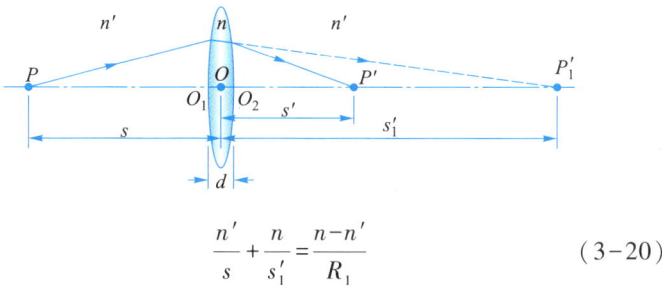

图 3-17 傍轴条件下薄透镜成像光路图

$$\frac{n'}{s} + \frac{n}{s_1'} = \frac{n-n'}{R_1} \qquad (3-20)$$

对于右侧折射球面,P_1' 点成为虚物点,相应的物距为 $-s_1'$,通过右侧球面折射,成像于主光轴上 P' 处,像距为 s',则相应的球面折射物像公式为

$$\frac{n}{-s_1'} + \frac{n'}{s'} = \frac{n'-n}{R_2} \qquad (3-21)$$

式(3-20)和式(3-21)相加得

$$\frac{1}{s} + \frac{1}{s'} = \frac{n-n'}{n'}\left(\frac{1}{R_1} - \frac{1}{R_2}\right) \qquad (3-22)$$

薄透镜的物像公式

式(3-22)称为 薄透镜的物像公式.

当 $s \to \infty$ 时,$s' = \dfrac{n'}{n-n'}\left(\dfrac{R_1 R_2}{R_2 - R_1}\right)$,主光轴上无穷远处的物点的共轭像点称为薄透镜的像方焦点,用 F' 表示. 薄透镜光心到像方焦点的距离称为像方焦距,用 f' 表示. 由式(3-22)有

$$f' = \frac{n'}{n-n'}\left(\frac{R_1 R_2}{R_2 - R_1}\right) \qquad (3-23)$$

同样,根据光路的可逆性,在图 3-17 中,P' 点处的物点成像于 P 点处,因此,当 $s' \to \infty$ 时,$s = \frac{n'}{n-n'}\left(\frac{R_1 R_2}{R_2 - R_1}\right)$,主光轴上无穷远处的像点的共轭物点称为薄透镜的物方焦点,用 F 表示.薄透镜光心到物方焦点的距离称为物方焦距,用 f 表示.由式(3-22)有

$$f = \frac{n'}{n-n'}\left(\frac{R_1 R_2}{R_2 - R_1}\right) \qquad (3-24)$$

由此可见,$f = f'$,这是因为像空间和物空间的折射率相同.

根据曲率半径 R 的符号法则,可知,$(1/R_1 - 1/R_2) > 0$ 的薄透镜为凸透镜,而 $(1/R_1 - 1/R_2) < 0$ 的薄透镜为凹透镜;若薄透镜的折射率 n 大于周围环境的折射率 n',则凸透镜焦距 f 为正,对应实焦点;凹透镜焦距 f 为负,对应虚焦点,因此也可以用"实正虚负"来确定焦距的符号.引入焦距的概念后,式(3-22)可改写为

薄透镜的高斯公式

$$\frac{1}{s} + \frac{1}{s'} = \frac{1}{f} \qquad (3-25)$$

式(3-25)称为薄透镜的高斯公式.

薄透镜的光焦度 Φ 描述薄透镜屈折光线的本领,其定义为

薄透镜的光焦度

$$\Phi = (n-n')\left(\frac{1}{R_1} - \frac{1}{R_2}\right) = \frac{n'}{f} \qquad (3-26)$$

式(3-26)中 n' 为透镜的周围环境介质的折射率.当 $\Phi > 0$ 时,透镜起会聚作用;当 $\Phi < 0$ 时,透镜起发散作用.薄透镜光焦度的单位为屈光度,用 D 表示,1 D = 1 m^{-1}.配眼镜时,经常提到眼镜的度数就是由屈光度乘以 100 得到的.

3.3.2 薄透镜成像的作图法

在傍轴条件下,薄透镜的物像关系,除了可以借助式(3-25)确定之外,还可以利用焦点和光心的特征,用作图法来确定.光心的特点是经过它的入射光线将不发生偏折.单球面的光心即为单球面的曲率中心 C.薄透镜的两个折射球面的顶点 O_1 和 O_2 之间的距离 d 远远小于两个折射球面的曲率半径 R_1 和 R_2,且又非常靠近,因此,薄透镜相当于一块厚度几乎为零的平行平板.当薄透镜两侧介质的折射率相同时,经过薄透镜光心的入射光线不发生偏折,这些光线称为副光轴.

依据以下几条特殊的光线可以给出薄透镜成像的作图法:

（1）过物方焦点 F 的入射光线，其折射光线平行于主光轴；
（2）平行于主光轴的入射光线，其折射光线过像方焦点 F'；
（3）过光心 O 的入射光线，其折射光线不发生偏折．

图 3-18 给出了几种不同情况下的薄透镜成像光路图．

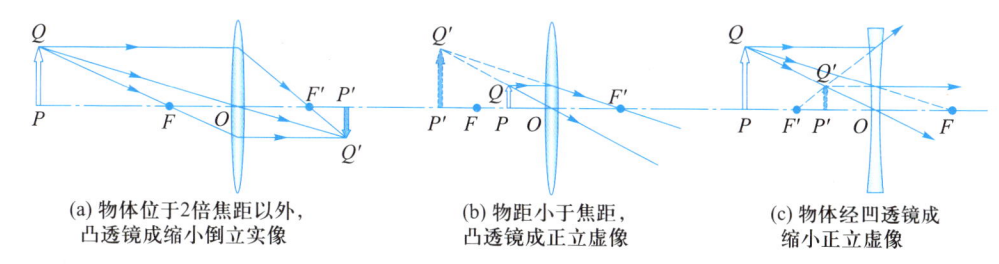

(a) 物体位于2倍焦距以外，凸透镜成缩小倒立实像

(b) 物距小于焦距，凸透镜成正立虚像

(c) 物体经凹透镜成缩小正立虚像

图 3-18 薄透镜成像光路图

过焦点 F 和 F' 的垂直平面分别称为物方焦平面和像方焦平面．焦平面的特征为，如果入射光束为平行光线，则折射光线会聚在像方焦平面上；如果入射光束的顶点在物方焦平面上，则折射光束是平行光线，其方向利用过薄透镜光心的副光轴确定，如图 3-19 所示．

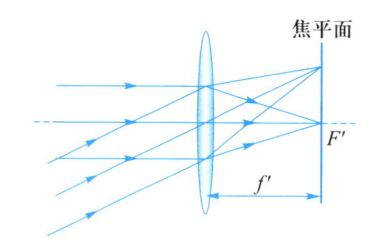

(a) 平行光经薄透镜折射会聚到焦平面上

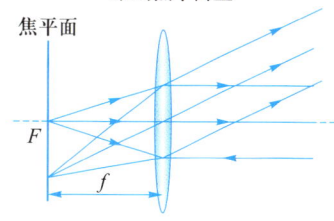

(b) 焦平面上发光点经薄透镜折射，变成平行光

图 3-19 薄透镜焦平面的性质

3.3.3 薄透镜成像的横向放大率

薄透镜成像的横向放大率公式可以借助图 3-18(a)中的几何关系导出．图中 $\triangle POQ$ 与 $\triangle P'OQ'$ 是相似三角形，其对应边成比例，有 $P'Q'/PQ = OP'/OP$，其中 OP' 为像距 s'，OP 为物距 s．依据符号法则，以物的取向为正方向，像正立时，$P'Q'$ 取正值，像倒立时，$P'Q'$ 取负值．因此，横向放大率为

$$m = \frac{P'Q'}{PQ} = -\frac{s'}{s} \qquad (3-27)$$

例 3-4

一物体位于薄凸透镜前 8 cm，薄透镜的焦距为 10 cm，求像的位置并确定成像性质．

解：由薄透镜的高斯公式 (3-25) $\frac{1}{s} + \frac{1}{s'} = \frac{1}{f}$，已知 $s = 8$ cm，$f = 10$ cm，代入式 (3-25) 得 $s' = -40$ cm，即像位于凸透镜前 40 cm 处．再由式 (3-27)，得 $m = -\frac{s'}{s} = -\frac{-40}{8} = 5$，即成像为放大正立虚像．

例 3-5

凹透镜的焦距为 10 cm,一物体位于该透镜前 30 cm 处. 求像的位置和成像性质.

解:已知物距 $s = 30$ cm,焦距 $f = -10$ cm,由薄透镜的高斯公式(3-25)得 $s' = -7.5$ cm,像位于透镜前 7.5 cm 处. 再由式(3-27),得 $m = -\dfrac{s'}{s} = -\dfrac{-7.5}{30} = \dfrac{1}{4}$,即成像为缩小正立虚像.

3.4 光学仪器

几何光学的最终目的在于设计有效的光学仪器. 前面几节已经阐述了基本光学元件,如平面镜、球面镜、薄透镜等,成像的基本原理. 实际应用中,光学仪器往往是由这些基本光学元件组合而成的. 对于这些比较复杂的组合式光学成像系统,本节力图只进行原理上的初步介绍,而不涉及过多的应用光学的具体问题. 所涉及的光学仪器或系统有照相机、人眼和眼镜、放大镜、望远镜和显微镜,本节对它们的基本工作原理、构造和应用进行简单介绍.

3.4.1 照相机

最早的照相机结构十分简单,仅包括暗箱、镜头和感光材料. 现代照相机结构比较复杂,包含镜头、光圈、快门、测距、取景、测光、输片、计数、自拍、对焦、变焦、暗箱等系统. 普通照相机由镜头、取景器、光圈、快门、暗箱等主要部分构成. 图 3-20 为照相机剖面图.

镜头 照相机镜头是由多个透镜组合而成的,它有两个主要功能:一是使拍摄对象在照相机底片上成缩小倒立的实像;另一是消除各种像差和像散. 为使不同位置的拍摄对象成像清晰,镜头都具有调焦功能. 焦距选取得越短,视角越大,拍摄范围也就越大;反之,焦距越长,拍摄视角也越小.

取景器 为了确定拍摄对象的范围和便于进行拍摄构图,照相机都应装有取景器. 照相机的取景器还带有测距和自动对焦功能.

图 3-20 照相机剖面图

光圈和快门 为了适应亮暗不同的拍摄对象,以期在胶片上获得正确的感光量,必须控制进入镜头光线的强弱和曝光时间的长短.为此,照相机设置了光圈和快门.

对于已经制造好的镜头,不可能随意改变镜头的直径,但是可以通过在镜头内部加入多边形或者圆形且面积可变的孔状光阑来达到控制镜头通光量,这个装置称为光圈.照相机底片上的感光量不仅与光圈的孔径 D 有关,还与镜头的焦距 f 有关.光圈的大小用 f 值表示,定义为照相机镜头的焦距与光圈孔径之比,即

$$f\text{ 值} = \frac{f}{D} \qquad (3-28)$$

根据标准,f 值可分成如下等级:

　　f/2, f/2.8, f/4, f/5.6, f/8, f/11, f/16, f/22

例如,一个焦距为 10 cm,光圈孔径为 2.5 cm 的透镜,由式(3-28)可得,f 值为 4,符号标识为 f/4.可见,光圈 f 值越小,在同一单位时间内的进光量就越多,而且上一等级的进光量刚好是下一等级的两倍,例如 f 值从 f/11 调整到 f/8,进光量便多一倍.图 3-21 给出了光圈开口大小与 f 值的对应关系.

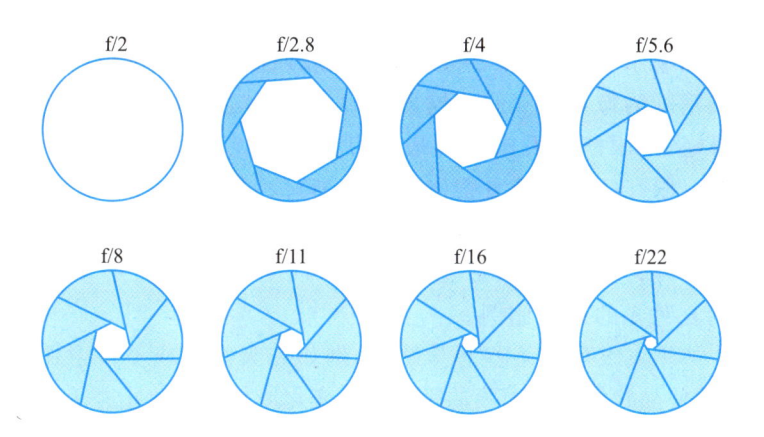

图 3-21 照相机光圈

快门是控制光进入镜头时间长短的装置,可以控制曝光时间的长短.在照相机上有许多数字的标识,如 4、6、15、30、125 等,这是照相机的快门速度标识.这些数字与照相机曝光时间相关,如 4 是指让快门开启 1/4 s 的时间,125 是指开启 1/125 s 的时间,1 则表示开启 1 s 时间,以此类推.快门和光圈往往配合使用来控制曝光量.

暗箱 照相机的机身中一个不透光区域称为暗箱.暗箱里装有感光底片,当快门打开时,镜头将外界的景物成像于感光底片上.

3.4.2 人眼和眼镜

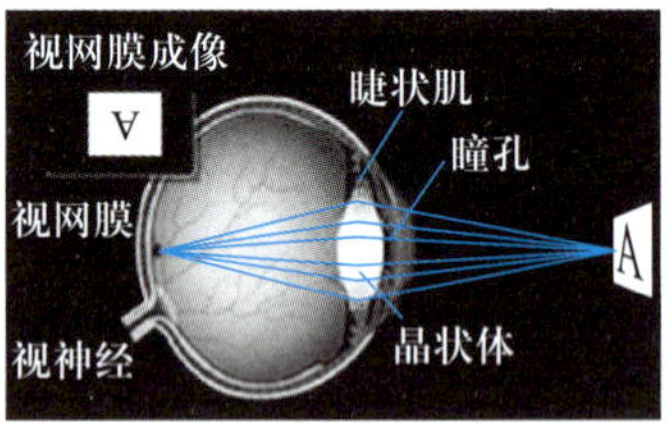

人的眼睛就像一架自动照相机. 图 3-22 给出了人眼的结构示意图,人眼中心有一圆孔,称为瞳孔. 瞳孔相当于大小可调的光阑,调节进入人眼的光通量. 当外来光比较强时,瞳孔的通光孔径变小,较弱时,通光孔径变大,瞳孔的通光孔径的变化范围为 2~8 mm. 人眼内部的晶状体(折射率约为 1.42 的胶状透明物质)犹如一个凸透镜,将来自外界景物的光会聚到视网膜上,形成缩小倒立的实像. 视网膜是由一些独立的感光细胞组成的,相当于照相机的底片. 像点上的光刺激感光细胞,经视神经将信号传递给大脑,产生视觉. 大脑皮层根据长期的生活经验,对倒立的像进行自动"纠正",这样人眼就看到了正立的景物. 对于远近不一的景物,人眼依靠晶状体周围睫状肌的收缩或松弛,来改变晶状体的曲率和厚度,以保证外界景物都能够在视网膜上形成清晰的像. 当睫状肌松弛时,晶状体两侧曲面的曲率半径最大,焦距变长,这时远处的景物能在视网膜上形成清晰的像,故人眼看远物时不容易感到疲劳. 人眼能够看清楚的最远点称为远点. 当睫状肌收缩时,晶状体两侧曲面的曲率半径变小,焦距变短,这时近处的景物能在视网膜上形成清晰的像. 睫状肌收缩最紧时,晶状体两侧曲面的曲率半径最小,人眼能够看清楚的最近点称为近点. 在适当照明下,正常人眼在 25 cm 处看物体时既清晰又不易疲劳,这一距离称为明视距离. 人眼作为接收器,只能辨别而不能测量光能的大小. 另外,人眼只能感觉波长为 390 nm 到 760 nm 的光,但不能辨别复色光的成分比例.

如果人眼存在某些光学缺陷,例如先天因素或不注意眼卫生,会使晶状体到视网膜的距离发生变化或晶状体比正常人眼凸一些,致使成像不在视网膜上. 成像在视网膜前面一点的情况,称为近视;成像在视网膜后面一点的情况,称为远视. 医学上,将近视和远视统称为屈光不正. 问题出在人眼的晶状体屈光本领比正常人眼过大或不足,结果使物像成在视网膜之前或之后,视网膜上没有清晰的物像. 矫正近视和远视的方法是,分别用凹透镜或凸透镜做成眼镜,以抵消近视眼的过大的屈光本领或弥补远视眼屈光本领的不足,使它们最后都能在视网膜上形成清晰的物像,如图 3-23 所示.

人们已研制出各种各样的眼镜. 儿童用的眼镜,采用化学增强眼镜片,掉在地上也不易破碎. 司机用的眼镜,在黄色镜片上

图 3-22 人眼结构示意图

镀有一层银膜，平时戴着它视野清晰，强光照射下可避免刺眼．有一种兼备老花镜和近视镜双重功能的液晶眼镜，利用液晶透镜随电压变化的原理，用一个按钮调节作老花镜或近视镜使用．还有一种变色眼镜，光线变强时会自动变暗，光线正常时恢复无色透明状态．最便利的是薄膜隐形眼镜，它不用眼镜架，直接贴在眼角膜上，既能矫正视力上的缺陷，又不受雨水和水蒸气的干扰，也不影响体育活动．

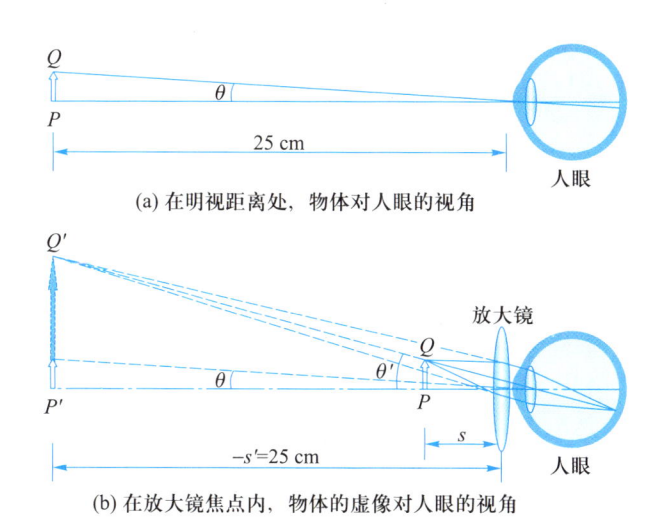

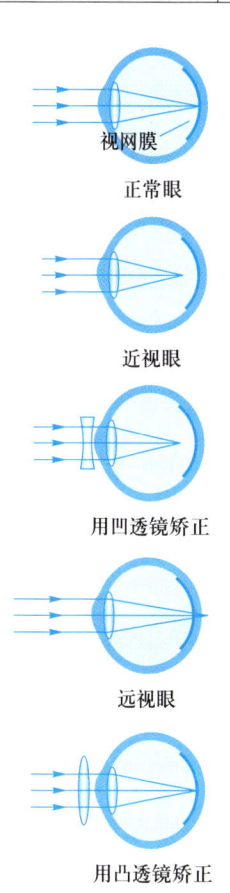

图 3-23　矫正近视和远视

3.4.3 放大镜

观察物体时，从物体两端（P、Q 点）引出的光线在人眼光心处所成的夹角 θ，称为视角，如图 3-24（a）所示．物体的尺寸越小，离观察者越远，则视角越小．正常人眼能区分物体上的两个点的最小视角约为 $1'$．要想看清楚远处物体的细节，需要把物体移近眼睛，由于人眼的调焦作用，其光焦度逐渐改变而使视网膜上的像逐渐增大．但是物体所能靠近人眼的距离是有限度的，超过这个限度，人眼的调焦作用就不再能使像清楚了．这个最近的距离因人而异，但可取 25 cm 作为标准的近点，也作为明视距离．由此可见，人眼要想看清楚物体的细节，只好借助于助视光学仪器，例如放大镜、望远镜、显微镜等．最简单的助视光学仪器是由一个焦距很短的凸透镜组成的放大镜．人眼在明视距离处，通过放大镜可以看到视角为 θ'，被放大了的物体的像 $P'Q'$，如图 3-24（b）所示．通常用视角的放大倍数衡量放大作用的大小，称为**视角放大率**，用 M 表示，即

视角放大率

(a) 在明视距离处，物体对人眼的视角

(b) 在放大镜焦点内，物体的虚像对人眼的视角

图 3-24　求视角放大率用图

$$M = \frac{\theta'}{\theta} \tag{3-29}$$

由式(3-25)可求得物距 s

$$\frac{1}{s} + \frac{1}{s'} = \frac{1}{f} \quad \text{或} \quad \frac{1}{s} = \frac{25 \text{ cm}+f}{25 \text{ cm} \cdot f}$$

对图 3-24 中的直角三角形和小角度而言，θ 和 θ' 可表示为

$$\theta = \frac{PQ}{25 \text{ cm}} \quad \text{和} \quad \theta' = PQ \frac{25 \text{ cm}+f}{25 \text{ cm} \cdot f}$$

将上式代入式(3-29)中得放大镜的视角放大率为

$$M = \frac{\theta'}{\theta} = \frac{25 \text{ cm}}{f} + 1 \quad (f \text{ 以 cm 为单位}) \tag{3-30}$$

当物距 s 等于焦距 f 时，放大镜的视角放大率为

$$M = \frac{\theta'}{\theta} = \frac{25 \text{ cm}}{f} \quad (f \text{ 以 cm 为单位}) \tag{3-31}$$

3.4.4 望远镜

望远镜是在观察远处景物或天体时用来增加视角的一种光学仪器．最早的望远镜是 1608 年荷兰的眼镜师利普希发明的．1609 年 5 月，正在威尼斯进行学术访问的伽利略偶然间听到一则消息，荷兰有人发明了一种能望见远景的"幻镜"．这使他怦然心动，他很快找了个借口匆匆结束行程，回到大学，一头钻进了实验室．1609 年的秋天，意大利天文学家、物理学家伽利略，发明了人类历史上第一架天文望远镜，如图 3-25 所示．伽利略用这架望远镜首次对准了月球，观察到月球上坑坑洼洼的环形山；发现木星周围转动的 4 颗卫星；土星周围有一道美丽的光环；而金星就像月亮一样，也有朔望圆缺的变化．

图 3-25　伽利略发明的天文望远镜

望远镜之所以如此神通广大，主要归功于两块透镜．望远镜前端有一块直径大、焦距长的凸透镜，称为物镜，后端的一块凹透镜直径小、焦距短，称为目镜．物镜的像方焦点 F_1' 与目镜的物方焦点 F_2 重合．来自远方的景物近似发出平行光，经过物镜折射后，所成的倒立实像在目镜的物方焦点 F_2 上，这个像对目镜是一个虚物，因此经它折射后成一放大的正立虚像于无穷远处，如图 3-26 所示．由图 3-26 中的几何关系，且注意形成虚物的光线与过目镜光心 O_2 点的副光轴平行，它们与主光轴的夹角为 θ'，由此可知伽利略望远镜的视角放大率 M 可表示为

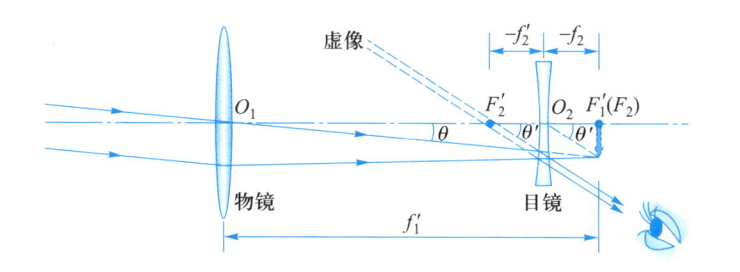

$$M = \frac{\theta'}{\theta} = \frac{f_1'}{f_2} = -\frac{f_1'}{f_2'} \qquad (3-32)$$

伽利略望远镜物镜的像方焦距 f_1' 为正,而其目镜的像方焦距 f_2' 为负,由式(3-32)可得,伽利略望远镜的视角放大率 $M>0$,即形成正立的像. 物镜焦距与目镜焦距之比越大,望远镜的视角放大率也越高.

伽利略望远镜的优点是镜筒短而能形成正立像,但它的视野比较小,这限制了伽利略望远镜的视角放大率. 1611 年,另一位天文学家开普勒用两片双凸透镜分别作为物镜和目镜,使望远镜的视角放大率有了明显的提高. 由于透镜本身要吸收部分光能,其材料对不同波长的光折射率也不同,所以,得到像的亮度比较弱且有明显的色差. 为了消除上述两个缺点,英国科学家牛顿发明了反射式望远镜,如图 3-27 所示. 来自远方 P 处的景物的近似平行的光束,射到抛物面反射镜 AOB(称为望远镜的主物镜)上,反射出来的光束又被平面镜 CD(称为望远镜的副物镜)反射,在 P' 处形成实像,该实像经过目镜于 P'' 处形成放大的虚像. 现在世界上使用的巨型望远镜,例如韦布空间望远镜等,都是反射式望远镜.

图 3-26 伽利略望远镜光路图

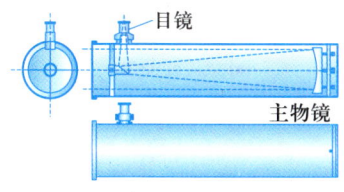

(a) 反射式望远镜实物

(b) 反射式望远镜光路图

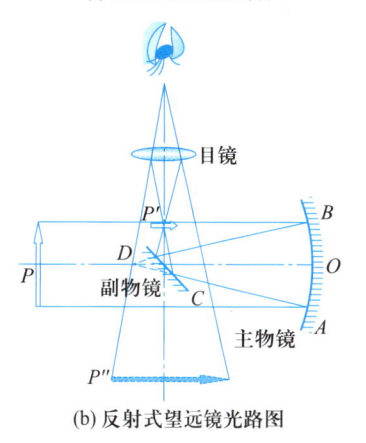

图 3-27 牛顿发明的反射式望远镜

3.4.5 显微镜

当观察非常微小的物体或物体表面某一个细微的局部时,使用放大镜观察已经远远不够了. 必须进一步提高放大本领,才能满足要求. 这时就要用组合的光具组构成的放大镜,这种放大镜称为显微镜,如图 3-28(a)所示. 最简单的显微镜是由两组透镜构成. 每组透镜的作用相当于一个凸透镜. 对着物体的一组透镜称为物镜,靠近眼睛的一组透镜称为目镜. 物镜的焦距 f_1 很短,而目镜的焦距 f_2 稍长一些. 设物体 P 放在物镜焦距 f_1 以外的位置,经物镜折射形成一个放大的倒立实像 P',P' 像位于目镜焦距 f_2 以内,实像 P' 发出的光束又经目镜折射形成一个放大的倒立虚像 P'',如图 3-28(b)所示.

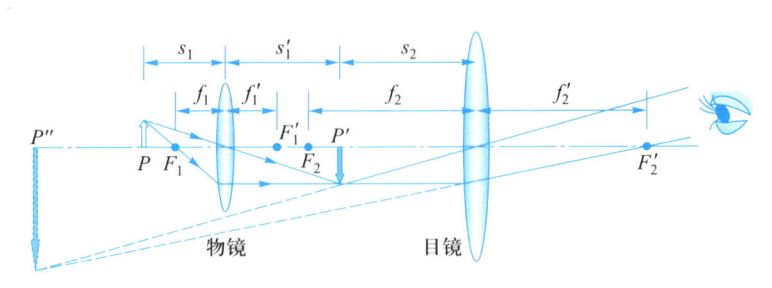

(a) 显微镜实物　　(b) 显微镜放大的光路示意图

图 3-28　显微镜

显微镜物镜的作用是形成一个放大的像,以便用目镜观察. 因此,显微镜的放大率等于物镜的横向放大率 m_1 乘以目镜的视角放大率 M_2. 在使用显微镜时,被观察的物体 P 非常接近物镜的焦点 F_1,有 $s_1 \approx f_1$. 至于目镜,为使最后的虚像尽可能大,应使实像 P' 尽可能靠近目镜的焦点 F_2,故有 $s_2 \approx f_2$. 根据式(3-27)和式(3-31)分别得到

$$m_1 = -\frac{s_1'}{f_1}, \quad M_2 = \frac{25 \text{ cm}}{f_2}$$

综合起来,显微镜的放大率为

显微镜的放大率公式

$$M = m_1 \cdot M_2 = -\frac{25 \text{ cm} \cdot s_1'}{f_1 \cdot f_2} \quad \text{(焦距和像距均以 cm 为单位)}$$

(3-33)

本章提要

1. 光的本性
(1) 微粒说:服从经典力学的粒子.
(2) 波动说:光波是电磁波.
(3) 光具有波粒二象性.
2. 几何光学的基本定律
(1) 介质的折射率 n:定义为真空中的光速 c 与介质中的光速 v 之比,即 $n = \frac{c}{v}$.
(2) 直线传播定律:光在同种均匀介质中沿直线传播.
(3) 折射定律:折射线在入射面内,入射角 i 与折射角 r 正弦之比等于介质的相对折射率,即

$$\frac{\sin i}{\sin r} = \frac{n_2}{n_1} = n_{21}$$

（4）反射定律：反射线在入射面内，反射角 i' 等于入射角 i，即 $i' = i$.

光从光密介质射向光疏介质，入射角 i 大于临界角 i_c 时，发生全反射，且有

$$\sin i_c = \frac{n_2}{n_1} = n_{21}$$

3. 几何光学的基本概念

（1）光具组：有若干个反射面和折射面组成的光学系统.

（2）光学成像：入射同心光束 ⇒ 光具组 ⇒ 出射同心光束. 该光具组为理想光具组.

（3）实物：发散的同心光束的中心.

（4）虚物：会聚的同心光束的中心.

（5）实像：会聚的同心光束的中心.

（6）虚像：发散的同心光束的中心.

（7）共轭关系：物点与像点一一对应关系称为物像共轭. 物空间与像空间也是共轭关系.

4. 符号法则

假设光线自左向右

物理量	相对位置	正	负
物距 s 物方焦距 f	轴上物点 P 物方焦点 F 在 $\begin{cases}\text{折射[反射]面顶点 }O\\ \text{薄透镜光心 }O\end{cases}$	之左	之右
像距 s' 像方焦距 f'	轴上像点 P' 像方焦点 F' 在 $\begin{cases}\text{折射[反射]面顶点 }O\\ \text{薄透镜光心 }O\end{cases}$	之右[左]	之左[右]
曲率半径 R	曲率中心在折射[反射]面顶点 O	之右[左]	之左[右]
物高 h 像高 h'	轴外物点 P 轴外像点 P' 在主光轴	之上	之下

5. 平面和球面傍轴成像

（1）傍轴条件：物点与主光轴的垂直距离 h 远远小于物距 s、像距 s' 和球面曲率半径 R，或入射光线和折射光线，与主光轴的夹角很小.

（2）球面反射物像公式：$\frac{1}{s} + \frac{1}{s'} = \frac{2}{R}$ 或 $\frac{1}{s} + \frac{1}{s'} = \frac{1}{f}$，$f = R/2$ 称为球面镜的焦距. 当 $R \to \infty$ 时，为平面反射物像公式.

（3）球面折射物像公式：$\frac{n}{s} + \frac{n'}{s'} = \frac{n'-n}{R}$. 当 $R \to \infty$ 时，为平面

折射物像公式.

（4）球面成像的横向放大率：

反射放大率：$$m = -\frac{s'}{s}.$$

折射放大率：$$m = -\frac{n \cdot s'}{n' \cdot s}.$$

6. 薄透镜傍轴成像

（1）焦距公式：$f = f' = \frac{n'}{n-n'}\left(\frac{R_1 R_2}{R_2 - R_1}\right)$，其中 n 为薄透镜折射率，n' 为周围环境折射率.

（2）薄透镜的物像公式：$\frac{1}{s} + \frac{1}{s'} = \frac{1}{f}$，又称为薄透镜的高斯公式.

（3）薄透镜横向放大率公式：$m = -\frac{s'}{s}$.

7. 光学仪器

（1）照相机：照相机镜头的焦距与光圈孔径之比定义为 f 值 $= \frac{f}{D}$，f 值越大，曝光越少.

（2）人眼：靠睫状肌控制晶状体的曲率，调焦范围在近点和远点之间. 明视距离为 25 cm.

（3）放大镜：由一个凸透镜组成. 物方在焦点附近，视角放大率为 $M = \frac{\theta'}{\theta} = \frac{25\ \text{cm}}{f}$.

（4）望远镜：由物镜和目镜组成. 视角放大率为 $M = \frac{\theta'}{\theta} = \frac{f_1'}{f_2} = -\frac{f_1'}{f_2'}$.

（5）显微镜：由物镜和目镜组成. 放大率为 $M = m_1 \cdot M_2 = -\frac{25\ \text{cm} \cdot s_1'}{f_1 \cdot f_2}$.

思考题

3-1 雷阵雨过后，天空出现一道彩虹，能说出彩虹的分布规律吗？为什么？

3-2 在光的照射下，宝石专柜中的钻石看上去很光彩耀眼，而同样形状的玻璃却不会有这样的效果，试解释其中的原因？

3-3 阳光透过茂密的树叶后，在地面上为什么留下圆形光斑？

3-4 观察清澈的湖面,远处的湖面上呈现湖对岸景物的倒影,而近处的湖面上呈现湖水下面的景物,为什么?

3-5 解释为什么球形鱼缸中的金鱼看上去要比实际大一些?

3-6 平面镜成像时,左右互易,而上下不颠倒,试分析原因?

3-7 水中的气泡相当于一个凸透镜,如果将一个物体放在2倍气泡焦距之外,成像是实像还是虚像?

为什么?

3-8 将物体放在凸透镜的焦平面上,透镜后放一块与透镜主光轴垂直的平面反射镜,最后的像成在什么地方?平面镜的位置对成像有影响吗?能否据此设计一种测凸透镜焦距的简便方法?

3-9 正常人眼看书时的最佳位置是什么?如果一人总是远离最佳位置看书,他应佩戴的眼镜是由凸透镜还是凹透镜制成的?

习题

3-1 一支蜡烛位于凹面镜前12 cm处,成实像于距镜顶4 m远处的屏上.
(1) 求凹面镜的半径和焦距;
(2) 如果蜡烛的高度为3 mm,则屏上像高为多少?

3-2 一束光在某种透明介质中的波长为400 nm,传播速度为2×10^8 m·s^{-1}.
(1) 求该介质对这一光束的折射率;
(2) 同一束光在空气中的波长是多少?

3-3 一折射率为1.52的圆柱玻璃棒置于空气中,设左端磨成半径为2 cm的球面.设一小物体位于棒左端8 cm处.求:
(1) 物体的像距;
(2) 横向放大率.

3-4 冰块的折射率为1.31,一枚硬币嵌在冰块中,距上表面3 cm处,自上往下垂直观察硬币的视深为多少?

3-5 一物体位于薄透镜前12 cm,它在透镜的另一侧距透镜42 cm处成像.求:
(1) 透镜的焦距;
(2) 透镜的光焦度.

3-6 一高2.5 cm的物体,位于焦距为3 cm薄透镜前12 cm处.
(1) 求透镜的像距;
(2) 求成像的性质;
(3) 作图验证所得的答案.

3-7 月牙形发散透镜,其两侧面的曲率半径分别为5 cm和4 cm.透镜的折射率为1.5,如果物体位于透镜前20 cm处,求像的位置.

3-8 一薄透镜两面的半径分别为$R_1=10$ cm和$R_2=25$ cm,透镜用折射率为1.74的玻璃制成.求:
(1) 透镜的焦距;
(2) 透镜的光焦度.

3-9 一高3.5 cm的物体,位于焦距为$f=-6$ cm的透镜前10 cm处.
(1) 求透镜的光焦度;
(2) 求像距;
(3) 求横向放大率;
(4) 用作图法画出像的位置.

3-10 一凹透镜用折射率为1.75的火石玻璃制成,如果它的光焦度为-3 D,求它的曲率半径.

3-11 两透镜的焦距为 $f_1 = 5$ cm 和 $f_2 = 10$ cm，相距 5 cm. 若一高为 2.5 cm 的物体位于第一透镜前 15 cm 处. 求：
(1) 最后像的位置；
(2) 最后像的大小.

3-12 一物体位于白屏前 1.6 m 处. 若要在白屏上形成放大率为 -6 的倒立实像，问所用透镜的焦距应为多少？

3-13 在下列情况中选择光焦度合适的眼镜.
(1) 一位远视者的近点为 80 cm；
(2) 一位近视者的远点为 60 cm.

3-14 一架望远镜由焦距为 100 cm 的物镜和焦距为 20 cm 的目镜组成，成像在无穷远处.
(1) 求该望远镜的视角放大率；
(2) 如果被观察物体高为 50 m，距离望远镜为 2 km，则物镜成像的像高是多少？
(3) 最终的像对人眼的视角为多大？

3-15 一台显微镜的目镜焦距为 20 mm，物镜焦距为 10 mm，目镜与物镜间距为 20 cm，最终成像在无穷远处. 求：
(1) 被观察物至物镜的距离；
(2) 物镜的放大倍数；
(3) 显微镜的放大率.

第4章 光的干涉

干涉是波的一种特殊叠加效应,当两个或两个以上的波相遇时,在一定情况下会相互影响,这种现象叫干涉现象. 光波是一种电磁波,波长在 390~760 nm 范围内的光波可以被人眼感知,故又称为可见光. 满足一定条件的两列或几列光波在空间相遇时相互叠加,在某些区域光强始终加强,而在另一些区域光强则始终削弱,形成稳定的强弱分布现象,称为光的干涉. 在干涉区域中所形成的明暗条纹的分布,称为干涉图样.

本章主要内容是,介绍光源的发光特点以及光的相干性;阐述光的干涉规律,包括干涉的条件和明暗条纹分布的规律;这些规律对其他类型的波,如机械波或物质波同样成立.

4.1　光源的发光机制　光的相干性
4.2　光程与光程差
4.3　分波阵面干涉
4.4　条纹可见度
4.5　分振幅干涉
4.6　迈克耳孙干涉仪
本章提要
思考题
习题

4.1　光源的发光机制　光的相干性

由波的叠加原理可知,若两波在相遇点所产生的振动不在同一方向,则该点的合成振动不是简谐振动,因而不能产生干涉现象. 若两波在相遇点的相位差不固定,随时间做无规则且迅速的变化,由于这种变化,在相遇点处引起的波强,只能获得在观察或测量所需要的时间间隔内的平均波强. 这与两波在该点单独产生的波强之和无区别,因而无干涉现象. 要产生干涉现象必须满足相干条件,即两列波的频率相同、振动方向相同和相位差恒定. 对机械波而言,这一相干条件容易实现. 但对光波而言,实现相干条件颇为不易. 实验证明,两个独立的普通光源发出的光不能产生干涉现象,甚至同一光源的不同部分发出的光也不能形成干涉. 这是为什么? 可以从光源的发光机制和光的相干性看出端倪.

授课录像:光学绪论

4.1.1 光源的发光机制

授课录像:光源的发光机制

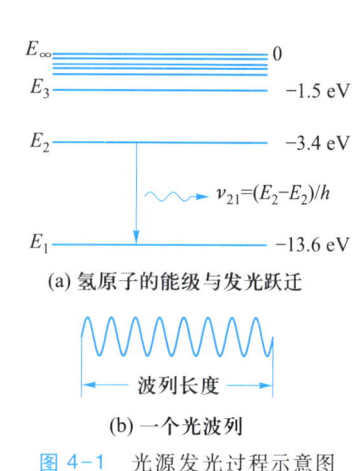

(a) 氢原子的能级与发光跃迁

(b) 一个光波列

图 4-1 光源发光过程示意图

发射光波的物体称为光源,例如太阳、白炽灯和激光器等. 发光过程是光源中大量原子或分子发生的一种微观过程. 在普通光源中,单个原子或分子的能量只能取一系列分立值 E_1, $E_2,\cdots,E_n$, 这些值称为能级. 例如氢原子的能级如图 4-1(a)所示. 能量的最低状态叫基态,其他的能量较高状态叫激发态. 由于外界的激励(如碰撞或热扰动),原子就可以处在激发态中,处于激发态的原子是不稳定的,通常它会通过自发辐射或受激辐射方式回到低激发态或基态,这一过程称为从高能级向低能级的跃迁. 通过这种跃迁,原子或分子向外发射一个能量等于相应能级差的光子.

自发辐射是原子或分子自发地发射光波的过程. 它与外界无关,完全是一种随机过程. 凡是以自发辐射过程发光的光源称为普通光源,例如太阳、白炽灯等. 由于辐射原子或分子的能量损失,以及与周围原子或分子的相互作用,个别原子或分子的辐射过程杂乱无章而且常常中断,每个原子或分子每次发光的时间很短,约为 10^{-8} s. 当某个原子或分子辐射中断后,受到激发又会重新辐射,称为原子或分子发光的间歇性. 这就是说,原子或分子辐射的光波并不是一列连续不断、振幅和频率都不随时间变化的简谐波,即不是理想的单色光,而是如图 4-1(b)所示,在一段短暂时间内(如 10^{-8} s)保持振幅和频率近似不变,在空间表现为一段有限长度的简谐波列,简称为光波列. 设跃迁时间为 Δt,真空中的光速为 c, 则真空中的光波列长度为

$$l = c \cdot \Delta t$$

此外,在普通光源中,有大量的原子或分子在发光. 不同原子或分子在同一时刻发出的光波列的频率、振动方向和初相位一般是不同的,即便同一原子或分子先后发出的两个光波列的振动方向和初相位一般也是不同的,这一特征称为原子或分子发光的独立性.

由此可见,普通光源中各个原子或分子发出的光波具有随机性和间歇性,而且彼此的相位没有关系. 这些断续、或长或短、初相位不规则的波列的组合,构成了宏观的光波. 当考察两列光波在空间相遇叠加时,尽管某一瞬时光波的叠加可能产生干涉图样,但是在不同瞬时光波叠加所得到的干涉图样相互替换得如此之快且不规则,以致通常的探测仪器(如眼、感光胶片等)无法探测这短暂的干涉现象,只能得到不同瞬时的干涉图样的平均效

果,而观察不到干涉现象. 如何才能观察到光的干涉现象? 这与光的相干性有密切关系.

4.1.2 光的相干性

电磁场理论指出,光波是电磁波,光波的传播就是交变的电磁场的传播,也就是电磁场矢量 E 和 H 的传播. 实践证明:对人眼的视网膜或光学仪器(感光板、光电管等)起作用的主要是电场矢量 E. 因此,本书提到光波中的振动矢量用电矢量 E 表示,称为光矢量.

光波的相干性是和两列光波在空间相遇产生的叠加密切相关的. 因此,光波的相干性问题可以归结为讨论两列光波在空间任一点振动叠加的问题.

设空间有两个同频率单色光源 S_1 和 S_2 发出的光波在空间任一点 P 处的光矢量 E_1 和 E_2 的振动分别为

$$E_1 = A_1 \cos\left(\omega t - \frac{2\pi}{\lambda'} r_1 + \varphi_{10}\right)$$

$$E_2 = A_2 \cos\left(\omega t - \frac{2\pi}{\lambda'} r_2 + \varphi_{20}\right)$$

如图 4-2 所示. 如果两光矢量沿同一直线,由波的叠加原理可得两列光波在空间任一点 P 处相遇时,合振动的振幅 A 为

$$A^2 = A_1^2 + A_2^2 + 2A_1 A_2 \cos\left[\varphi_{20} - \varphi_{10} - \frac{2\pi}{\lambda'}(r_2 - r_1)\right]$$

式中,A_1 和 A_2 分别为光源 S_1 和 S_2 发出的光波在任一点 P 处的分振幅,φ_{10} 和 φ_{20} 分别为光源 S_1 和 S_2 的初相位,r_1 和 r_2 分别为光源 S_1 和 S_2 到空间任一点 P 处的距离,λ' 为光在所经介质中的波长.

波动的传播总是伴随着能量的传递,这个过程一般用平均能流密度来描述. 人眼的视网膜或光学仪器(感光板、光电管等)所感受或检测的光的强弱是由能流密度的大小来决定的. 所谓**能流密度**,是指在单位时间内通过与波的传播方向垂直的单位面积的能量. 任何波动所传递的平均能流密度与振幅的平方成正比. 因此,光的强度,简称光强,用 I 表示,与振幅的平方成正比,即 $I \propto A^2$. 在光学中,主要是讨论光波所到之处的相对光强. 因而通常无须计算光强的绝对值,而只需计算光波在各处的振幅的平方值. 在光学的术语中,常用振幅的平方表示光强. 因此,两列光波在空间任一点 P 处相遇时,合振动的光强为

$$I = I_1 + I_2 + 2\sqrt{I_1 I_2} \cos\left[\varphi_{20} - \varphi_{10} - \frac{2\pi}{\lambda'}(r_2 - r_1)\right]$$

授课录像:光的相干性

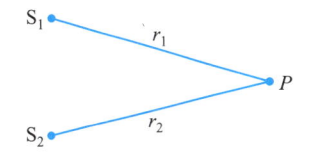

图 4-2 两束光波在 P 点相遇时振动叠加

能流密度

式中,$I_1=A_1^2$ 和 $I_2=A_2^2$ 分别为光源 S_1 和 S_2 发出的光波在任一点 P 处的光强.

由于人眼对光的响应时间为 $\Delta t \approx 0.1$ s,感光胶片对光的响应时间为 $\Delta t \approx 10^{-3}$ s,所以,P 点的光强应为 Δt 的平均值:

$$\bar{I} = \frac{1}{\Delta t}\int_{\Delta t} I dt = I_1 + I_2 + 2\sqrt{I_1 I_2}\frac{1}{\Delta t}\int_{\Delta t}\cos\left[\varphi_{20}-\varphi_{10}-\frac{2\pi}{\lambda'}(r_2-r_1)\right]dt$$

如果光源 S_1 和 S_2 是两个独立的普通光源,由于光源中原子或分子发光的随机性和间歇性,导致初相差 $\varphi_{20}-\varphi_{10}$ 的数值不恒定,那么在 Δt 时间内,两光波在 P 点处的相位差 $\Delta\varphi = \varphi_{20}-\varphi_{10}-\frac{2\pi}{\lambda'}(r_2-r_1)$ 也将随机变化,并以相同的概率取 0 到 2π 间的一切数值.因此,上式第三项中的积分为

$$\int_{\Delta t}\cos\Delta\varphi dt = 0$$

从而 $$\bar{I} = \frac{1}{\Delta t}\int_{\Delta t} I dt = I_1 + I_2$$

上式表明两列光叠加后的光强等于两列光分别照射时的光强 I_1 和 I_2 之和,称为光的非相干叠加.

如果两列光来自同一光源,尽管有原子或分子发光的随机性和间歇性,但 $\varphi_{20}-\varphi_{10}$ 的数值恒定,那么在 Δt 时间内,两列光波在 P 点处的相位差 $\Delta\varphi = \varphi_{20}-\varphi_{10}-\frac{2\pi}{\lambda'}(r_2-r_1)$ 始终保持恒定,有

$$\int_{\Delta t}\cos\Delta\varphi dt = \Delta t\cos\Delta\varphi$$

从而 $$\bar{I} = \frac{1}{\Delta t}\int_{\Delta t} I dt = I_1 + I_2 + 2\sqrt{I_1 I_2}\cos\Delta\varphi \tag{4-1}$$

式(4-1)给出的两列光波的叠加,称为光的相干叠加.

由式(4-1)可看出,当两列光波在 P 点处的相位差满足

$$\Delta\varphi = \pm 2k\pi, \quad k = 0,1,2,\cdots \tag{4-2}$$

时,P 点处光强 I 最大,称为干涉相长.当两列光波在 P 点处的相位差满足

$$\Delta\varphi = \pm(2k+1)\pi, \quad k = 0,1,2,\cdots \tag{4-3}$$

时,P 点处光强 I 最小,称为干涉相消.

式(4-1)表明叠加后的光强不仅取决于两列光的光强 I_1 和 I_2,还与两列光之间的相位差 $\Delta\varphi$ 有关,空间位置不同,两列光之间的相位差 $\Delta\varphi$ 也不同,因此,在空间各点的光强也就不同,光强在空间重新分布.两列光波在空间相遇通过相干叠加形成稳定的强弱分布,称为光的干涉.式(4-1)中的第三项称为干涉项.

值得注意的是,式(4-1)是在两列叠加光波频率相同、振动

方向相同和相位差恒定的条件下导出的．因此，频率相同、振动方向相同和相位差恒定是产生相干叠加的三个必要条件，称为**相干条件**，满足相干条件的光波称为相干光波，而能产生相干光波的光源称为相干光源．显然，只有相干光波才能产生光的干涉现象．

相干条件

由前所述可知，普通光源发出的光是由光源中各个原子或分子发出的波列组成的，由于原子或分子发光的间歇性和大量原子或分子发光的独立性，这些波列之间没有固定的相位关系．两个独立光源的光波，即使频率相同、振动方向一致，它们之间的相位差也不可能保持恒定，因而不能产生干涉现象．即便来自同一普通光源不同部分发出的光波，也不满足相干条件，因此也不是相干光波．

激光的问世，使光源的相干性得到了极大的提高．激光是受激辐射产生的光，而受激辐射是原子或分子受到具有一定频率的外来光波的"诱导"，发射光波的过程．如图 4-1（a）所示，当外来光子的能量 $h\nu$ 等于原子或分子某能级差时，例如 $h\nu = E_2 - E_1$，外来光波的电磁场就会引发原子或分子从高能级 E_2 跃迁到低能级 E_1，同时发射与外来光波频率、振动方向和相位都相同的光波．这些光波很容易满足相干条件，因此激光是相干性很好的相干光波．1963 年玛格亚（G. Magyar）和曼德（L. Mandel）用响应时间 $10^{-9} \sim 10^{-8}$ s 的开关式像增强管拍摄了两个独立的红宝石激光器发出的激光的干涉条纹，可目视分辨的干涉条纹有 23 条．

4.2 光程与光程差

在上节的讨论中，两列光波是在同一种介质中传播的，光在介质中的波长始终都是 λ'．当光波在不同介质中传播时，光波的波长就要随介质的不同而改变．因此，在计算两列光波的相位差时很不方便．为此引进光程的概念．

4.2.1 基本概念

设单色光频率为 ν，当该光在真空中传播时，波速与波长之间的关系为 $c = \nu\lambda$，当该光在介质中传播时，波速与波长之间的关

授课录像：光程

系为 $u = \nu\lambda'$，由此可得

$$\frac{\lambda}{\lambda'} = \frac{c}{u} = n$$

所以

$$\lambda' = \frac{\lambda}{n}$$

式中 n 为介质的折射率，λ 为真空中的波长。

若光在介质中传播的距离为 r，则相位的变化为

$$\Delta\varphi = 2\pi\frac{r}{\lambda'} = 2\pi\frac{nr}{\lambda}$$

由此可见，单色光在介质中传播 r 产生的相位变化与在真空中传播 nr 产生的相位变化相同。为此，把光在介质中传播的几何路程 r 与这种介质折射率 n 的乘积 nr 定义为光程。这样，可以把光在介质中传播的几何路程 r 引起的相位变化折算成光在真空中传播的几何路程 nr 引起的相位变化，以便统一计算相位的变化，如图 4-3 所示。

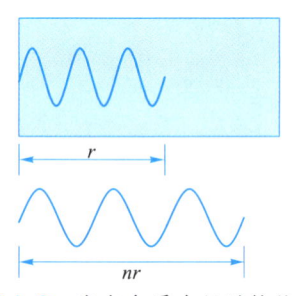

图 4-3 光在介质中经过的几何路程 r，相当于在真空中经过了 nr 几何路程

在光学中，引进了光程的概念以后，就可以用两列光的光程之差，简称光程差，来计算两列光的相位差，用 δ 表示。若两列光在不同的介质中传播的光程分别是 $n_1 r_1$ 和 $n_2 r_2$，则在相遇点 P 处两列光的光程差 $\delta = n_2 r_2 - n_1 r_1$，由于在光学中经常遇到的是 $\varphi_{10} = \varphi_{20}$ 情况，所以在该点处的光程差 δ 与相位差 $\Delta\varphi$ 之间的关系为

$$\Delta\varphi = \frac{2\pi}{\lambda}\delta \tag{4-4}$$

由此得到，用光程差表示该点光强最大或最小的条件，即当光程差满足

$$\delta = \pm k\lambda, \quad k = 0, 1, 2, \cdots \tag{4-5}$$

时，P 点处光强 I 最大。当光程差满足

$$\delta = \pm(2k+1)\frac{\lambda}{2}, \quad k = 0, 1, 2, \cdots \tag{4-6}$$

时，P 点处光强 I 最小。

应当指出，光程差在光学中是一个非常重要的概念。当两列光经过的介质有差别时，决定光强分布的不是两列光的几何路程之差，而是光程差。

例 4-1

S_1 和 S_2 发出的相干光在与 S_1 和 S_2 等距离的 P 点相遇，如图 4-4 所示。其中一列光通过空气，另一列光还经过折射率为 n 的介质，通过介质的距离为 d。求两列光的光程差。

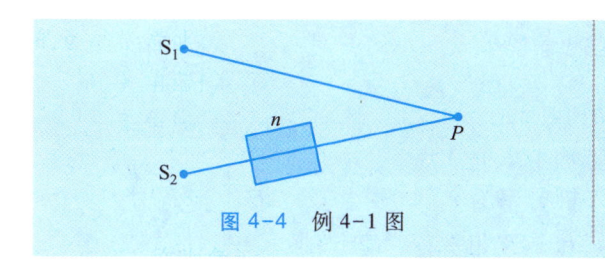

解:设光波 1 从 S_1 到 P 点的光程为 r,光波 2 通过空气的路程为 $r-d$,通过介质的路程为 d,则光波 2 从 S_2 到 P 点的光程为 $r-d+nd = r+d(n-1)$.两列光的光程差为 $\delta = d(n-1)$.

图 4-4 例 4-1 图

4.2.2 透镜的等光程性

在干涉和衍射实验中,经常会利用透镜将平行光线会聚成一点.当平行光线通过薄透镜时,会不会引起附加的光程差?

如图 4-5 所示为薄透镜成像光路图.由几何光学可知,在平行光波面上相位相同的 P_1、P_2、P_3、P_4、P_5 各点发出的光线,会聚到薄透镜的焦平面上 F 点形成亮点,说明光波面上 P_1、P_2、P_3、P_4、P_5 各点的相位与焦平面上 F 点的相位是相同的.理论上可以证明,若将光波面上 P_1、P_2、P_3、P_4、P_5 各点分别到会聚点 F 的光线的相位变化折算成光程,则这些光线的光程都相等,称为透镜的等光程性.因此,光通过薄透镜时,不会引起附加的光程差.由上述的讨论,可以得出结论:薄透镜能改变光线的传播方向,但对各光线不会引起附加的光程差.在计算光程差时,不必理会透镜带来的光程差.

授课录像:透镜等光程性

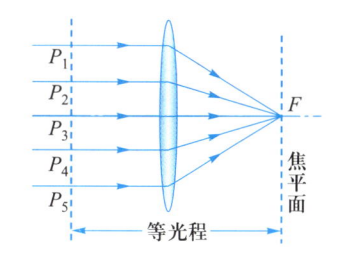

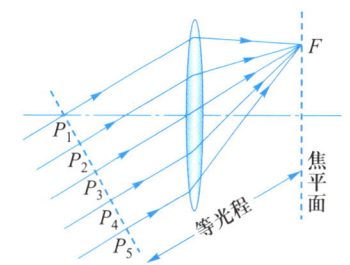

图 4-5 通过薄透镜的各光线的光程相等

4.2.3 额外光程差

在讨论光的干涉问题时,经常需要比较两列反射光之间的相位.例如,如图 4-6 所示,比较从薄膜的不同表面反射的两列光的相位突变引起的额外的相位差.

理论和实践表明:当两列光都是从光疏介质到光密介质界面反射时(即 $n_1 < n_2 < n_3$)或都是从光密介质到光疏介质界面反射时(即 $n_1 > n_2 > n_3$),两列反射光之间无额外的相位差;当一列光从光疏介质到光密介质界面反射,而另一列光从光密介质到光疏介质界面反射时(即 $n_1 < n_2 < n_3$ 或 $n_1 > n_2 < n_3$),两列反射光之间有额外的相位差 π,也就是有额外的光程差 $\lambda/2$.在计算两列光线的光程差时应加上半个波长 $\lambda/2$.对于折射光,任何情况下都没有相位突变.

授课录像:额外光程差

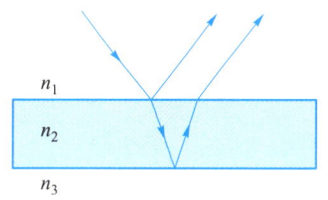

图 4-6 薄膜不同表面反射光的额外光程差

例 4-2

光源 S 发出的光线 a,其中一束由空气在玻璃上表面 A 点处反射后成为光线 a_1,另一束由 A 点折射进入折射率为 n 的玻璃中,再从 B 点折射到空气中形成光线 a_2。a_1 和 a_2 互相平行进入透镜并会聚于 P 点,如图 4-7 所示。求光线 a_1 和 a_2 到 P 点的光程差。

解:由于玻璃的折射率大于空气的折射率,所以光线在 A 点反射时和光线在 C 点反射时的物理性质不同,即光线在 A 点的反射发生在从光疏介质到光密介质的界面上,而光线在 C 点的反射发生在从光密介质到光疏介质的界面上,导致光线 a_1 和 a_2 之间产生额外光程差 $\lambda/2$。另外,作 $BD \perp AD$,由于透镜不产生附加光程差,所以,平行光线 a_1 和 a_2 在 D 点和 B 点以后没有附加光程差。由以上分析可知,光线 a_1 和 a_2 到 P 点的光程差 δ 为

$$\delta = n(AC+CB) - AD + \frac{\lambda}{2}$$

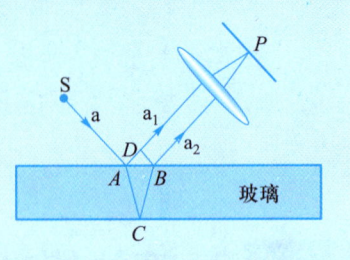

图 4-7 光程差的计算

4.3 分波阵面干涉

授课录像:干涉引言

分波阵面法

由 4.1 节的分析可知,对于普通光源,保证相位差恒定成为实现干涉的关键。为了解决发光机制中初相位的无规则迅速变化和干涉条纹的形成要求相位差恒定的矛盾,可把普通光源上同一点同一时刻所发出的同一列光波分解成两列或几列子波,使各子波经过不同的光程后相遇。这样,尽管原始光源的初相位频繁变化,子波之间仍然可能有恒定的相位差,因此也可能产生干涉现象。为此,必须采用特殊的装置。历史上将普通光源上同一点同一时刻发出的同一列光波分成两列相干光的方法有两种:一种是分波阵面法,将点光源的波阵面分离出两部分作为子波源,使各子波源所发出的子波在空间经不同路径相遇产生干涉,称为**分波阵面法**。由于同一波阵面的各个部分有相同的相位,所以这些被分离出来的部分波阵面可作为初相位相同的子波源,不论点光源的相位改变得如何快,这些子波源的初相位差却是恒定的。另一种是分振幅法,留待下一节介绍。本节主要以杨氏双缝干涉实验和劳埃德镜实验为例介绍分波阵面干涉。

4.3.1 杨氏双缝干涉

托马斯·杨(Thomas Young,1773—1829,图4-8)是英国人,从小聪慧过人,博览群书,多才多艺,17岁时就已精读过牛顿的力学和光学著作.他是医生,但对物理学也有很深的造诣,在学医时,研究过眼镜的构造及其光学特性.就是在涉及眼睛接收不同颜色光这一类问题时,对光的波动性有了进一步认识,导致他对牛顿做过的光学实验和有关学说进行了深入的思考和审查.他的一生曾研究过多种学科,在科学史上堪称百科全书式的学者.

1801年,英国物理学家托马斯·杨成功地实现了光的干涉实验,首次有力地证明了光是一种波动.图4-9为杨氏双缝干涉实验装置的示意图,狭缝S沿垂直纸面的方向,S_1和S_2也是两个狭缝,它们平行于S且相对S对称分布.从面光源L发出的一个单色光波照射在狭缝S上时,根据惠更斯原理,S上各点可以视为子波波源,发出同频率、同振动方向、同相位的子波,这些子波合成为半柱面的光波.图4-10(a)中画出了半柱面光波的侧截面图,其中实线与虚线之间的相位差为π.当半柱面光波到达S_1和S_2时,根据惠更斯原理,S_1和S_2成为由同一光波激励的两个新光源,并且同时形成两个半柱面的光波.由于S_1和S_2上各点的光振动是由同一光波引起的,而且处在同一波阵面上的两部分,所以S_1和S_2是用分波阵面法获得的一对同相位的相干光源.如果在S_1和S_2发出的光波的相遇区域内放一个与双缝平面平行的观察屏E,在屏上就可观察到与狭缝平行且等间距分布的明暗相间的直干涉条纹.图4-10(a)给出了干涉条纹的照片,为清楚起见,特将垂直于纸面的照片改为平行于纸面.

文档:托马斯·杨

图4-8

授课录像:杨氏双缝干涉装置

图4-9 杨氏双缝干涉实验装置示意图

授课录像:杨氏双缝干涉干涉原理

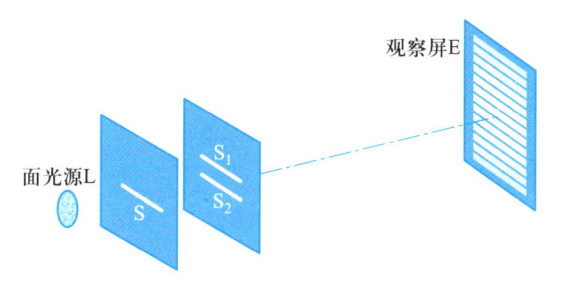

首先,讨论干涉条纹的位置分布.如图4-10(b)所示,在观察屏E上,取坐标轴Ox,向上为正,坐标原点位于关于双缝的对称中心.设S_1、S_2之间的距离为d,S_1、S_2到屏的距离为D,P为屏上任一点,P到屏中心O点的距离为x,S_1、S_2到P点的距离分别为r_1和r_2,

则从 S_1 和 S_2 发出的相干光到达 P 点的光程差为 $\delta = n(r_2 - r_1)$,其中 n 为介质的折射率,在空气中,$n \approx 1$,所以,光程差为

$$\delta = r_2 - r_1$$

由图 4-10(b)可得

$$r_1^2 = D^2 + \left(x - \frac{d}{2}\right)^2$$

$$r_2^2 = D^2 + \left(x + \frac{d}{2}\right)^2$$

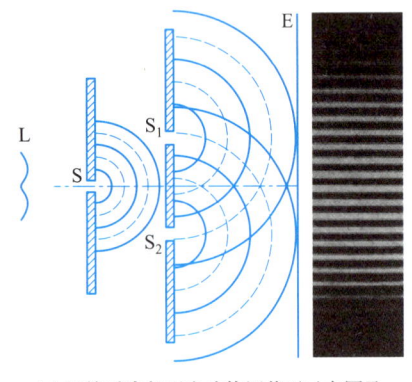

授课录像:杨氏双缝干涉讨论

(a) 双缝后半柱面光波的测截面示意图及干涉条纹照片

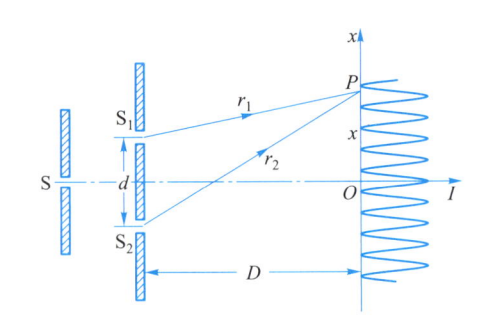

(b) 干涉条纹计算用图

图 4-10 双缝干涉示意图

两式相减,得

$$r_2^2 - r_1^2 = 2dx$$

由于 $D \gg d$、$D \gg x$,所以 $r_2 + r_1 \approx 2D$,由此得

$$\delta = \frac{d}{D}x$$

当光程差为半波长的偶数倍时,相位差就为 π 的偶数倍,两束光相干加强,P 点为明纹;而当光程差为半波长的奇数倍时,相位差就为 π 的奇数倍,两束光相干减弱,P 点为暗纹.

因此,当光程差 δ 满足

$$\delta = \frac{d}{D}x = \pm k\lambda$$

或用位置表示

$$x = \pm k\frac{D\lambda}{d}, \quad k = 0, 1, 2, \cdots \qquad (4-7)$$

时,P 点为明纹中心. 相应于 $k = 0, 1, 2, \cdots$ 的明纹依次称为零级明纹、第一级明纹、第二级明纹……当光程差 δ 满足

$$\delta = \frac{d}{D}x = \pm(2k-1)\frac{\lambda}{2}$$

或用位置表示

$$x = \pm(2k-1)\frac{D\lambda}{2d}, \quad k = 1, 2, 3, \cdots \qquad (4\text{-}8)$$

时，P 点为暗纹中心．相应于 $k=1,2,\cdots$ 的暗纹依次称为第一级暗纹、第二级暗纹……

第 k 级明纹与第 $k+1$ 级明纹是相邻明纹．由式(4-7)可知，相邻明纹之间的距离为

$$\Delta x = x_{k+1} - x_k = \frac{D}{d}\lambda \qquad (4\text{-}9)$$

对于暗纹，同样可以得到式(4-9)的形式．由式(4-9)可知，Δx 与 k 无关，说明杨氏双缝干涉实验产生的干涉图样是明暗相间的等间距的直条纹．

其次，讨论干涉条纹的光强分布．考察观察屏 E 上任一 P 点，S_1 和 S_2 发出的光波在 P 点叠加产生的光强，由式(4-1)可得

$$I = I_1 + I_2 + 2\sqrt{I_1 I_2} \cos \Delta\varphi$$

式中 I_1 和 I_2 分别为 S_1 和 S_2 所发出的光波到达 P 点时的光强，$\Delta\varphi$ 为 S_1 和 S_2 所发出的光波到达 P 点时的相位差．实验中 S_1 和 S_2 两狭缝大小相等，在傍轴条件下，则有 $I_1 = I_2 = I_0$．又因 S_1 和 S_2 同相，所以相位差 $\Delta\varphi$ 只依赖于从 S_1 和 S_2 发出的相干光到达 P 点的光程差 δ，由式(4-4)得相位差为

$$\Delta\varphi = \frac{2\pi(r_2 - r_1)}{\lambda}$$

因而 P 点的光强为

$$I = 4I_0 \cos^2\left[\frac{\pi(r_2 - r_1)}{\lambda}\right] \qquad (4\text{-}10)$$

式(4-10)中可见，P 点的光强取决于两光波到达 P 点的光程差．

干涉条纹中，在极大值和极小值之间，光强度是逐渐变化的．将 $\delta = \frac{d}{D}x$ 代入式(4-10)中可得干涉条纹的光强分布公式

$$I = 4I_0 \cos^2\left(\frac{\pi d}{\lambda D}x\right) \qquad (4\text{-}11)$$

式(4-11)表明，干涉条纹中各点的光强沿 x 方向变化，图 4-10(b)右端还给出了干涉条纹的光强 I 随位置 x 变化的曲线图．

从式(4-9)可知，相邻明纹间距 Δx 与入射光的波长 λ 成正比．1801 年，托马斯·杨用他自己的实验装置，借助于式(4-9)在历史上首次测出了光波的波长，从而为精确地测定光的波长提供了一种有效的科学方法．应当指出，由式(4-7)和式(4-9)可以看出，对同一级而言，波长不同，观察屏上条纹的位置也不同，相邻级次的明纹间的距离也随波长的增大而变

授课录像：杨氏双缝干涉 复色光

大. 因此,在用白光照射双缝时,可以发现,在观察屏上除各种波长的零级明纹不能分开以外,不同波长产生的同一级明纹是不重合的,并且按波长由短到长的次序自零级明纹两侧形成由里向外依次排列的明纹,称为白光光谱. 更高级次的光谱还会发生重叠现象.

例 4-3

杨氏双缝干涉中,已知 $d = 0.1$ mm,$D = 20$ cm,入射光波长为 $\lambda = 546$ nm.
(1) 求第一级暗纹的位置;
(2) 若某种光照射此装置,测得第二级明纹之间的距离为 5.44 mm,此光波长是多少?
(3) 若肉眼能分辨的相邻两条纹的间距为 0.15 mm,如果用肉眼观察干涉条纹,双缝的最大间距是多少?

解:(1) 只考虑 Ox 轴正向的暗纹,由式(4-8),取 $k=1$ 得第一级暗纹的位置为

$$x = (2k-1)\frac{D\lambda}{2d} = \frac{D\lambda}{2d} = \frac{200 \times 546 \times 10^{-6}}{2 \times 0.1} \text{ mm}$$

$$= 0.546 \text{ mm}$$

(2) 第二级明纹的位置为

$$x = \frac{5.44}{2} \text{ mm} = 2.72 \text{ mm}$$

再代入明纹的位置公式 $x = k\frac{D\lambda}{d}$,取 $k = 2$ 得此种光波长为

$$\lambda = \frac{xd}{kD} = \frac{2.72 \times 0.1}{2 \times 200} \text{ mm} = 6.8 \times 10^{-4} \text{ mm} = 680 \text{ nm}$$

(3) 由题意可知相邻两明(或暗)纹的间距为 $\Delta x = 0.15$ mm,对应双缝的最大间距为

$$d = \frac{D\lambda}{\Delta x} = \frac{200 \times 5\,460 \times 10^{-7}}{0.15} \text{ mm} = 0.728 \text{ mm}$$

双缝间距必须小于 0.728 mm,用肉眼才能观察到干涉条纹.

例 4-4

在杨氏双缝干涉实验中,用波长 $\lambda_1 = 400$ nm 和 $\lambda_2 = 600$ nm 的两束光同时垂直照射到双缝上,已知 $d = 0.5$ mm,$D = 25$ cm.
(1) 求两束波相邻明纹的间距 Δx;
(2) 两束波产生的干涉条纹在距零级明纹中心多远处首次重合?各为第几级条纹?

解:(1) 由式(4-9)可得对于波长为 λ_1 的光,相邻明纹的间距为

$$\Delta x_1 = \frac{D}{d}\lambda_1 = 2 \times 10^{-2} \text{ cm}$$

对于波长为 λ_2 的光,相邻明纹的间距为

$$\Delta x_2 = \frac{D}{d}\lambda_2 = 3 \times 10^{-2} \text{ cm}$$

(2) 设 λ_1 的第 k_1 级与 λ_2 的第 k_2 级在距离零级明纹 x 处首次重合,则有

$$x = k_1\frac{D}{d}\lambda_1 = k_2\frac{D}{d}\lambda_2$$

由上式得 $2k_1 = 3k_2$,取 $k_1 = 3$,则 $k_2 = 2$,所以与零级明纹中心的距离为

$$x = k_2 \frac{D}{d}\lambda_2 = 6\times 10^{-2} \text{ cm}$$

时，两束波产生的干涉条纹首次重合．此时，对于 λ_1 为第 3 级条纹，对于 λ_2 为第 2 级条纹．

4.3.2 劳埃德镜与半波损失的验证

1834 年，劳埃德（H. Lloyd，1800—1881）设计了一种更简单的观察干涉条纹的装置，如图 4-11 所示．M 为一平面反射镜，S_1 为与 M 平行的狭缝，E 是与 M 垂直的观察屏．

从 S_1 发出的光一部分（光束 1）直接照射到观察屏 E 上，另一部分（光束 2）以近 90°的入射角射到 M 上，然后再反射到观察屏 E 上．反射光可看成由虚光源 S_2 发出的．S_1 和 S_2 构成一对相干光源．光束 1 上的 C 点和光束 2 上的 B 点，在 S_1 发出光的同一波阵面上，因此，劳埃德镜干涉是用分波阵面法实现的．在观察屏 E 上两束光相重叠的区域内可以观察到明暗相间的干涉条纹．

劳埃德镜实验不仅能显示光的干涉现象，而且证明了光由光疏介质射向光密介质时，反射光存在半波损失．若把观察屏 E 移到图 4-11 中虚线位置处，使之与劳埃德镜 M 相触，在接触点 A 处，从 S_1 和 S_2 发出的光的光程是相等的，似乎接触处应是明纹，但实验结果表明该处是暗纹．这一事实说明了由 M 镜反射出来的光和直接射到屏上的光在 A 处的相位相反，即存在 π 的相位差．由于直接照射的光的相位不会变化，所以只能认为光从空气射向 M 镜发生反射时，反射光的相位有了 π 的变化．实验和理论研究表明：光从光疏介质射向光密介质时，在掠入射（入射角接近 90°）或正入射（入射角为 0°）的情况下，在两种介质界面处反射时相位发生 π 的突变．这一变化导致反射光的光程差附加了半个波长，称为"**半波损失**"．因此，计算两束相干光的光程差时，必须加上因半波损失而产生的附加光程差 $\lambda/2$．

在劳埃德镜干涉实验中，观察屏 E 上某一点 P 的光程差的计算与杨氏双缝干涉实验相同，只是要考虑光反射时的半波损失．设 S_1 和 S_2 之间的距离为 d，$OP = x$，S_1、S_2 到观察屏的距离为 D，所以，观察屏 E 上某一点 P 的光程差为

$$\delta = \frac{d}{D}x + \frac{\lambda}{2}$$

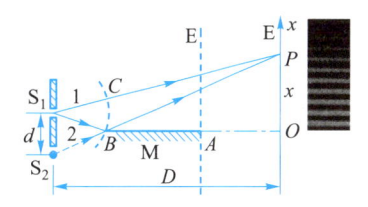

图 4-11 劳埃德镜干涉实验示意图及干涉条纹照片

半波损失

例 4-5

劳埃德镜长 $L=0.5$ m,观察屏 E 与镜边相距 $l_2=1$ m;线光源 S 离镜面高度为 $h=0.5$ cm,到镜另一边的水平距离 $l_1=0.3$ m,如图 4-12 所示,光波长 $\lambda=589.3$ nm.

(1) 求观察屏 E 上干涉条纹的间距;
(2) 求观察屏 E 上的干涉区域. 能出现几条明纹?

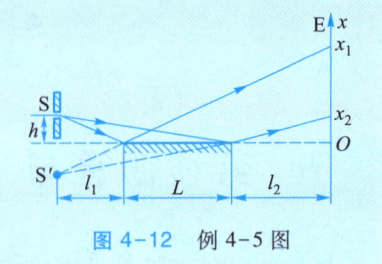

图 4-12 例 4-5 图

解:(1)劳埃德镜实验的干涉条纹间距与双缝间距 $d=2h$ 的杨氏双缝干涉实验相同,所以,屏上干涉条纹的间距为

$$\Delta x = \frac{(l_1+L+l_2)\lambda}{2h} = 0.106 \text{ mm}$$

(2) 图 4-12 中 x_1 和 x_2 之间为干涉区域,由图中几何关系可得干涉区域边缘坐标为

$$x_1 = \frac{h(l_2+L)}{l_1} = 25 \text{ mm}$$

$$x_2 = \frac{hl_2}{l_1+L} = 6.25 \text{ mm}$$

劳埃德镜实验中,半波损失的存在导致光程差中附加 $\lambda/2$,从而使得杨氏双缝干涉中的明纹向下移动半级. 因此,明纹中心位置满足

$$x_k = (2k-1)\frac{(l_1+L+l_2)\lambda}{4h}$$

$$= 0.053(2k-1) \text{ mm}, k=1,2,3,\cdots$$

可观察到的明纹必须满足 $x_2 \leqslant x_k \leqslant x_1$. 解不等式得 $k \geqslant 59.5$,条纹从第 60 级开始显示;$k \leqslant 236.4$,条纹最高级次是第 236 级,所以共有 177 条明纹.

4.3.3 干涉条纹的变动

在前面提到的干涉装置中,不仅要注意干涉条纹的静态分布,而且还要考察干涉条纹的动态分布,即干涉条纹的移动和变化. 因为干涉的应用都与条纹的变动有关. 由于干涉条纹的分布代表着光强的分布,而光强的分布取决于光束在空间的光程差的分布. 因此,只要两束相干光在空间的光程差的分布发生改变,干涉条纹的分布就会出现相应的变动. 引起条纹变动的因素主要来自三个方面:一是光源的移动,二是干涉装置结构的变化,三是光路中介质的变化.

考察干涉条纹变动时,可以采用两种思路探讨. 一种思路是考察干涉场中某个固定点 P,观察有多少根干涉条纹移过此点. 用这一思路分析干涉条纹的移动问题时,要弄清干涉条纹与光程差的关系. 以杨氏双缝干涉为例说明,由式(4-8)和式(4-9)可知:光程差 δ 相等的点构成同一级干涉条纹,相邻两条干涉条纹的光程差的变化为一个真空中的波长 λ. 这样当有 N 根干涉条

纹移过干涉场中某固定点 P 时, P 点处光程差的改变量为
$$\Delta\delta = N\lambda \quad (4-12)$$

另一种思路是跟踪干涉场中某级条纹(如零级明纹),考察它的移动方向和移动距离. 用这一思路分析干涉条纹的移动问题时,要弄清所跟踪的某级条纹(如零级明纹)的光程差场点的去向. 以杨氏双缝干涉为例,用此法分析杨氏双缝干涉装置因光源的位移引起干涉条纹的移动.

如图 4-13 所示,设杨氏双缝干涉装置中点光源位于 S 点时,零级明纹位于 O 点处. 当点光源由 S 移到 S' 点时,零级明纹将移至 O' 点处. O' 点的位置由光程差为零的条件决定,即
$$(l_2+r_2)-(l_1+r_1)=0 \quad (4-13)$$

当点光源向下平移时, $l_1>l_2$,零光程差要求 $r_1<r_2$,即零级明纹向上移动. 反之,当点光源向上平移时,零级明纹向下移动. 由图 4-13 可知,在傍轴近似下(即 $D\gg d$、$l\gg d$)可得

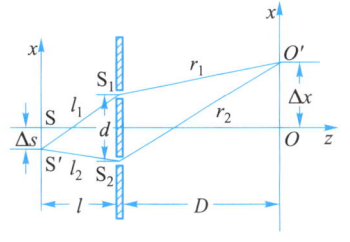

图 4-13 光源移动 Δs 引起干涉条纹移动 Δx

$$l_2-l_1=\frac{d}{l}\Delta s, \quad r_2-r_1=\frac{d}{D}\Delta x$$

代入式(4-13),得到杨氏双缝干涉中点光源位移 Δs 与条纹位移 Δx 的关系为
$$\Delta x = -\frac{D}{l}\Delta s \quad (4-14)$$

式(4-14)中的"-"表示干涉条纹的移动方向与点光源的移动方向相反.

例 4-6

如图 4-14 所示,在杨氏双缝干涉实验中,用折射率 $n=1.4$ 的透明云母薄片盖住缝 S_1 时,发现零级明纹移动了 3.5 个条纹,设光源的波长为 550 nm.

(1) 透明云母薄片使光程差增加了多少?
(2) 透明云母薄片的厚度 h 是多少?

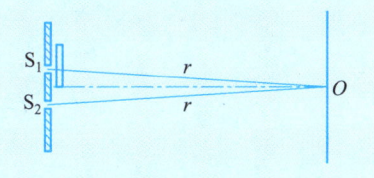

图 4-14 例 4-6 图

解:(1) 盖住缝 S_1 时,零级明纹应向上移动(为什么?). 由于用透明云母薄片盖住缝 S_1 使得光程差的分布发生了改变,导致干涉条纹产生移动,就空间某点而言,条纹移动一条,相应的光程差的变化为 λ.

在杨氏双缝干涉实验中,对称中心点 O 的光程差的变化(即透明云母薄片使光程差增加的量)为 $h(n-1)$,再由式(4-12)可知 $h(n-1)=3.5\lambda$. 所以,透明云母薄片导致的光程差的改变量为 $h(n-1)=3.5\lambda=3.5\times 550\times 10^{-6}$ mm $=1.93\times 10^{-3}$ mm.

(2) 透明云母薄片的厚度 $h=\dfrac{3.5\lambda}{n-1}=4.83\times 10^{-3}$ mm.

4.4 条纹可见度

在干涉实验中,满足相干条件是产生干涉条纹的必要条件,能否观察到干涉条纹,还有赖于其清晰度.例如,在杨氏双缝干涉实验中,当把光源狭缝 S 逐渐变宽时,观察屏 E 上的干涉条纹也逐渐变得模糊不清,再宽些甚至消失.再有靠近中央的干涉条纹清晰可辨,而远离中央的干涉条纹逐渐模糊,再远些甚至消失.这是为什么呢? 下面来讨论这些问题.

4.4.1 干涉图样的可见度

在光学中,干涉场中的干涉条纹分布又称为干涉图样.一个干涉系统产生的干涉图样的质量(即干涉图样清晰度或强弱对比度)可以用**可见度**(又称对比度、衬比度)γ 来定量描述.它最初是由迈克耳孙(A. A. Michelson)提出的,其定义为

$$\gamma = \frac{I_{\max} - I_{\min}}{I_{\max} + I_{\min}} \tag{4-15}$$

式(4-15)中 $I_{\max}$ 和 $I_{\min}$ 分别为干涉场中干涉条纹光强的极大值和相邻的极小值.由式(4-15)可知,当 $I_{\min}=0$ 时,$\gamma=1$,可见度有最大值,干涉图样清晰可见,两个强度相同的理想点光源所产生的干涉条纹就是这种情况.当 $I_{\max}=I_{\min}$ 时,$\gamma=0$,干涉图样模糊不清,甚至不可辨认,干涉图样消失.一般情况下,$0 \leqslant \gamma \leqslant 1$.

影响干涉图样的可见度的因素很多,主要与两相干光波的相对强度、光源的大小以及光源的非单色性有关.下面分别对以上三个因素加以分析.

4.4.2 两相干光波强度不等的影响

当两相干光的强度不等时,由式(4-1),干涉条纹强度的极大值和极小值分别为 $I_{\max} = (\sqrt{I_1} + \sqrt{I_2})^2$ 和 $I_{\min} = (\sqrt{I_1} - \sqrt{I_2})^2$,代入式(4-15)中得到

$$\gamma = \frac{2\sqrt{I_1}\sqrt{I_2}}{I_1 + I_2} \tag{4-16}$$

由式(4-16)可见,当 $I_1 = I_2$ 时,$\gamma = 1$,干涉图样的可见度最大,条

纹清晰可见[如图4-15(a)所示]. 而I_1与I_2相差越甚,γ值越小,干涉图样越模糊[如图4-15(b)所示].

4.4.3 光源大小的影响

在图4-16(a)所示的杨氏双缝干涉实验中,用点光源S可以得到一组干涉图样,但干涉图样的亮度很弱. 为获得亮度较强的干涉图样,通常使用扩展光源. 若光源沿垂直于图面的方向扩展,扩展后的线光源可看成由许多个点光源组成. 可以证明:这些点光源在观察屏上各自形成的一组干涉图样彼此重叠,即明纹与明纹重叠,暗纹与暗纹重叠. 这些干涉图样非相干叠加产生的总的干涉图样的可见度与单个点光源产生的干涉图样的可见度一样,因此干涉图样显得清晰、明亮. 所以在杨氏双缝干涉实验中通常不用点光源,而采用沿垂直于图面的方向扩展的线光源,与之相应地,S_1和S_2也采用沿垂直于图面的方向扩展的双缝. 若光源沿x方向扩展,由4.3.3小节的分析可知,各点光源在观察屏上形成的一组干涉图样彼此错开,这些干涉图样的非相干叠加产生的总的干涉图样的可见度降低,因此总的干涉图样模糊不清. 当光源沿x方向扩展到一定程度时,可见度甚至可以下降到零,完全观察不到干涉图样. 下面分几个方面探讨沿x方向扩展的光源大小对干涉图样可见度的影响.

(a) $I_1=I_2$时,可见度$\gamma=1$

(b) $I_1\neq I_2$时,可见度$\gamma<1$

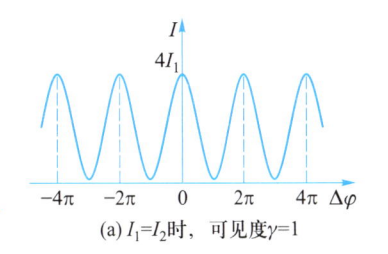

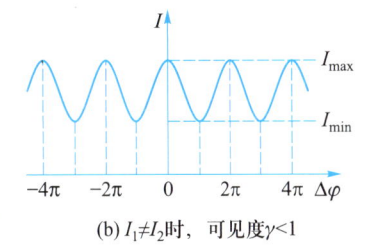

图4-15 干涉图样的可见度

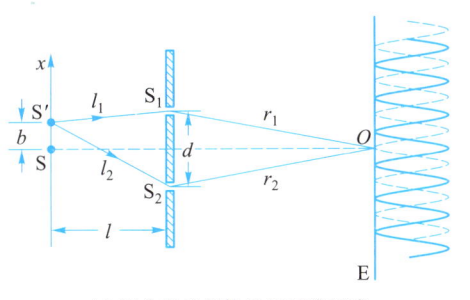

(a) 两个线光源的杨氏双缝干涉

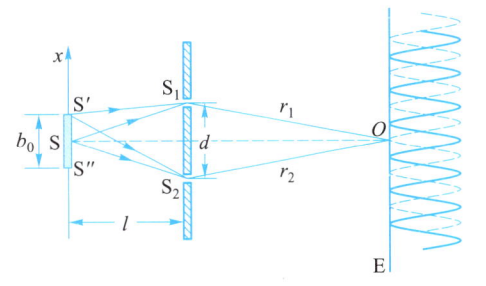

(b) 扩展光源的杨氏双缝干涉

图4-16 光源的临界宽度分析示意图

以杨氏双缝干涉为例,首先讨论可见度降为零时两个线光源的临界宽度. 如图4-16(a)所示,实线为线光源S(沿垂直于图面方向)在观察屏E上形成的干涉图样的光强分布,虚线为线光源S'(沿垂直于图面方向)在观察屏E上形成的干涉图样的光强分布,这两组干涉图样的光强分布彼此错位,但两组干涉图样中的干涉条纹间距相等. 线光源S在观察屏E上形成的干涉图样,

在 O 点处是明纹,而线光源 S' 在观察屏 E 上形成的干涉图样,在 O 点处的光强取决于光程差 $S'S_2 - S'S_1 = l_2 - l_1$. 若 $S'S_2 - S'S_1 = l_2 - l_1 = \lambda/2$,则线光源 S' 在观察屏 E 上 O 点处的光强为极小值,表明线光源 S' 和线光源 S 产生的干涉条纹彼此错开了半个条纹,图 4-16(a)所示的正是这种情况. 这时两组干涉图样的非相干叠加产生的总的干涉图样的可见度降为零. 设线光源 S' 到线光源 S 的距离为 b. 在傍轴近似条件下(即 $l \gg d$)可得 $l_2 - l_1 = bd/l$,因此,线光源 S' 到线光源 S 的距离为

$$b = \frac{l}{2d}\lambda \qquad (4-17)$$

其次,设线光源(沿垂直于图面方向)是以 S 为中心向 x 方向扩展的光源 $S'S''$,如图 4-16(b)所示. 扩展光源所包含的每一个线光源都在观察屏 E 上形成各自的一组干涉图样,整个扩展光源产生的干涉图样就是每一个线光源产生的干涉图样的非相干叠加. 假设扩展光源的宽度 b_0 可分成许多相距为 b 的线光源(沿垂直于图面方向)对. 由上面的分析可知,每对线光源产生的干涉图样的可见度为零,因此整个扩展光源在观察屏上产生的干涉图样的可见度也为零. 在傍轴近似下,由式(4-17)可得

$$b_0 = \frac{l}{d}\lambda \qquad (4-18)$$

临界宽度

式(4-18)表明,在 l、d、λ 给定的情况下,当光源宽度大于等于 $b_0 = \frac{l}{d}\lambda$ 时,干涉条纹消失,因此 $b_0 = \frac{l}{d}\lambda$ 称为光源的**临界宽度**. 式(4-18)虽然是从杨氏双缝干涉装置导出的,但可以证明它也适用于其他的干涉装置.

由图 4-16(b)所示分析可知,在 S_1 和 S_2 两缝之间的距离 d 给定的情况下,光源的宽度 b 不能大于光源的临界宽度 $b_0 = l\lambda/d$,否则干涉条纹消失. 现在把问题倒过来看,在光源宽度 b 给定的情况下,用它照射与之相距为 l 且与传播方向垂直的面上相距为 d 的两点 S_1 和 S_2,由式(4-18)可求得所对应的双缝之间最大距离为

$$d_{\max} = \frac{l}{b}\lambda \qquad (4-19)$$

式(4-19)表明,若双缝 S_1 和 S_2 之间的距离 $d \geq d_{\max}$,则观察屏 E 上观察不到干涉条纹. 若双缝 S_1 和 S_2 之间的距离 $d < d_{\max}$,则观察屏 E 上能观察到干涉条纹. 显然,干涉条纹的可见度与光源的大小密切相关. 在杨氏双缝干涉实验中,英国物理学家托马斯·杨

利用单狭缝 S 代替扩展光源,从而改善了干涉条纹的可见度.

4.4.4 光源非单色性的影响

在干涉实验中使用的单色光源,实际并不是单一频率(或波长)的理想光源,它包含有一定的波长范围 Δλ,这将会影响干涉条纹的可见度,因为 Δλ 范围内每一种波长的光都各自生成一组干涉条纹,且各组条纹除零级外,其他各级相互均有位移,所以各组条纹非相干叠加的结果使得总的干涉图样的可见度降低.

以杨氏双缝干涉为例说明光源的非单色性对干涉条纹的影响. 设光源的波长为 λ,其波长范围为 Δλ,图 4-17 表示了波长范围从 λ 到 λ+Δλ 的各种波长的光产生的干涉条纹的重叠情况. 假定各个波长的强度相等,图 4-17 中部实线表示波长为 λ+Δλ 的干涉条纹的光强随光程差 δ 的变化,其相应的级次用带撇数字表示. 虚线表示波长为 λ 的干涉条纹的光强随光程差 δ 的变化,其相应的级次用不带撇数字表示. 两组干涉条纹的相对移动量随光程差 δ 的增大而增大. 图 4-17 上部曲线表示 λ 到 λ+Δλ 内各种波长各自产生的干涉条纹的非相干叠加. 从图 4-17 的下部可见,干涉条纹的可见度随光程差 δ 的增大而下降,以致最后模糊不清. 由此可知,光源的非单色性限制了能产生清晰干涉条纹的光程差范围.

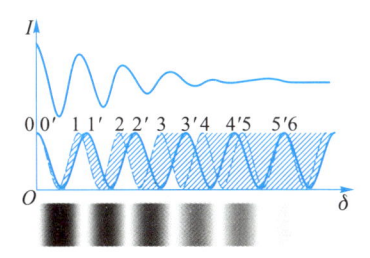

图 4-17 各种波长的光产生的干涉条纹的重叠情况

由前面分析可知,光源的波长范围 Δλ 限制了能产生清晰干涉条纹的光程差范围,为此定义能够产生干涉条纹的最大光程差为相干长度,用 δ_{max} 表示. 接下来找出相干长度 δ_{max} 与光源的波长宽度 Δλ 的关系. 由图 4-17 可知,当波长为 λ 的第 $k+1$ 级与波长为 λ+Δλ 的第 k 级条纹重合时,这两个条纹所对应的光程差相等,即

$$\delta = (k+1)\lambda = k(\lambda+\Delta\lambda)$$

干涉条纹的可见度降为零,由此得到相应的最大干涉级次为

$$k = \frac{\lambda}{\Delta\lambda} \qquad (4-20)$$

与最大干涉级次对应的光程差就是 相干长度 δ_{max},即

相干长度

$$\delta_{max} = k(\lambda+\Delta\lambda) \approx \frac{\lambda^2}{\Delta\lambda} \qquad (4-21)$$

式(4-21)表明相干长度 δ_{max} 与光源的宽度 Δλ 成反比. 光源的波长宽度越小,就能在更大的光程差下观察到干涉条纹. 例如,用白光作光源时,人眼不能分辨波长相差小于 10 nm 的两种光波

的颜色,白光的平均波长为 500 nm,因而相干长度为 0.025 mm. 波长为 643.8 nm 的红镉线,$\Delta \lambda \approx 0.001$ nm,因而相干长度约为 400 mm. 氦氖激光器发出的激光波长为 632.8 nm,$\Delta \lambda \approx 10^{-8}$ nm,因而相干长度可达几十千米.

如上所述,相干长度的计算借助了干涉条纹的重叠.其实,光源发出的光波是一段频率和振动方向一定,有限长的电磁波的波列,利用波列的存在和波列的叠加概念,可从另一角度理解相干长度的意义,如图 4-18 所示,从光源 S 发出的波列通过 S_1 和 S_2 分成两个相干的波列 a_1 和 a_2,这两个相干的波列 a_1 和 a_2 沿不同路径传播后到达 P 点处相遇,产生相干叠加,因而在 P 点处可以观察到干涉条纹.随着离 O 点距离逐渐变远,观察点 P 处的光程差也随着离 O 点距离逐渐变远而变大.当观察点 P 处的光程差大于波列的长度时,波列 a_1 和波列 a_2 在该点处不能相遇,而另一发光时刻发出的波列 b_1 可能与波列 a_2 在 P 点处相遇,但由于波列 a_2 与波列 b_1 不是相干波,因此在观察点 P 处无法发生干涉.由此得出,能够产生干涉条纹的最大光程差等于波列长度 L.也就是说,相干长度 δ_{max} 等于波列长度 L,即

$$L = \delta_{max} = \frac{\lambda^2}{\Delta \lambda} \qquad (4-22)$$

在杨氏双缝干涉实验中,让光屏离双缝较远,而两个缝间距较近,这样可使从 S_1、S_2 发出的光波,传播到 P 点时所产生的光程差比较小,容易观察到干涉条纹.

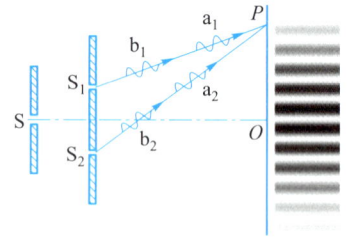

图 4-18 波列长度对条纹的影响

4.5 分振幅干涉

授课录像:薄膜干涉引言

分波阵面法虽然可以方便地获得干涉条纹,但由于使用扩展光源时,会导致干涉条纹模糊不清,所以,只能使用点光源或线光源,产生干涉条纹的亮度不够.为了解决干涉条纹的可见度与亮度之间的矛盾,必须采用其他获得相干光的方法,于是,分振幅法应运而生.所谓分振幅法,就是利用薄膜的两个面对入射光的反射和折射,使入射光的强度分解为两个部分,这两部分光波相遇产生的干涉.在用扩展光源时,分振幅法既可产生亮度较高的干涉条纹,又不影响干涉条纹的可见度.因此,这类干涉在干涉计量技术中有着广泛的应用.最简单的分振幅干涉装置是薄膜,它是利用透明薄膜的上下表面对入射光依次反射,由这些反射光波在空间相遇而形成干涉现象.由于薄膜的上下表面的反射光来

自同一入射光的两部分,只是经历不同的路径而有恒定的相位差,所以它们是相干光. 在实际应用中,薄膜的形式有两种:一种是平行薄膜,产生的干涉为等倾干涉;另一种是非平行薄膜(又称楔形薄膜),产生的干涉为等厚干涉. 下面分别讨论这两种干涉.

4.5.1 等倾干涉

典型等倾干涉实验装置如图 4-19 所示. 设折射率为 n_2、厚度为 e 的平行平面薄膜置于折射率为 n_1 ($n_2>n_1$) 的均匀介质中. 扩展光源 S 借助于镀有一层半透半反银膜的分光板 M,将光射到平行平面薄膜上. 为分析问题方便起见,假设光源直接照射到平行平面薄膜上.

首先,讨论点光源的情况,如图 4-20 所示. 从单色点光源 S_1 发出的光线 a,以入射角 i 投射到薄膜表面 A 点处,光线 a 一部分被薄膜上表面反射形成光线 a_1,另一部分以折射角 r 折射进薄膜内,经薄膜下表面 C 点反射后到 B 点,再折射入原介质中形成光线 a_2. 由于入射光线 a 借助薄膜两个面的反射和折射分解为光线 a_1 和光线 a_2,所以,光线 a_1 和 a_2 是通过分振幅法实现的,且光线 a_1 和光线 a_2 又满足相干条件,它们经透镜后会聚到观察屏 E 上的 P 点,产生干涉条纹.

下面分析光线 a_1 和光线 a_2 在相遇点 P 处的光程差. 作 $BD \perp AD$,光线 a_1 从 D 点到 P 点与光线 a_2 从 B 点到 P 点的光程相等,因此也没有光程差. 光线 a_1 和光线 a_2 的光程差为

$$\delta = n_2(AC+CB) - n_1 AD + \delta'$$

式中 δ' 是额外光程差(参见 4.2.3 节). 当两束光都是从光疏介质到光密介质界面反射时(即 $n_1<n_2<n_3$)或都是从光密介质到光疏介质界面反射时(即 $n_1>n_2>n_3$),两束反射光之间无额外光程差,即 $\delta'=0$;当一束光从光疏介质到光密介质界面反射,而另一束光从光密介质到光疏介质界面反射时(即 $n_1<n_2>n_3$ 或 $n_1>n_2<n_3$),两束反射光之间有额外光程差,即 $\delta'=\lambda/2$.

由图 4-20 中几何关系和折射定律,可得

$$AC = CB = \frac{e}{\cos r}, \quad AD = AB\sin i, \quad AB = 2e\tan r, \quad n_1\sin i = n_2\sin r$$

将此四式代入 δ 的表达式中,得

$$\delta = 2e\sqrt{n_2^2 - n_1^2\sin^2 i} + \delta'$$

当光程差满足

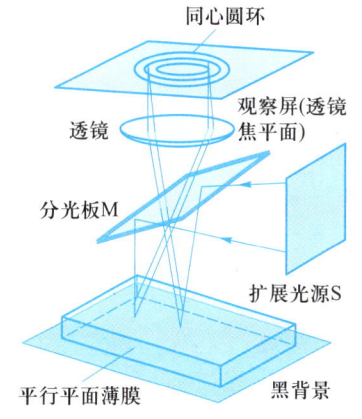

图 4-19 典型等倾干涉实验装置示意图

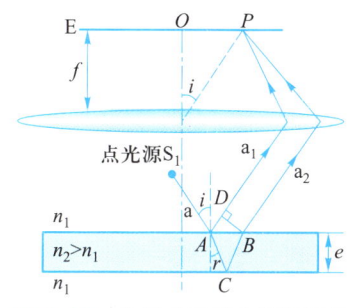

图 4-20 分析点光源的等倾干涉条纹形成及计算用图

$$\delta = 2e\sqrt{n_2^2 - n_1^2 \sin^2 i} + \delta' = k\lambda, \quad k = 1, 2, 3, \cdots \quad (4-23)$$

时，P 点出现明纹．当光程差满足

$$\delta = 2e\sqrt{n_2^2 - n_1^2 \sin^2 i} + \delta' = (2k+1)\frac{\lambda}{2}, \quad k = 0, 1, 2, \cdots \quad (4-24)$$

时，P 点出现暗纹．

同样的分析，如图 4-21 所示．从点光源 S_1 发出与光线 a 有相同的入射角 i 的光线 a′ 到平行薄膜上以后，分出的光线 a_1' 和光线 a_2' 经透镜会聚到点 P' 处的光程差，与光线 a_1 和光线 a_2 在点 P 处的光程差相等，因此，点 P' 处和点 P 处的干涉条纹属于同一条．实际上，从点光源 S_1 上发出的与光线 a 有相同的入射角 i 的光线（呈圆锥形发射）有很多，它们各自分出的一对相干光经透镜会聚到观察屏 E 上的光程差都是相等的，而这些光程差相等的点到 O 点的距离相等，因此它们构成的同一级干涉条纹呈圆形．所以，点光源 S_1 发出的光入射到平行薄膜上，再经透镜会聚到观察屏 E 上产生的干涉条纹是一组同心圆环．

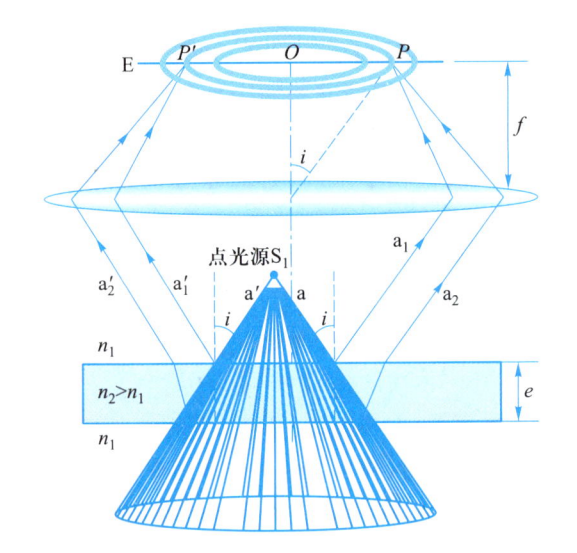

图 4-21 点光源的等倾干涉条纹呈圆形

由式 (4-23) 和式 (4-24) 可见，对于 n_1、n_2 和 e 给定的平行平面薄膜而言，光程差 δ 随着入射光线的倾角（即入射角 i）的变化而变化．倾角相同的光线，不论它们的入射方向如何，由它们分成的两条相干光线，到达观察屏 E 上某点时的光程差都相等．因此，倾角相同的光线的干涉条纹对应于同一级干涉条纹，而倾角不同的光线的干涉条纹对应于不同级的干涉条纹．所以，这类干涉称为**等倾干涉**，相应的干涉条纹称为等倾干涉条纹．

等倾干涉

其次,讨论扩展光源的情况.对于扩展光源,可将其看成许多个点光源.同样的分析如图 4-22 所示.从扩展光源上 S_2 点发出的平行于光线 a 的光线 b 射到平行薄膜上以后,也将分成 b_1 和 b_2 两条相干光线,经过透镜会聚到 P 点,而且 b_1 和 b_2 两条相干光线会聚于 P 点时的光程差,与 a_1 和 a_2 两条相干光线会聚于 P 点时的光程差相等.由此可见,从扩展光源上各点发出的平行于光线 a 的光线射到平行薄膜上以后都各自分成两条相干光线,它们到达 P 点时的光程差也都相等.综合以上的分析可以得到,从扩展光源上各点发出的光,通过平行薄膜和透镜在观察屏 E 上的光程差的分布完全一样,从而扩展光源上各点发出的光,在观察屏 E 上各自产生的干涉图样都呈现圆形且互相重叠.到这里可知,在使用扩展光源时,分振幅法得到的干涉条纹不但可见度不受影响,而且亮度也得到了加强.从而解决了在分波阵面法中干涉条纹的可见度与亮度之间的矛盾.

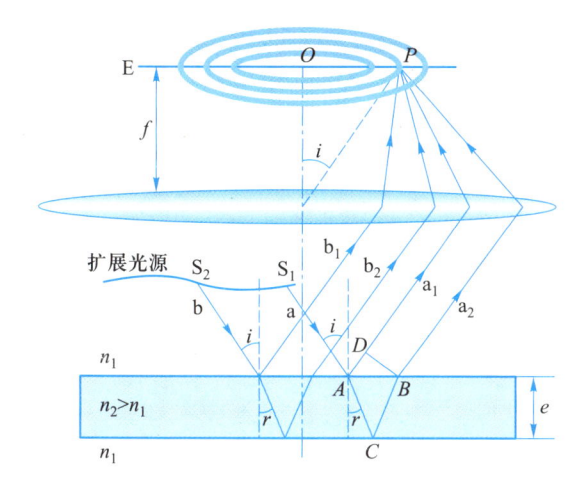

图 4-22 分析扩展光源的等倾干涉条纹的形成

观察反射光的等倾干涉条纹可以用图 4-19 所示的方法.来自扩展光源 S 的光线直接投射到镀有半透半反银膜的分光板 M 上,分光板将光线反射到与其成 45°角的平行平面薄膜上,然后,光线再经平行平面薄膜的上、下表面反射获得两束相干光,这两束相干光再经分光板 M 透射后,通过透镜会聚在位于透镜焦平面处的观察屏上,形成一组明暗相间的同心圆环.扩展光源 S 上所有的点发出的光线在观察屏上所形成的各自一组明暗相间的同心圆环恰好重合在一起,从而使得观察屏上的干涉条纹更加清晰明亮.

以上讨论的是单色光干涉的情况.若用复色光源,则干涉条纹是彩色的.

授课录像:增透膜

授课录像:增反膜

例 4-7

有一层折射率 1.30 的均匀薄油膜,用白光照射,当观察方向与膜面法线方向夹角成 30° 时,可看到从膜面反射来的光波长为 500 nm.

(1) 油膜最薄厚度为多少?
(2) 如果从膜面法线方向观察反射光波长为多少?

解:(1) 设油膜的厚度为 e,由于油膜上表面反射光有额外光程差,所以 $\delta'=\lambda/2$,因此,上、下表面反射光的光程差满足的明纹条件为
$$\delta = 2e\sqrt{n_2^2 - n_1^2 \sin^2 i} + \delta' = k\lambda, \quad k=1,2,3,\cdots$$
当 $k=1$ 时为最小厚度,且 $n_1=1$,$n_2=1.30$,$i=30°$. 油膜最薄厚度为
$$e_{\min} = \frac{\lambda}{4\sqrt{n_2^2 - n_1^2 \sin^2 i}} = 104.16 \text{ nm}$$

(2) 如果从膜面法线方向观察,则 $i=0°$,此方向反射光波长为
$$\lambda = \frac{2e_{\min}\sqrt{n_2^2 - n_1^2 \sin^2 i}}{k - \frac{1}{2}} = \frac{279.816}{k - \frac{1}{2}} \text{ nm},$$
$$k = 1, 2, 3, \cdots$$
只有 $k=1$ 时,对应的波长为 $\lambda = 541.6$ nm,在可见光范围内,其余波长舍去.

例 4-8

折射率为 1.5 的透镜表面上镀有折射率为 1.38 的增透膜(MgF_2). 为了让人眼最敏感的黄绿光(波长 $\lambda = 550$ nm)尽可能透过,求所镀的膜厚度.

解:欲使波长为 $\lambda = 550$ nm 的黄绿光尽可能透过,只要让其分成的两束反射光产生的干涉相消即可. 如图 4-23 所示,人眼最敏感的黄绿光($\lambda = 550$ nm)垂直入射到增透膜上,一部分从增透膜的上表面反射为相干光 1,另一部分由增透膜的上表面折射再经增透膜的下表面反射为相干光 2. 由于相干光 1、2 没有额外光程差,所以 $\delta' = 0$,两相干光的光程差满足的暗纹条件为
$$\delta = 2e\sqrt{n_2^2 - n_1^2 \sin^2 i}$$

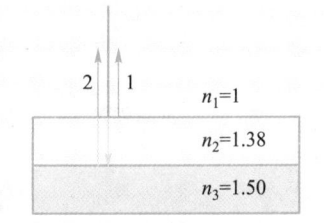

图 4-23 例 4-8 图

$$= (2k+1)\frac{\lambda}{2}, \quad k = 0, 1, 2, \cdots$$
其中 $i = 0°$,$n_1 = 1$,$n_2 = 1.38$,$n_3 = 1.50$.

所镀增透膜的厚度为
$$e = \frac{(2k+1)\lambda}{4n_2} = (2k+1) \times 9.96 \times 10^{-8} \text{ m}, \quad k = 0, 1, 2, \cdots$$

4.5.2 等厚干涉

等厚干涉与等倾干涉都是薄膜干涉,但两者有所不同. 等倾干涉条纹是扩展光源上发光点沿各个方向入射在均匀厚度的薄

膜上产生的条纹,而等厚干涉条纹则是由同一方向的入射光在厚度不均匀的薄膜上产生的条纹. 最常见的不均匀薄膜是劈尖形薄膜,简称劈尖.

典型的劈尖干涉实验如图 4-24(a)所示. 设由单色点光源发出的光经过透镜形成平行光,再经镀有半透半反银膜的分光板反射垂直入射到劈尖形薄膜上,则在劈尖形薄膜上表面形成干涉条纹,借助读数显微镜就可观察到放大了的平行于棱边的明暗相间的直条纹.

接下来讨论光垂直照射到劈尖形薄膜上的情况. 如图 4-24(b)所示,θ 为劈尖的倾角,MN 表示劈尖的底边(又叫棱边),n 为劈尖的折射率. 由于 θ 很小(一般为几分),波长为 λ 的光垂直入射到劈尖上表面时,也可以近似看成光垂直入射到劈尖下表面. 考察入射光线 a 垂直入射到劈尖上,光线 a 一部分在劈尖上表面 P 点处反射形成光线 a_1(为清楚起见,图中将光线 a_1 与 a 错开绘制),另一部分折射进入劈尖内,经劈尖下表面反射后回到 P 点,再折射进入原介质中形成光线 a_2(为清楚起见,图中将光线 a_2 与 a 错开绘制). 光线 a_1 和光线 a_2 在劈尖上表面 P 点处相遇产生干涉条纹. 由于光线 a_1 和光线 a_2 是入射光线 a 借助劈尖两个面的反射和折射分出来的,所以相干光是通过分振幅法实现的.

下面分析光线 a_1 和光线 a_2 在相遇点 P 处的光程差. 设 e 为 P 点所对应的劈尖的厚度,光线 a_1 和光线 a_2 的光程差为

$$\delta = 2ne + \delta'$$

式中,δ' 是额外光程差(参见 4.2.3 节). 当两束光都是从光疏介质到光密介质界面反射或都是从光密介质到光疏介质界面反射时,则两束反射光之间无额外光程差,即 $\delta' = 0$;当一束光从光疏介质到光密介质界面反射,而另一束光从光密介质到光疏介质界面反射时,则两束反射光之间有额外光程差,即 $\delta' = \lambda/2$. 当光程差

$$\delta = 2ne + \delta' = k\lambda, \quad k = 1, 2, 3, \cdots \quad (4-25)$$

时,P 点出现明纹;当光程差

$$\delta = 2ne + \delta' = (2k+1)\frac{\lambda}{2}, \quad k = 0, 1, 2, \cdots \quad (4-26)$$

时,P 点出现暗纹.

由式(4-25)和式(4-26)可知,劈尖厚度相同的点的光程差是相等的,因此劈尖厚度相等的点对应同一级干涉条纹.而劈尖厚度不相等的点对应于不同级的干涉条纹. 因此,这类干涉称为等厚干涉,相应的干涉条纹称为等厚干涉条纹.在劈尖上表面作一条与劈尖棱边 MN 平行的直线,直线上各点所对应的劈尖厚度

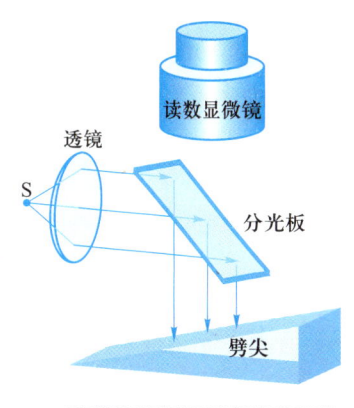

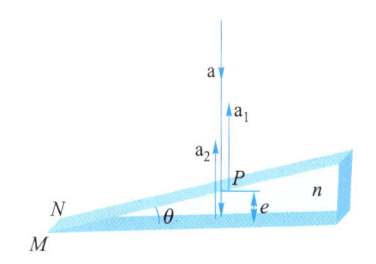

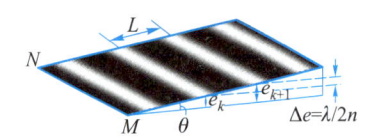

图 4-25 相邻两条明纹或暗纹之间距离的计算

是相同的,因而形成同一级干涉条纹.因此,劈尖干涉的图样是与棱边平行的明暗相间的直条纹.

由式(4-25)和式(4-26)可求出任何两条相邻的明纹或暗纹之间的距离 L.如图 4-25 所示,设相邻两明纹处劈尖的厚度分别为 e_k 和 e_{k+1},则

$$L\sin\theta = e_{k+1} - e_k$$

由明纹条件得

$$2ne_k + \delta' = k\lambda$$
$$2ne_{k+1} + \delta' = (k+1)\lambda$$

两式相减得相邻两明纹对应的劈尖厚度之差为

$$\Delta e = e_{k+1} - e_k = \frac{\lambda}{2n}$$

因此,两条相邻的明纹之间的距离为

$$L = \frac{\lambda}{2n\sin\theta} \approx \frac{\lambda}{2n\theta} \quad (4-27)$$

式(4-27)表明,L 与 k 无关,说明劈尖干涉条纹是等间距的.式(4-27)还表明,当波长 λ 一定时,θ 越大,条纹越密,θ 太大时,条纹就密到无法分辨.对于给定的劈尖,不同波长的光产生的干涉条纹疏密程度不同,因而用复色光时,将形成彩色条纹.

劈尖干涉有许多应用.由式(4-27)可知,如果已知劈尖的夹角和折射率,那么,通过测定干涉条纹的间距 L,就可以求出单色光的波长 λ.反之,若单色光的波长 λ 为已知,则已知 n 可求出 θ,已知 θ 就可求出 n.

利用劈尖干涉可以测量长度的微小变化.前面的分析可知,劈尖干涉的每一条纹处,劈尖的厚度是一定的,而且两相邻明纹或暗纹对应的厚度差为 $\lambda/2n$.因此,若将劈尖厚度每增加或减少 $\lambda/2n$,则整个干涉条纹就会向棱边或背离棱边的方向移动一个距离 L.因此,通过数出越过视场中某一处的明纹(或暗纹)的数目 N 或跟踪某干涉条纹移动的距离 NL,可以求出劈尖厚度的变化为

$$\Delta e = N\frac{\lambda}{2n}$$

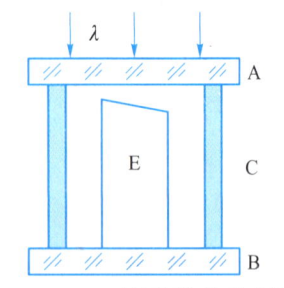

图 4-26 干涉膨胀仪示意图

测量固体样品线膨胀系数的干涉膨胀仪就是根据这个原理制成的.如图 4-26 所示为干涉膨胀仪的示意图.A 和 B 是两块光学平面玻璃板,C 是线膨胀系数很小的石英环,环内 E 是待测样品,它的上表面稍微倾斜,与 A 的下表面形成一空气劈尖.用波长为 λ 的单色光垂直照射劈尖,产生等厚干涉条纹.设温度为 t_0 时待测样品长度为 l_0,温度升高到 t 时样品长度为 l,这时待测

授课录像:应用

样品长度增加了 $l-l_0$. 由于石英环的长度近似不变,所以劈尖厚度减少了 $l-l_0$. 设实验观察到条纹移动的数目为 N,则 $l-l_0 = N\lambda/2$. 由此可得待测样品的线膨胀系数为

$$\alpha = \frac{l-l_0}{l_0(t-t_0)} = \frac{N\lambda}{2l_0(t-t_0)}$$

例 4-9

要求光学玻璃不平度与理想平面相比小于一个波长,这就需要用光学方法来检验. 为此,可把待测平面与标准平面叠成空气劈尖,用单色光垂直照射,利用等厚干涉条纹进行检测,若干涉条纹如图 4-27 所示,求其缺陷处的凹凸程度.(已知 L、l、λ.)

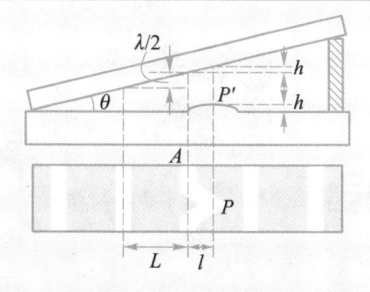

图 4-27 例 4-9 图

解:由等厚干涉原理可知,A 点与 P 点处的光程差相等,所以,干涉条纹 P 点处对应的缺陷 P' 处是凸出来的. 设 h 为缺陷 P' 处在待测平面上凸起的高度,则有

$$\sin\theta = \frac{h}{l}$$

又因相邻条纹所对应的空气层厚度之差为 $\lambda/2$,故有

$$\sin\theta = \frac{\lambda/2}{L}$$

所以,缺陷处的凸起的高度为

$$h = \frac{l\lambda}{2L}$$

显然,只要 $l \leq 2L$,待测光学玻璃就是合格的.

例 4-10

折射率为 1.50 的两平板玻璃之间形成一个 $\theta = 10^{-4}$ rad 的空气劈尖,若用 $\lambda = 600$ nm 的单色光垂直照射.

(1) 求第 15 条明纹距劈尖棱边的距离;

(2) 若劈尖充以折射率 $n = 1.28$ 的液体后,第 15 条明纹移动了多少?

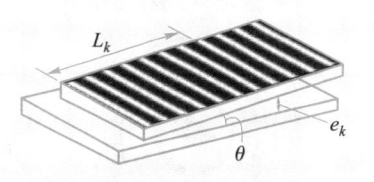

图 4-28 例 4-10 图

解:(1) 设第 k 条明纹对应的空气厚度为 e_k,距劈尖棱边的距离为 L_k,如图 4-28 所示,由于存在额外光程差,故有 $\delta' = \lambda/2$,由明纹条件得

$$\delta = 2e_k + \frac{\lambda}{2} = k\lambda, \quad k = 1, 2, 3, \cdots$$

第 15 条明纹对应的空气厚度为

$$e_{15} = \frac{2 \times 15 - 1}{4} \times 600 \times 10^{-9} \text{ m} = 4.35 \times 10^{-6} \text{ m}$$

第 15 条明纹距劈尖棱边的距离为

$$L_{15} = \frac{e_{15}}{\sin\theta} \approx \frac{e_{15}}{\theta} = 4.35 \times 10^{-2} \text{ m}$$

（2）第 15 条明纹向棱边方向移动（为什么？）．设第 15 条明纹距棱边的距离为 L'_{15}，所对应的劈尖厚度为 e'_{15}，液体的折射率为 n，且存在额外光程差，故有 $\delta' = \lambda/2$．因空气中第 15 条明纹对应的光程差等于液体中第 15 条明纹对应的光程差，有

$$2e_{15} + \frac{\lambda}{2} = 2ne'_{15} + \frac{\lambda}{2}$$

所以

$$e'_{15} = \frac{e_{15}}{n}$$

劈尖充以折射率为 $n = 1.28$ 的液体后，第 15 条明纹移动的距离为

$$\Delta L = L_{15} - L'_{15} = \frac{e_{15} - e'_{15}}{\theta} = 9.5 \times 10^{-3} \text{ m}$$

授课录像：牛顿环装置

牛顿环

4.5.3 牛顿环

观察牛顿环的实验，如图 4-29（a）所示．将一个凸面曲率半径 R 很大的平凸透镜 A 放在一平板玻璃 B 上，两者在 O 点接触．平凸透镜的凸面和平板玻璃的上表面之间形成一空气薄层，空气薄层的厚度从 O 点向外逐渐增大，在以 O 点为中心的任一圆周上各点处的空气薄层的厚度都相等．

当单色平行光经半透半反镜 M 反射后，垂直入射到空气薄层上时，空气薄层上下表面反射的光产生干涉，通过读数显微镜 T 可以看到放大了的干涉条纹．这些干涉条纹是一组以 O 点为中心的明暗相间的同心圆环，称为**牛顿环**，如图 4-29（b）所示．

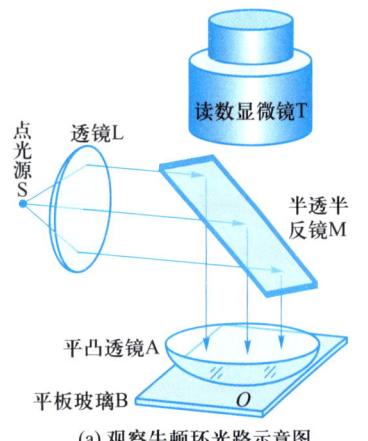

牛顿环是由空气薄层上下表面反射的光产生干涉而形成的，它也是一种等厚干涉条纹．下面利用等厚干涉分析牛顿环的形成．如图 4-29（b）所示，考察入射光线 a 垂直入射到厚度为 e 的空气薄层上，光线 a 的一部分在空气薄层上表面 P 点处反射形成光线 a_1（为清楚起见，图中将光线 a_1 与 a 错开绘制），另一部分折射进入空气薄层内，经空气薄层下表面反射后回到 P 点，再折射进入原介质中形成光线 a_2（为清楚起见，图中将光线 a_2 与 a 错开绘制）．光线 a_1 和光线 a_2 在空气薄层上表面 P 点处相遇产生干涉条纹．设 e 为 P 点所对应的空气薄层的厚度，光线 a_1 和光线 a_2 的光程差为

$$\delta = 2e + \delta'$$

式中 δ' 是额外光程差（参见 4.2.3 节）．当两束光都是从光疏介质到光密介质界面反射或都是从光密介质到光疏介质界面反射时，则两束反射光之间无额外光程差，即 $\delta' = 0$；当一束光从光疏介质到光密介质界面反射，而另一束光从光密介质到光疏介质界面反射时，则两束反射光之间有额外光程差，即 $\delta' = \lambda/2$．

当光程差

（a）观察牛顿环光路示意图

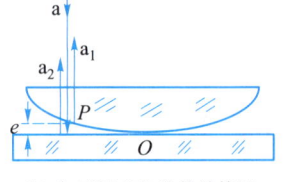

（b）牛顿环光程差的计算及干涉图样

图 4-29　牛顿环实验示意图

$$\delta = 2e + \delta' = k\lambda, \quad k = 1, 2, 3, \cdots \quad (4-28)$$

时,出现明环;当光程差

$$\delta = 2e + \delta' = (2k+1)\frac{\lambda}{2}, \quad k = 0, 1, 2, \cdots \quad (4-29)$$

时,出现暗环.

由式(4-28)和式(4-29)可知,在中心 O 点,由于在空气中,所以 $\delta' = \lambda/2$,应为暗点.实验观察到的也正是如此,这是半波损失的又一例证.同一级干涉条纹上各点对应的空气层厚度相等,而厚度相等的地方到 O 点的距离相等,因此,干涉条纹是一组同心圆环.

接下来计算牛顿环的半径. 由图 4-30 中的几何关系可知

$$r^2 = R^2 - (R-e)^2 = 2R \cdot e - e^2$$

因 $R \gg e$,e^2 可略去,于是

$$e = \frac{r^2}{2R}$$

上式说明 e 与 r 的平方成正比,所以,离开中心越远,光程差增加越快,所看到的牛顿环也变得越来越密.将上式代入式(4-28)和式(4-29)中,且 $\delta' = \lambda/2$,可得明环和暗环的半径分别为

$$r_{明} = \sqrt{\frac{(2k-1)R\lambda}{2}}, \quad k = 1, 2, 3, \cdots \quad (4-30)$$

$$r_{暗} = \sqrt{kR\lambda}, \quad k = 0, 1, 2, \cdots \quad (4-31)$$

在牛顿环实验中,若已知入射光的波长 λ,测出某级明环或暗环的半径 r,就可根据式(4-30)或式(4-31)求出平凸透镜的曲率半径 R. 反之,若已知 R,就可求出 λ.

利用牛顿环实验,可以检验加工好的凸透镜的曲率半径 R. 如图 4-31 所示,A 是曲率半径为 R_0 的标准平凹透镜,B 是曲率半径为 R 的待测凸透镜.C 是由 A 和 B 构成的厚度不等的空气薄膜产生的牛顿环.根据牛顿环的形状、数目以及用手轻压后条纹的移动情况,就可以检验出待测凸透镜的偏差.例如,如果某处出现不规则的牛顿环(即非圆形),表明待测凸透镜表面形状在该处有不规则起伏;如果出现一些完整的牛顿环,如图 4-31 中的牛顿环,说明待测凸透镜表面形状与标准平凹透镜表面形状无偏差,只是它们的曲率半径有偏差. 偏差的大小与牛顿环暗环条数的多少有关. 设 $R_0 - R$ 为标准平凹透镜与待测凸透镜的曲率半径的最大偏差(即由 A 和 B 构成的空气层的最大厚度),由式(4-29)可以求得 $R_0 - R$ 与牛顿环暗环级数 k 之间的关系为

$$R_0 - R = k\frac{\lambda}{2}, \quad k = 0, 1, 2, \cdots$$

假设图 4-31 中有 9 条暗环,即 $k = 8$,则 $R_0 - R$ 的最大偏差为

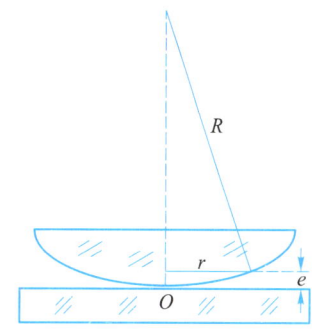

图 4-30 牛顿环半径的计算

图 4-31 由牛顿环的暗环数估算偏差

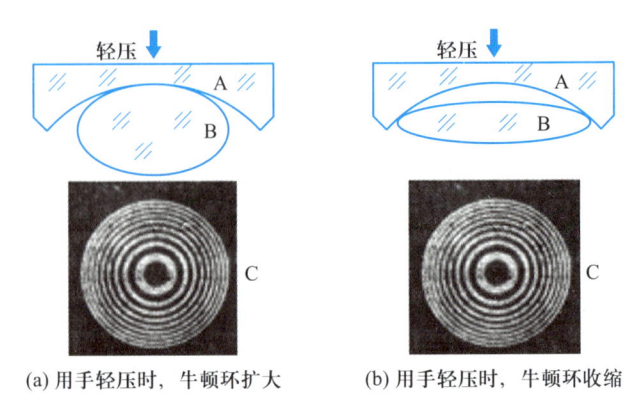

(a) 用手轻压时，牛顿环扩大

(b) 用手轻压时，牛顿环收缩

4λ，还需研磨．究竟磨边缘还是磨中央，只要用手轻轻下压，即可作出判断[读者可参考图 4-31(a)、(b)自行分析]．

例 4-11

在观察牛顿环的实验中，平凸透镜的曲率半径为 $R = 1$ m 的球面；用波长 $\lambda = 500$ nm 的单色光垂直照射．

(1) 在牛顿环半径 $r_k = 2$ mm 范围内能见多少明环？

(2) 若将平凸透镜向上平移 $e_0 = 1$ μm，则最靠近中心 O 处的明环是平移前的第几条明环？

解：(1) 第 k 条明环半径为

$$r_k = \sqrt{\frac{(2k-1)R\lambda}{2}}, \quad k = 1, 2, 3, \cdots$$

将 $r_k = 2$ mm，$R = 1$ m，$\lambda = 500$ nm 代入上式得 $k = 8.5$，所以在牛顿环半径 $r_k \leqslant 2$ mm 范围内能见到 8 条明环．

(2) 向上平移后，光程差改变 $2e_0$，而光程差改变 λ 时，明环往里"缩进"一个，共"缩进"明环数为

$$N = \frac{2e_0}{\lambda} = \frac{2 \times 1 \times 10^{-6}}{5 \times 10^{-7}} = 4$$

最靠近中心 O 处的明环是平移前的第 5 条明环．

4.6　迈克耳孙干涉仪

文档：迈克耳孙

在物理学的发展史上，为了研究光相对于以太的速度，1881 年，美国物理学家迈克耳孙（A. A. Michelson，1852—1931）精心设计了一种利用分振幅法产生双光束干涉的干涉仪．与前面提到的薄膜干涉相比，迈克耳孙干涉仪的特点是光源、两个反射面、观察屏四者在空间完全分开，东西南北各据一方．后来经过许多人

的改进,发展成为现在的用途广泛、精度高的迈克耳孙干涉仪.

4.6.1 迈克耳孙干涉仪的构造

图 4-32 是迈克耳孙干涉仪的结构示意图. M_1 和 M_2 都是平面反射镜,分别安装在相互垂直的两臂上,其中 M_2 是固定的,转动鼓轮 D, M_1 可以通过精密丝杠的带动,沿臂轴方向移动. 在两臂相交处放一与两臂成 45°角的平行平面玻璃板 G_1, G_1 的一个面镀有半透半反银膜,银膜的作用是将入射光分成振幅相等的反射光 1 和透射光 2,因此 G_1 又称为分光板. G_2 是与 G_1 同材料、同厚度的玻璃板,且 G_1、G_2 平行放置. E 为观测系统.

从扩展光源 S 发出的光照射到 G_1 上,经 G_1 的镀银面反射出光线 1,光线 1 经 M_1 反射后再次穿过 G_1 成为光线 $1'$,射向 E;经 G_1 的镀银面透出光线 2,光线 2 穿过 G_2,经 M_2 反射后沿原路返回,再次穿过 G_2,又经 G_1 的镀银面反射出光线 $2'$,也射向 E. 显然,利用分振幅法获得的光线 $1'$ 和光线 $2'$ 是两束相干光,在观测系统 E 上相遇产生干涉,就会出现干涉图样. G_2(也摆在 45°角的位置上)的存在使得由 G_1 分出的两相干光都两次穿过同质同厚的玻璃板,这样任何光程差都与 G_1、G_2 无关. 此外,由于分光板 G_1 的色散,光程是 λ 的函数,因此对于定量计算来说,缺少 G_2 的干涉仪只能用准单色光源. 有了 G_2 就可消除色散的影响,即便是波长很宽的光源也会产生可分辨的干涉条纹,所以 G_2 又叫补偿板.

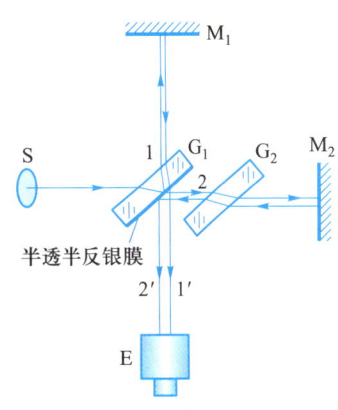

4.6.2 干涉图样

迈克耳孙干涉仪产生的干涉图样是怎样的? 如图 4-33 所示,M_2' 是 M_2 通过 G_1 上的银膜反射所成的虚像,这样,来自 M_2 的反射光线可视为从 M_2' 处反射的. 通常两臂的长度是不等的,所以 M_2' 与 M_1 之间存在一定厚度的空气膜(又叫虚空气膜). 因此,迈克耳孙干涉仪所产生的干涉条纹可以视为由 M_2' 与 M_1 之间的虚空气膜产生的薄膜干涉条纹.

如果 M_1 和 M_2 严格垂直,则 M_2' 与 M_1 严格平行,M_2' 与 M_1 之间的虚空气膜相当于平行薄膜,可观察到等倾干涉条纹,如图4-33(a)所示. 如果 M_1 和 M_2 不严格垂直,则 M_2' 与 M_1 不严格平行,M_2' 与 M_1 之间的虚空气膜相当于非平行薄膜,可观察到明暗相间的、准平行的等厚干涉条纹,如图 4-33(b)所示.

授课录像:迈克耳孙干涉仪装置

(a)迈克耳孙干涉仪光路示意图

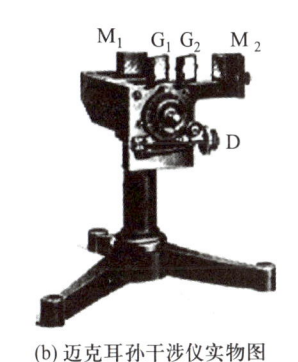

(b)迈克耳孙干涉仪实物图

图 4-32 迈克耳孙干涉仪的结构示意图

授课录像:干涉原理

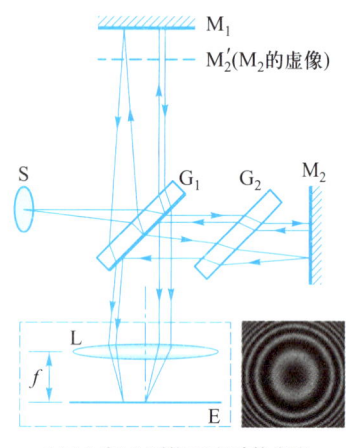

通过调节 M_1 的位置，可以改变 M_2' 与 M_1 间虚空气膜的厚度，在视场中可以观察到干涉条纹随 M_1 位置的不同而变化．如图 4-34(a)所示，M_1 和 M_2 严格垂直，使 M_2' 与 M_1 严格平行，起初 M_1 与 M_2' 较远，这时在视场中可看到的等倾圆条纹较密．将 M_1 逐渐向 M_2' 移动，可观察到圆条纹渐次向中心缩进，且圆条纹变疏，直到 M_1 与 M_2' 完全重合时（这时光程差为零），中心斑点是亮点且扩大到整个视场．若继续移动 M_1，使 M_1 逐渐远离 M_2'，可观察到圆条纹渐次从中心冒出，且圆条纹由疏变密．如图 4-34(b)所示，M_1 和 M_2 不严格垂直，使 M_2' 与 M_1 有微小的夹角，起初 M_1 与 M_2' 较远，由于光程差较大，条纹的可见度降低，看不清条纹．将 M_1 逐渐向 M_2' 移动，可观察到等厚条纹整体朝背离 M_1 与 M_2' 的交线方向（向左）平移，且等厚线的两端朝背离 M_1 与 M_2' 的交线方向弯曲．当 M_1 与 M_2' 相交时，等厚线变直了．若继续移动 M_1，使 M_1 逐渐远离 M_2'，可观察到等厚条纹整体朝 M_1 与 M_2' 的交线方向（仍向左）平移，且等厚线的两端朝背离 M_1 与 M_2' 的交线方向弯曲．

由于条纹位置的变化取决于光程差的变化，而光程差的变化又由 M_1 移动的距离决定．因此，可以根据条纹的变化找出 M_1 移动的距离与条纹移动的数目之间的关系．设入射光的波长为 λ，盯住视场中某一位置，当看到干涉条纹平移过一条时，光程差的变化为 λ，相当于 M_1 向前或向后移动 $\lambda/2$；当看到干涉条纹平移过 N 条时，光程差的变化为 $N\lambda$，相当于 M_1 向前或向后移动 d．所以 M_1 移动的距离 d 与条纹移动的数目 N 之间的关系为

$$d = N\frac{\lambda}{2} \quad (4-32)$$

式(4-32)表明，已知光波的波长可测量长度，已知长度可以测量波长．1892 年，迈克耳孙接受巴黎计量局的邀请，用他自己设计的干涉仪测出了红镉线的波长，实验说明在温度为 15 ℃、压强为 760 mmHg 的条件下，红镉线在干燥空气中的波长为 $\lambda = 643.846\ 96$ nm．于是，他提出用此波长为标准长度，来核准基准米尺，即 1 m = 1 553 164.13 λ．后来发现，在真空中，氪 86（用 ^{86}Kr 表示）发射的波长为 λ_{Kr} = 605.780 210 5 nm，是最稳定的，因此，1960 年第 11 届国际计量大会规定用 ^{86}Kr 发射的波长 λ_{Kr} 表示出标准尺"米"的长度为 1 m = 1 650 763.73 λ_{Kr}．2018 年第 26 届国际计量大会通过了米的新定义：当真空中光速 c 以单位 m·s^{-1} 表示时，将其固定数值取为 299 792 458 来定义米．

迈克耳孙干涉仪不仅可以用来观察各种干涉现象及其条纹的变动情况，还可以用来测量光谱线波长、长度和角度的微小变化以及介质的折射率等，为此，迈克耳孙荣获了 1907 年度诺贝尔物理学奖．

(a) M_1 和 M_2 严格垂直时的光路示意图及等倾干涉条纹

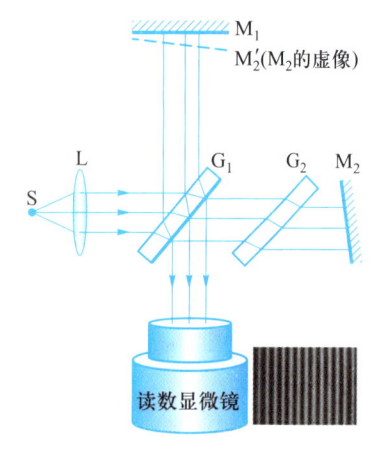

(b) M_1 和 M_2 不严格垂直时的光路示意图及等厚干涉条纹

图 4-33 迈克耳孙干涉仪的光路示意图

授课录像：应用

授课录像：干涉显微镜

(a) M_1 不同位置的等倾干涉条纹

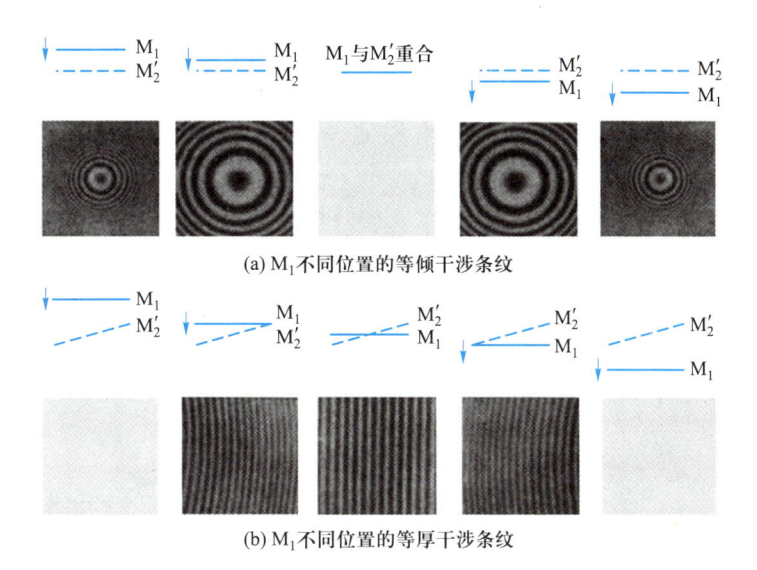

(b) M_1 不同位置的等厚干涉条纹

图 4-34 迈克耳孙干涉仪得到的典型干涉条纹

例 4-12

用波长为 $\lambda = 589.3$ nm 钠光灯作光源,在迈克耳孙干涉仪的一个臂上,放置一长度为 140 mm 的真空玻璃容器,当以某种气体充入容器时,观察干涉条纹移动了 180 条. 求该种气体的折射率.

解：设 l 为玻璃容器的长度,当待测气体充入容器时,光程差的改变量为 $2(n-1)l$. 由前面讨论可知,光程差变化为 λ 时,干涉条纹移过一条,因此有 $2(n-1)l = N\lambda$. 所以,

待测气体的折射率为

$$n = 1 + \frac{N\lambda}{2l} = 1 + \frac{180 \times 589.3 \times 10^{-9}}{2 \times 140 \times 10^{-3}} = 1.000\ 379$$

本章提要

1. 光的干涉

满足相干条件的两列或几列光波在空间相遇时相互叠加,在某些区域始终加强,而在另一些区域则始终削弱,形成稳定的强弱分布现象,称为光的干涉. 在空间中,由于光的干涉所形成的明暗条纹的分布,称为干涉图样.

2. 光源的发光机制

光源发光是原子或分子能级跃迁的产物,不同原子或分子发出的光是不相干的,同一原子或分子先后发出的光也是不相

干的.

3. 相干光和获得相干光的方法

满足频率相同、振动方向相同、相位差恒定的光,称为相干光.

获得相干光的两种方法是分波阵面法和分振幅法. 所谓分波阵面法,就是从波阵面上分离出两部分作为初相位相同的相干光源,使各子波源发出的子波在空间经不同路径相遇产生干涉. 所谓分振幅法,就是利用薄膜的两个分界面对入射光的反射和折射,使入射光分解为两束相干光,经不同的传播路径再让其相遇产生干涉.

4. 光程和光程差

光在介质中通过的几何路程 r 与介质折射率 n 的乘积 nr,称为光程.

两束光的光程之差,称为光程差,记为 δ. 当光程差满足

$$\delta = \pm k\lambda, \quad k = 0, 1, 2, \cdots$$

时,两束光互相加强,为明纹(最强);当光程差满足

$$\delta = \pm (2k+1)\frac{\lambda}{2}, \quad k = 0, 1, 2, \cdots$$

时,两束光互相减弱,为暗纹(最弱). 式中 λ 为单色光在真空中的波长.

相位差 $\Delta\varphi$ 与光程差 δ 的关系为

$$\Delta\varphi = 2\pi \frac{\delta}{\lambda} \quad (\lambda \text{ 为单色光在真空中的波长})$$

透镜不产生附加的光程差.

计算薄膜两介质面的反射光之间的光程差时,要考虑额外光程差.

光从光疏介质垂直入射(或掠入射)到光密介质而在分界面上反射时,相位突变 π,相当于增加或减少 $\lambda/2$ 的光程,称为半波损失.

5. 分波阵面法获得相干光的干涉

杨氏双缝干涉和劳埃德镜干涉都是用分波阵面法获得两束相干光的干涉.

杨氏双缝干涉实验中,干涉条纹是一组等间距的直条纹.

在观察屏 P 点处,当位置坐标

$$x = \pm k\frac{D\lambda}{d}, \quad k = 0, 1, 2, \cdots$$

时,P 点为明纹中心. 当位置坐标

$$x = \pm(2k-1)\frac{D\lambda}{2d}, \quad k = 1, 2, 3, \cdots$$

时，P 点为暗纹中心．

相邻明纹或暗纹的间距为

$$\Delta x = x_{k+1} - x_k = \frac{D}{d}\lambda$$

干涉条纹的光强分布为

$$I = 4I_0 \cos^2\left(\frac{\pi d}{\lambda D}x\right)$$

6. 干涉图样的可见度、光源的临界宽度和相干长度

（1）干涉图样的可见度

一个干涉系统产生的干涉图样的质量（即干涉图样清晰度或强弱对比度）可以用可见度（或称对比度、衬比度）γ 来定量描述，其定义为

$$\gamma = \frac{I_{\max} - I_{\min}}{I_{\max} + I_{\min}}$$

（2）光源的临界宽度为

$$b_0 = \frac{l}{d}\lambda$$

（3）相干长度等于波列长度，其表达式为

$$\delta_{\max} = L = \frac{\lambda^2}{\Delta\lambda} \quad (\Delta\lambda \text{ 为谱线宽度})$$

7. 分振幅法获得相干光的干涉

平行平面薄膜干涉、劈尖干涉、牛顿环都是用分振幅法获得两束相干光的干涉．

（1）平行平面薄膜产生的等倾干涉

薄膜的厚度均匀，以相同倾角 i 入射的光形成同一级干涉条纹，平行平面薄膜形成的干涉条纹是一组明暗相间的同心圆环．

当光程差

$$\delta = 2e\sqrt{n_2^2 - n_1^2 \sin^2 i} + \delta' = k\lambda, \quad k = 1, 2, 3, \cdots$$

时，P 点出现明纹；当光程差

$$\delta = 2e\sqrt{n_2^2 - n_1^2 \sin^2 i} + \delta' = (2k+1)\frac{\lambda}{2}, \quad k = 0, 1, 2, \cdots$$

时，P 点出现暗纹．

（2）劈尖产生的等厚干涉

薄膜厚度不均匀．薄膜厚度相等处形成同一级干涉条纹．劈尖形成的干涉条纹是一组平行于劈尖棱边的等间距的直条纹．

入射光垂直入射时，当光程差

$$\delta = 2ne + \delta' = k\lambda, \quad k = 1, 2, 3, \cdots$$

时，P 点出现明纹；当光程差

$$\delta = 2ne + \delta' = (2k+1)\frac{\lambda}{2}, \quad k = 0, 1, 2, \cdots$$

时，P 点出现暗纹．

相邻两明纹或暗纹对应的劈尖形薄膜厚度之差为

$$\Delta e = e_{k+1} - e_k = \frac{\lambda}{2n}$$

相邻两条明纹或暗纹之间的距离为

$$L = \frac{\lambda}{2n\sin\theta} \approx \frac{\lambda}{2n\theta}$$

（3）牛顿环

牛顿环也是等厚干涉条纹，它是一组明暗相间的同心圆环．明环和暗环半径分别为

$$r = \sqrt{\frac{(2k-1)R\lambda}{2}}, \quad k = 1, 2, 3, \cdots$$

$$r = \sqrt{kR\lambda}, \quad k = 0, 1, 2, \cdots$$

8. 迈克耳孙干涉仪

通过调整两反射镜之间的夹角，可以得到等倾干涉和等厚干涉图样．若将其中的一个反射镜移动 d，盯住干涉条纹视场中某一位置，例如中心处，可观察到移过该位置处的条纹数目 N 与 d 的关系为

$$d = N\frac{\lambda}{2}$$

迈克耳孙干涉仪的应用：

（1）测光谱线的波长和谱线宽度；

（2）精密测长、测微小角度、微小位移、测折射率等；

（3）标准米的长度（曾用）：已知氪 86（^{86}Kr）波长 λ_{Kr} = 605.780 210 5 nm

$$1 \text{ m} = N\frac{\lambda_{Kr}}{2} = 1\,650\,763.73\lambda_{Kr}$$

思考题

4-1　两个独立的普通光源发出频率相等、振动方向一致的光波在空间相遇叠加时为什么观察不到干涉图样？

4-2　相干光波的含义是什么？它们是否都必须是正弦形的？是否必须频率相同？在光学实验中如何产生相干光束？

4-3　试用振幅矢量图进行推理,证明为什么不可能由两列频率不等的等幅光波实现一瞬间的相消干涉.

4-4　试讨论两个相干点光源 S_1 和 S_2 在如下的观察屏上产生的干涉条纹:
(1) 观察屏的位置垂直于点光源 S_1 和 S_2 连线的中垂线;
(2) 观察屏的位置垂直于点光源 S_1 和 S_2 的连线.

4-5　单色光在折射率为 n 的介质中由 A 点传到 B 点,相位改变了 π,问光程差改变了多少? 光从 A 点传到 B 点的几何路程是多少?

4-6　在杨氏双缝干涉实验中,S_1 和 S_2 的宽度相等,若将其中一个缝遮住,观察屏中心 O 点处的光强是否变为原来的一半? 为什么?

4-7　在杨氏双缝干涉实验中,当做如下调节时,干涉条纹如何变化?
(1) 把双缝间距逐渐增大;
(2) 把狭缝 S 向上或向下移动一个微小距离;
(3) 把狭缝 S 逐渐加宽.

4-8　影响干涉图样可见度的主要因素有哪些? 它们对整个干涉图样产生怎样的影响?

4-9　白光的 $\Delta\lambda \approx 0.4\ \mu m$,白光的平均波长约为 $0.55\ \mu m$,它的相干长度是多少? 为什么可以看到厚度大于 $1\ \mu m$ 的薄膜上的干涉条纹?

4-10　为什么刚吹起的肥皂泡(很小时)看不到有什么色彩? 当把肥皂泡吹大到一定程度时,会看到有色彩,而且这些色彩随着肥皂泡的增大而变化,此现象如何解释. 当肥皂泡将要破裂时,呈现什么色彩? 为什么?

4-11　某人为了把眼镜擦干净而弄湿眼镜片,他注意到在水蒸发的过程中,在一小段时间内,眼镜片明显地变得不反光,这是为什么?

4-12　用同种单色光垂直照射形状相同的玻璃劈尖和空气劈尖,问这两个劈尖所形成的干涉条纹的宽度是否相等? 两相邻条纹处劈尖的厚度差是否相等?

4-13　隐形飞机之所以很难被敌方雷达发现,是由于飞机表面覆盖了一层介质膜从而使入射的雷达波反射极微弱. 试说明这层介质膜是怎样减弱反射波的?

4-14　如图所示是检验滚珠质量的干涉装置. 在两块平板玻璃之间放滚珠 A、B、C,其中 A 是标准珠,B、C 是待测珠,在钠黄光的垂直照射下,形成图上方所示的干涉条纹. 根据滚珠 A、B、C 所处的干涉条纹的位置能否判断它们的直径之间的差值是多少? 用什么办法可进一步判断它们之中哪个大哪个小?

思考题 4-14 图

4-15　如果已知光在空气中的速度,怎样利用牛顿环实验测出光在某种液体(例如水)中的速度?

4-16　如果牛顿环的装置由三种透明材料制成,各种材料的折射率不同,如图所示,产生的牛顿环图样形状如何? 中心点是明还是暗?

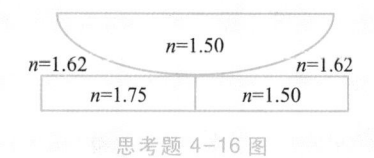

思考题 4-16 图

4-17　迈克耳孙干涉仪用白光作光源时,可以做到迈克耳孙干涉仪两臂长度精确地相等. 为什么?

4-18 在迈克耳孙干涉仪中,如果不用补偿板 G_2,当用白光照明时,会看到什么景象?若用单色光照明又会看到什么景象?

4-19 近视眼(不戴眼镜)能否看到等倾干涉条纹和等厚干涉条纹,为什么?

4-20 有高反射率和低反射率两种薄膜,在观察反射光和透射光产生的干涉条纹时,分别应用哪种薄膜更有利?为什么?

习题

4-1 在杨氏双缝干涉实验中,两缝的间距为 0.3 mm,用汞弧灯加上绿色滤光片照亮狭缝 S. 在离双缝 1.25 m 的观察屏上两条第 5 级暗纹中心之间的距离为 20.43 mm.
(1) 求入射光的波长;
(2) 相邻两条明纹之间的距离是多少?

4-2 在杨氏双缝干涉实验中,光源波长为 640 nm,两缝间距为 0.4 mm,观察屏离狭缝距离为 50 cm.
(1) 求观察屏上第 1 级明纹和中央明纹之间的距离;
(2) 若 P 点离中央明纹为 0.1 mm,两束光在 P 点的相位差是多少?
(3) 求 P 点的光强和中央点的强度之比.

4-3 在杨氏双缝干涉实验中,用一薄云母片盖住其中一条缝,发现第 7 级明纹恰好位于原来中央明纹处.若入射光波长为 550 nm,云母的折射率为 1.58,求云母片的厚度;如果在云母片的一个表面上均匀镀上一层折射率为 2.35 的某种透明薄膜,随着薄膜厚度增加,原来中央明纹处逐渐变为暗纹,求薄膜的厚度.

4-4 在杨氏双缝干涉实验中,通过空气后,在屏幕上 P 点处为第 3 级明纹;若将整个装置放于某种透明液体中,P 点为第 4 级明纹,求液体的折射率.

4-5 用单色线光源 S 照射双缝,在观察屏上形成干涉图样,零级明纹位于 O 点,如习题4-5图所示.如将线光源 S 移至 S' 位置,零级明纹将发生移动.欲使零级明纹移回 O 点,必须在哪个缝处覆盖一薄云母片才有可能?若用波长为 589 nm 的单色光,欲使移动了 4 个明纹间距的零级明纹移回到 O 点,云母片的厚度应为多少?云母片的折射率为 1.58.

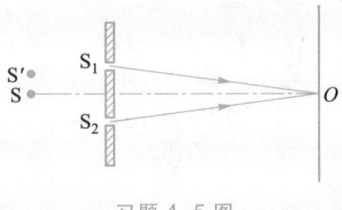

习题 4-5 图

4-6 劳埃德镜干涉装置如习题4-6图所示,光源波长为 720 nm,试求劳埃德镜的右边缘到第 1 级明纹的距离.

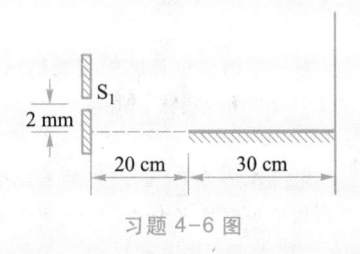

习题 4-6 图

4-7 波长为 λ 的两个相干的单色平行光束 1、2,分别以如习题4-7图所示的入射角 θ、φ 入射在屏幕面 MN 上,求屏幕上干涉条纹的间距?

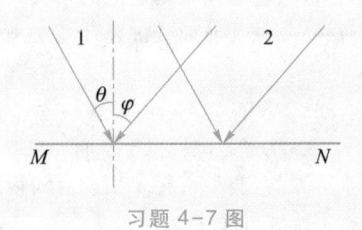

习题 4-7 图

*4-8 将一块凸透镜一分为二,如习题4-8图放置,主光轴上物点S通过它们分别可成两个实像S_1、S_2,实像的位置如图所示.

（1）在图面上画出可产生光的相干叠加区域；

（2）图面相干区域中相干叠加所成亮线是什么形状？

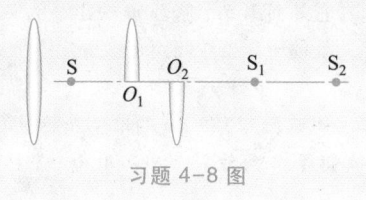

习题4-8图

4-9 在杨氏双缝干涉实验中,双缝的间距为1 mm,光源至双缝的距离为2 m,双缝至观察屏的距离为3 m.

（1）若入射单色光的波长为589.3 nm,为了得到可见的干涉条纹,线光源的宽度不能大于多少？

（2）若光源发光时间为1.5×10^{-12} s,观察屏上多大范围内可观察到干涉条纹？

4-10 若用太阳光照射杨氏双缝干涉装置,为不使条纹模糊不清,两缝间距的最大值是多少？已知太阳光的发散角为1′,平均波长为500 nm.

4-11 借助于滤光片从白光中取得蓝绿色光作为杨氏双缝干涉的光源,其波长范围$\Delta\lambda=100$ nm,平均波长为$\lambda=490$ nm.求干涉条纹大约从第几级开始变得模糊不清？

4-12 一平面单色光波垂直照射在厚度均匀的薄油膜上,油膜覆盖在玻璃板上,所用单色光的波长可以连续变化,观察到500 nm和700 nm这两个波长的光在反射中消失.已知油膜的折射率为1.30,玻璃的折射率为1.50,求油膜的厚度.

4-13 折射率为n_1的玻璃上覆盖着一层厚度均匀的介质膜,其折射率$n_2>n_1$,用波长λ_1和λ_2的光分别垂直入射到介质膜上,反射光中分别出现干涉极小和干涉极大,且在$\lambda_1\sim\lambda_2$之间没有其他干涉极小和极大,求介质膜的厚度.

4-14 如习题4-14图所示,G_1和G_2是两个块规(块规是两个端面经过磨平抛光,达到相互平行的钢质长方体),G_1的长度是标准的,G_2是同规格待校准的复制品(两者长度在图中是夸大的).G_1和G_2放置在平台上,用一块样板玻璃T压住.

（1）设垂直入射光的波长$\lambda=589.3$ nm,G_1与G_2相隔$d=5$ cm,T与G_1以及T与G_2间的干涉条纹的间距是0.5 mm.求G_1与G_2的长度差.

（2）如何判断G_1与G_2哪一个块规长一些？

（3）如果T与G_1间的干涉条纹的间距是0.5 mm,而T与G_2间的干涉条纹的间距是0.3 mm,则说明了什么问题？

习题4-14图

4-15 一实验装置如习题4-15图所示,一块平板玻璃上放一油滴.当油滴展开成油膜时,在波长$\lambda=600$ nm的单色光垂直照射下,在垂直方向上观察油膜所形成的反射光干涉条纹(用读数显微镜观察).已知玻璃的折射率$n_1=1.50$,油膜的折射率$n_2=1.20$.

（1）当油膜中心最高点与玻璃的上表面相距$h=1200$ nm时,描述所看到的条纹情况.可以看到几条明纹？明纹所在处的油膜厚度是多少？中心点的明暗如何？

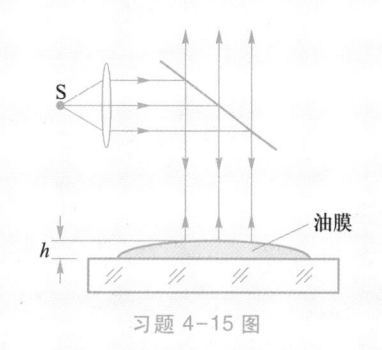

习题4-15图

(2) 当油膜继续扩展时,所看到的条纹情况将如何变化？中心点的情况如何变化？

4-16 波长为 680 nm 的平行光垂直照射到 12 cm 长的两块玻璃片上,两玻璃片一边相互接触,另一边被厚度 0.048 mm 的纸片隔开,求在这 12 cm 内呈现多少条明纹？

4-17 用波长 $\lambda = 600$ nm 的单色光垂直照射由两块平板玻璃构成的空气劈尖,劈尖角 $\theta = 2\times 10^{-4}$ rad. 改变劈尖角,相邻两明纹间距缩小了 $\Delta l = 1.0$ mm,求劈尖角的改变量 $\Delta\theta$.

4-18 用波长为 λ 的平行单色光垂直照射如习题 4-18 图所示的装置,观察柱面凹透镜和平板玻璃构成的空气薄膜上的反射光干涉条纹. 假设空气薄膜最大厚度为 $7\lambda/4$. 试画出相应干涉条纹的形状、数目和疏密分布.

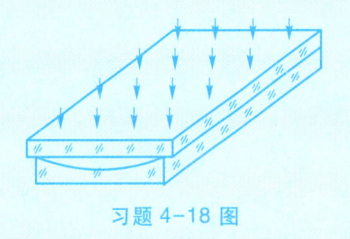

习题 4-18 图

4-19 在牛顿环实验中,测得第 k 级明环的半径为 2.10 mm,第 $k+10$ 级明环半径为 4.70 mm,已知平凸透镜的曲率半径为 3.00 m,求入射单色光的波长.

4-20 以波长 $\lambda = 600$ nm 的单色平行光束垂直入射到牛顿环装置上,观测到某一暗环 n 的半径为 1.56 mm,在它外面第 5 个暗环 m 的半径为 2.34 mm. 求在暗环 m 处的干涉条纹间距是多少？

4-21 用波长为 589 nm 的单色光照射迈克耳孙干涉仪,欲使干涉条纹移动 1 000 条,怎样做才能实现？

*4-22 钠光灯中含有 589.0 nm 和 589.6 nm 两条强度相近的谱线,以钠光灯照射迈克耳孙干涉仪,调节 M_1 时,条纹为什么会出现清晰→模糊→清晰的周期性变化？一个周期中,一共移动多少条？M_1 移动了多少距离？

第5章 光 的 衍 射

1814 年,法国物理学家菲涅耳(A. J. Fresnel,1788—1827)注意到,光在传播的过程中如果遇到障碍物,并且障碍物的线度和光的波长可以相比拟时,光会偏离原来直线传播的路径,在障碍物后本该出现阴影的地方出现亮条纹,而在本该亮的地方出现暗条纹.光在传播过程中绕过障碍物边缘,偏离直线传播而进入几何阴影区,并出现光强不均匀分布的现象称为光的衍射.越过障碍物的波面的各个区段因干涉而引起的特定光强分布称为衍射图样.光的衍射现象再一次证明光是一种波动.

本章的主要内容是,介绍惠更斯-菲涅耳原理和菲涅耳半波带法;利用惠更斯-菲涅耳原理和菲涅耳半波带法讨论夫琅禾费衍射图样的分布特点;分析衍射对光学仪器分辨本领的影响;讨论光栅衍射和 X 射线衍射规律,它们是光谱分析的基础.

5.1 光的衍射现象 惠更斯-菲涅耳原理
5.2 夫琅禾费单缝衍射
5.3 夫琅禾费圆孔衍射 光学仪器的分辨本领
5.4 光栅衍射
*5.5 晶体对 X 射线的衍射
本章提要
思考题
习题

光的衍射

5.1 光的衍射现象 惠更斯-菲涅耳原理

5.1.1 光的衍射现象

生活中很容易感觉到声波的衍射,所谓"隔墙有耳"就是对声波衍射的描述.可见光波的波长范围为 390~760 nm,一般的障碍物或孔隙线度都远大于光波的波长,因而光的衍射现象不易为人们察觉,通常都显示出光的直线传播现象.但是,当光波遇到与波长可以相比拟的障碍物或孔隙时,光的衍射现象相对显著.如图 5-1(a)所示,平行光入射到单狭缝上,紧贴着单狭缝后放一透镜,当单狭缝很窄(其线度与光的波长可以相比拟)时,在透镜的焦平面上(放置一观察屏)可得到明暗相间的直条纹.若把单狭缝换成小圆孔(其线度与光的波长可以相比拟)时,在透镜

授课录像:光的衍射现象

第 5 章 光的衍射

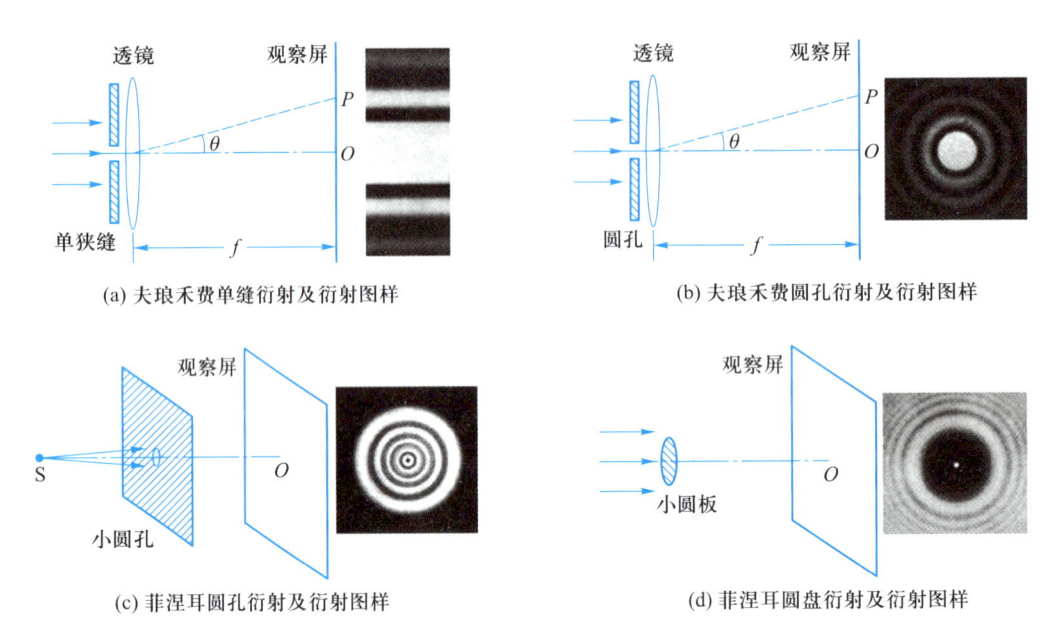

(a) 夫琅禾费单缝衍射及衍射图样

(b) 夫琅禾费圆孔衍射及衍射图样

(c) 菲涅耳圆孔衍射及衍射图样

(d) 菲涅耳圆盘衍射及衍射图样

图 5-1 光的衍射示意图(每个图的右边为相应的衍射图样照片)

的焦平面上(放置一观察屏)可得到中央为亮斑而周边为亮环的光强分布,如图 5-1(b)所示. 若去掉透镜,采用点光源 S 照射圆孔,并且逐渐改变圆孔的大小,就会发现,当圆孔的线度远大于光的波长时,在观察屏上看到一个均匀照明的光斑,光斑的大小就是圆孔的几何投影. 随着圆孔逐渐变小,可以观察到,起初光斑相应地变小,而后光斑开始模糊,当圆孔的线度与光的波长可以相比拟时,在光斑周边出现同心圆环,且中心点出现明暗交替变化,如图 5-1(c)所示. 若平行光照射在圆板上,当圆板的线度远大于光的波长时,在观察屏上就会看到圆板的几何投影. 随着圆板逐渐变小,可以观察到,起初圆板的几何投影相应地变小,而后当圆板的线度与光的波长可以相比拟时,在圆板的几何投影周边出现同心圆环,且中心点出现亮点(后人称其为泊松亮点),如图 5-1(d)所示.

综合以上实验可以发现衍射具有以下两个特点:(1)光波在哪个方向受到限制,衍射图样就会在这个方向扩展;(2)障碍物的线度越小所产生的衍射效果越明显. 光的衍射现象充分说明了光的波动性,只有用波动理论才能解释上述两个特点.

5.1.2 惠更斯-菲涅耳原理

解释光的衍射现象的第一步是,解决波的传播问题. 1690

年,荷兰物理学家惠更斯(C. Huygens,1629—1695)提出了一条描述波传播特性的子波理论:在波的传播过程中,波阵面上的每一点都可视为发射球面子波的波源,在其后的任一时刻,这些子波的包络就成为新的波阵面,称为**惠更斯原理**.惠更斯原理对任何波动过程都是适用的.利用惠更斯原理能够圆满地解释光的直线传播、反射、折射以及定性说明光的衍射现象.但是,惠更斯原理忽略了各个球面子波的大部分而只保留了包络所共有的部分对新波阵面的影响.由于这种不完善性,惠更斯原理存在两个缺点:一是不能定量地解释衍射图样中光强的分布;另一是存在倒退波,而实际上并不存在倒退波.

最早成功地用波动理论解释光的衍射现象的是菲涅耳,他把惠更斯原理用干涉理论加以补充.菲涅耳针对上述两个缺点,提出了两条补充假设,从而发展了惠更斯原理.

在惠更斯原理的子波理论基础上,菲涅耳假设:(1)从同一波阵面上各点发出的子波,传播到空间中某点相遇时,也可以相互叠加而发生干涉现象;(2)引入倾斜因子$K(\theta)$,其中θ是波面上某点的法线方向(图中e_n为法线方向)与该点到所考察点的连线之间的夹角,称为衍射角,见图5-2.当$\theta \geq \pi/2$时,$K(\theta)=0$,表示子波不能向后传播.这样,用干涉理论补充的惠更斯原理可以表述为:在给定时刻,波阵面上的每一未被阻挡的点都可视为发射球面子波的波源,障碍物外任一点上的光振幅是所有这些球面子波的叠加,称为**惠更斯-菲涅耳原理**.

根据惠更斯-菲涅耳原理,如果已知光波在某一时刻的波阵面S,就可以计算波阵面S前的任一给定点P处光振动的振幅.

如图5-2所示,首先,将波阵面S分成许多面积元,每个面积元都是子波波源,它们发出的子波传播到P点后各自引起一个光振动.其次,求出面积元dS发出的子波(衍射光)传播到P点时所引起的光振动的振幅.该振幅与dS成正比,与距离r成反比,还与r和dS的法线方向之间的夹角θ(即衍射角)有关[即与倾斜因子$K(\theta)$有关].菲涅耳把上述思想用数学公式表述为

$$dE = C\frac{K(\theta)dS}{r}\cos\left(\omega t - \frac{2\pi}{\lambda}r\right)$$

式中dE为dS发出的子波传播到P点时引起的光振动;$K(\theta)$为随着衍射角θ增大而缓慢减小的函数,称为倾斜因子(也叫方向因子),菲涅耳认为,当$\theta=0$时,$K(\theta)=1$,而当$\theta \geq \pi/2$时,$K(\theta)=0$;C为比例系数,其中包括衍射光在dS处的振幅.

最后,波阵面S上发出的所有子波传播到P点后引起的合振动为

惠更斯原理

文档:菲涅耳

惠更斯-菲涅耳原理

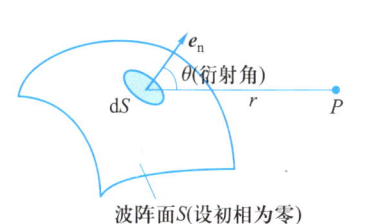

图5-2 计算衍射光的振幅

$$E = \int_S dE = \int_S C \frac{K(\theta)\,dS}{r} \cos\left(\omega t - \frac{2\pi}{\lambda}r\right) \qquad (5-1)$$

式(5-1)称为**菲涅耳积分公式**. 一般来说,利用菲涅耳积分公式可以计算任意开孔或屏障的衍射问题.

5.1.3 菲涅耳衍射和夫琅禾费衍射

观察光的衍射现象的实验装置通常由光源、衍射物(如开孔或屏障)和观察屏三部分组成. 按光源、衍射物(如开孔或屏障)和观察屏(又叫衍射场)三者之间距离的大小,光的衍射通常分为两类:一类称**菲涅耳衍射**,这是光源和观察屏或二者之一到衍射物的距离都为有限值的情况,因此也称近场衍射. 图 5-1(c)、(d)所示的衍射属于菲涅耳衍射. 另一类称**夫琅禾费**(J. Fraunhofer,1787—1826)**衍射**,这是光源和观察屏到衍射物的距离都为无穷远的情况,此时照射到衍射物上的入射光和离开衍射物的衍射光都是平行光. 图 5-1(a)、(b)所示的衍射属于夫琅禾费衍射. 在夫琅禾费衍射中,由于利用了透镜,对衍射物(如单缝或圆孔)来说,相当于把观察屏推到了无穷远处,因此也叫远场衍射. 可以看出,菲涅耳衍射是普遍的,夫琅禾费衍射是它的一个特例. 不过由于夫琅禾费衍射讨论的是平行衍射光之间的叠加问题,所以,在应用菲涅耳积分公式分析夫琅禾费衍射效果时,比讨论菲涅耳衍射简单且更有实用价值. 限于篇幅及教学大纲要求,本书只讨论夫琅禾费衍射.

5.2 夫琅禾费单缝衍射

夫琅禾费衍射是最常见的衍射现象. 其特点是光源和衍射场到衍射物的距离都为无穷远. 因此,夫琅禾费衍射又可以视为平行光线在无限远处相干叠加的衍射现象. 在观察夫琅禾费衍射时,把光源放在衍射物前的第一个透镜 L′ 的焦平面上,得到平行光束,相当于光源来自无穷远处. 在衍射物后面放入第二个透镜 L,这样在焦平面上就可观察到平行光线在无限远处相干叠加的衍射图样. 本节介绍夫琅禾费单缝衍射.

5.2.1 夫琅禾费单缝衍射的实验装置

由于使用的光源不同,夫琅禾费单缝衍射可分为点光源的夫琅禾费单缝衍射和线光源的夫琅禾费单缝衍射. 图 5-3(a)为点光源的夫琅禾费单缝衍射的实验装置示意图. 点光源 S 发出的光通过透镜 L′后变为垂直于单缝 AB 入射的平行光,照射到缝宽为 a 的单缝 AB 上,由惠更斯-菲涅耳原理,AB 缝上每一点都是子波波源,每个子波波源都发出球面子波,这些球面子波的波线称为衍射光线. 对于夫琅禾费衍射,考察的是平行衍射光线在无穷远处相遇产生的相干叠加. 为此,在紧贴着单缝 AB 后面,放置一透镜 L. 从而使得这些平行衍射光线经透镜 L 会聚在位于焦平面处的观察屏 E 上,产生相干叠加,形成衍射图样,称为夫琅禾费单缝衍射图样. 图 5-3(b)给出了点光源的夫琅禾费单缝衍射光路图以及衍射图样的照片. 可见,单缝衍射图样是一组沿一维方向(x 方向)展开的明暗相间的条纹. 中央是一条最亮的明纹,称为中央明纹. 中央明纹两边对称地排列着强度由里向外逐渐变弱的明纹,并且明纹宽度(沿 x 方向的宽度)为中央明纹宽度的一半. 下面用菲涅耳半波带说明夫琅禾费单缝衍射条纹是怎样形成的.

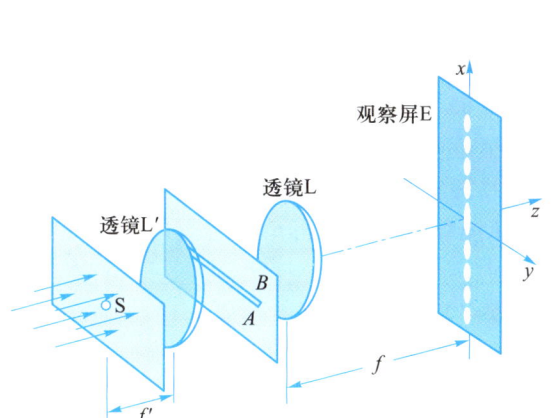

授课录像:夫琅禾费单缝衍射实验装置

(a) 夫琅禾费单缝衍射的实验装置示意图

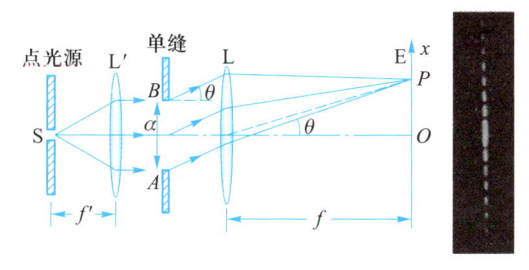

(b) 夫琅禾费单缝衍射的光路图及衍射图样

图 5-3　点光源的夫琅禾费单缝衍射的实验示意图

5.2.2 用菲涅耳半波带分析夫琅禾费单缝衍射图样

授课录像：菲涅耳半波带

授课录像：原理

授课录像：讨论

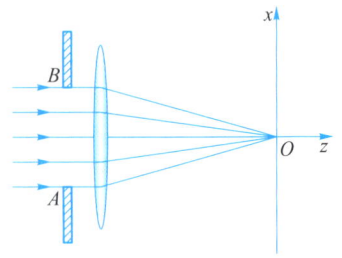

(a) 与入射方向衍射角为0的所有衍射光线会聚到O点

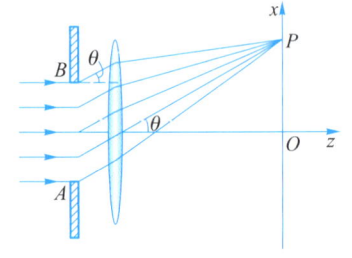

(b) 与入射方向衍射角为θ的所有衍射光线会聚到P点

图 5-4　平行衍射光经透镜在焦平面上相遇产生相干叠加

在透镜L'焦点处的点光源发出的光，通过透镜L'变成垂直入射到单缝上的平行光．图 5-4 中，AB 为单缝的截面，其宽度为a，垂直入射的单色平行光的波长为λ．首先，考察单缝AB后面沿入射方向传播的平行衍射光线，如图 5-4(a)所示，这些衍射光线经透镜会聚在观察屏上O点处．由于AB面上所有子波的相位都相等，而透镜又不引起附加的光程差，所以这些衍射光线会聚到O点时，相位仍然相同，因此它们互相加强，在正对单缝中心的O点处形成亮点，即中央明纹．其次，考察与入射方向成衍射角为θ(衍射光线与单缝所截取的波面法线间的夹角)的衍射光线，如图 5-4(b)所示，这些衍射光线经透镜会聚在观察屏上P点处．由于AB面上所有子波发出的平行衍射光线到达P点的光程不相等，所以它们之间有相位差．这时P点处的明暗情况如何？下面就用菲涅耳半波带分析单缝后面空间任一点P处光的衍射效果，即衍射光的明暗纹分布．

所谓菲涅耳半波带是把缝宽为a的单缝处的波面分割成等宽的平行窄带，使分得的相邻两条窄带上的对应点发出的沿衍射角为θ方向的衍射光到达空间所考察点(如P点)的光程差为$\lambda/2$，则这两条窄带所对应的衍射光经透镜会聚后在屏幕上相遇，相位差为π，彼此完全抵消．这样分割成的窄带称为半波带或波带．下面就用菲涅耳半波带分析单缝后空间任一点P处的衍射效果．

根据惠更斯-菲涅耳原理，观察屏上任一点P的光振动是单缝AB所截取的波面上所有子波波源发出的平行衍射光传到P点的振动相干叠加的结果．为了分析P点处光的衍射效果，从单缝的上边缘B点作单缝的下边缘A点发出的衍射光的垂线，垂足为C．再用$\lambda/2$分割AC，得到一系列割点，过割点作AC的垂面，这些垂面就把单缝所截取的宽度为a的入射光波面分割成一系列条形半波带，如图 5-5 所示(图中为清楚起见，将垂直于图面的条形半波带画在了图面上)．相邻两条半波带上的对应点(如最上点或最下点)发出的平行衍射光经过透镜会聚在P点的光程差为$\lambda/2$，相位差为π，它们在P点相干相消．由此可知，两相邻条形半波带上发出的平行衍射光在P点完全相互抵消．

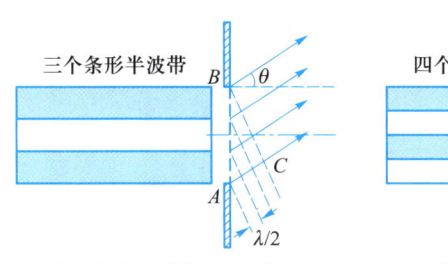

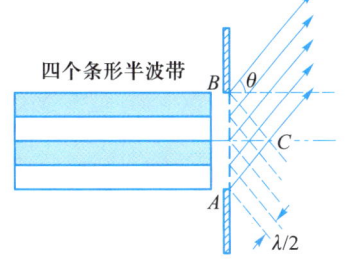

(a) 单缝处波面可分成三个半波带　　(b) 单缝处波面可分成四个半波带

图 5-5　半波带的分割方法

对于不同的衍射角 θ，单缝所截取的宽度为 a 的入射光波面被分割出的半波带数目也不同．由图 5-5 可见，半波带的数目取决于单缝两边缘处发出的衍射角为 θ 的衍射光线之间的光程差 $AC=a\sin\theta$．如果 AC 恰好等于偶数个半波长，即单缝处的波面可分割成偶数个半波带，如图 5-5(b) 所示，由于相邻两个半波带发出的衍射光在 P 点成对抵消，故 P 点出现暗纹；如果 AC 恰好等于奇数个半波长，即单缝处的波面可分割成奇数个半波带，如图 5-5(a) 所示，在 P 点处，除成对抵消的半波带以外，还将剩下一个半波带发出的衍射光不能被抵消，故 P 点出现明纹．

综上所述，可用数学公式表示如下：当衍射角 θ 满足

$$a\cdot\sin\theta=\pm 2k\frac{\lambda}{2}, \quad k=1,2,3,\cdots \quad (5-2)$$

时，P 点出现暗纹中心．当衍射角 θ 满足

$$a\cdot\sin\theta=\pm(2k+1)\frac{\lambda}{2}, \quad k=1,2,3,\cdots \quad (5-3)$$

时，P 点出现明纹中心．当衍射角 θ 满足

$$\theta=0$$

时，P 点为中央明纹中心．实际上，在两个第一级（$k=\pm 1$）暗纹之间的区域内，即衍射角 θ 满足 $-\lambda<a\sin\theta<\lambda$ 的范围对应的为中央明纹的区域．

接下来分析线光源产生的夫琅禾费单缝衍射图样．图 5-6(a) 为线光源的夫琅禾费单缝衍射实验装置示意图．由于线光源可视为许多不相干的点光源的集合，所以，可以设想在图 5-3 所示的衍射装置中的点光源沿单缝方向（图 5-3 中 y 轴正方向）移动，则观察屏 E 上的衍射图样将沿相反的方向（图 5-3 中 y 轴负方向）平移．把所有这些点光源在各个位置上产生的衍射图样不相干地叠加在一起，就可得到如图 5-6 所示的平行的衍射直条纹图样．

单缝衍射的基本公式

图 5-6 线光源的夫琅禾费单缝衍射的实验示意图

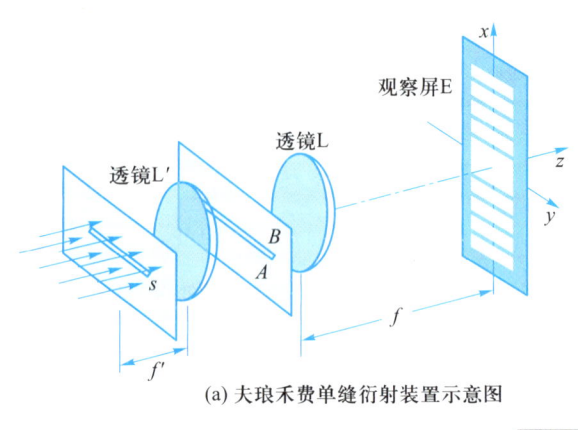

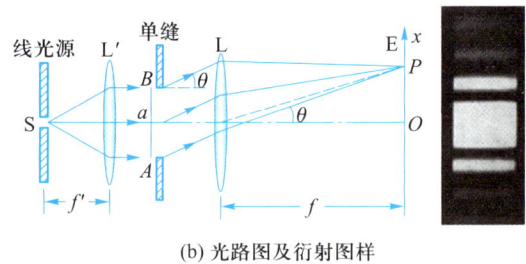

(a) 夫琅禾费单缝衍射装置示意图

(b) 光路图及衍射图样

值得注意的是,在处理衍射明纹和暗纹的位置时,菲涅耳半波带法与菲涅耳积分公式[式(5-1)]定量计算的结果吻合得很好.遗憾的是菲涅耳半波带法不能定量地得出衍射光强的分布,但是,菲涅耳半波带具有明确的物理思想、清晰的物理图像且直观简单,因此,在研究光的衍射条纹分布时,人们倾向于使用菲涅耳半波带法.

5.2.3 单缝衍射图样的特点

利用惠更斯-菲涅耳原理和菲涅耳半波带法,得出的式(5-2)和式(5-3)是单缝衍射的基本公式,由以上两式出发可得到单缝衍射图样的特点.

首先,考察衍射条纹的分布特点.由式(5-2)和式(5-3)可知,中央明纹的两侧是两条第一级暗纹,第一级暗纹的外侧是第一级明纹,第一级明纹的外侧是第二级暗纹……明、暗纹相间排列,条纹级次越高,离中央明纹越远.

其次,考察衍射条纹宽度.由图 5-7 可知,P 点到中央明纹中心的距离为

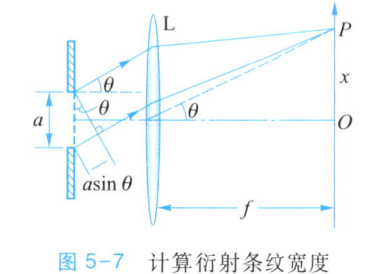

$$x = f \cdot \tan \theta$$

图 5-7 计算衍射条纹宽度

式中 f 为透镜的焦距. 当 θ 很小时, $\tan\theta \approx \sin\theta$, 因此有
$$x = f \cdot \sin\theta$$

设 P 点为第 k 级暗纹, 利用上式和式(5-2), 可得第 k 级暗纹的坐标 x 为

$$x = k\frac{f\lambda}{a} \tag{5-4}$$

因此, 衍射明纹的宽度为

$$\Delta x = x_{k+1} - x_k = \frac{f\lambda}{a} \tag{5-5}$$

式(5-5)表明 Δx 与 k 无关, 单缝衍射明纹是等宽的.

中央明纹的宽度等于两个第一级暗纹之间的距离. 令式(5-4)中的 k 分别为 "+1" 和 "-1", 得到两个第一级暗纹的坐标为

$$x_{+1} = \frac{f\lambda}{a}, \quad x_{-1} = -\frac{f\lambda}{a}$$

因此中央明纹的宽度 Δx_0 为

$$\Delta x_0 = x_{+1} - x_{-1} = \frac{2f\lambda}{a} \tag{5-6}$$

将式(5-6)与式(5-5)比较, 可知中央明纹的宽度是其他明纹的宽度的 2 倍. 这一点与实验结果相符合.

最后, 考察各级明纹中心光强的对比. 中央明纹中心是单缝处整个波面发出的沿入射方向的衍射光相干加强而形成的, 因此, 亮度最大. 其他明纹中心, 可以视为由奇数个半波带中, 剩下的一个半波带发出的衍射光相干加强而形成的. 对于第 k 级明纹, 单缝处的波面可分成 $2k+1$ 个半波带, 随着 k 的增大, 半波带的数目也随之增多, 从而导致对 P 点光强有贡献的、未被抵消的半波带面积越来越小. 因此, 各级明纹中心的光强从内向外随级次 k 的增大而下降. 第一级次极大光强还不到中央明纹光强的 5%. 基于以上三点的讨论, 单缝衍射条纹的光强分布如图 5-8 所示.

从式(5-3)可推出各级明纹中心到中央明纹中心的距离为

$$x = (2k+1)\frac{f\lambda}{2a} \tag{5-7}$$

由此可见, 明纹中心的位置与波长 λ 有关. 对同一级而言, λ 越大, 明纹中心距中央明纹中心越远, 而且明纹的宽度也越大. 因此, 若用白光照射单缝, 不同波长的光产生的同一级明纹将彼此错开. 在单缝衍射图样中, 中央明纹中心仍然是白色的, 但其边缘上则出现彩色, 其他各级明纹形成彩色条纹, 彩色条纹的

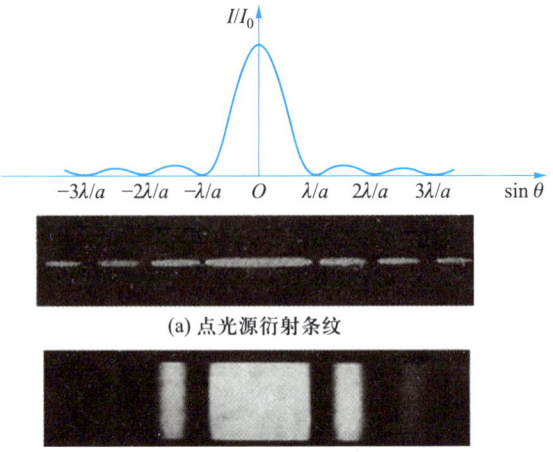

图 5-8 单缝衍射条纹的光强分布及衍射条纹照片

(a) 点光源衍射条纹

(b) 线光源衍射条纹

颜色从里向外按由紫到红的顺序排列．对较高级次的衍射，可能会出现不同级次的条纹重叠现象．

值得注意的是，式(5-6)表明：当 $a \gg \lambda$ 时，各级衍射条纹向中央靠拢，以致密集得无法分辨，只显出单一的明纹．实际上，这单一的明纹就是点光源或线光源 S 通过单缝（相当于光学仪器中的光阑）后按照光的直线传播原理经透镜在焦平面上呈现的几何光学的像．由此可见，几何光学是波动光学在 $\lambda/a \to 0$ 时的极限情形．对于光学仪器（通常由光阑和透镜组成）来说，所成的像通常是一个衍射图样，只有衍射可忽略时，才能形成物的几何光学像．

例 5-1

夫琅禾费单缝衍射中，已知：$a = 0.5$ mm，$f = 50$ cm 白光垂直照射，观察屏上 $x = 1.5$ mm 处为明纹．求：

(1) 该明纹的波长和对应的衍射级数．
(2) 该明纹对应的半波带数目．

解：(1) 由式(5-3)和明纹的位置坐标 x 与衍射角 θ 的关系 $x = f\tan\theta \approx f\sin\theta$，可得观察屏上 $x = 1.5$ mm 处所对应的波长和衍射级数的关系为

$$\lambda = \frac{2ax}{(2k+1)f} = \frac{2 \times 0.5 \times 1.5}{(2k+1) \times 500} \times 10^6 \text{ nm}$$

$$= \frac{3 \times 10^3}{2k+1} \text{ nm}$$

$k = 2$ 时，对应的波长为 $\lambda = 600$ nm；$k = 3$ 时，对应的波长为 $\lambda = 428.6$ nm；其余 k 值对应的波长均不在可见光范围内，故舍去．

(2) 对波长为 600 nm 的光波而言，单缝处的波阵面可分成 $2k+1 = 2 \times 2 + 1 = 5$ 个半波带；对波长为 428.6 nm 的光波而言，单缝处的波阵面可分成 $2k+1 = 7$ 个半波带．

例 5-2

一束波长为 λ 的单色平行光,以入射角 φ 斜入射到缝宽为 a 的单缝上,如图 5-9 所示. 求屏上暗纹的最高级次.

解: BC 与入射光垂直,且 BC 上各点相位相同. BD 与衍射光垂直,且 BD 上各点到 P 点不产生光程差. 来自 A、B 的衍射光到达 P 点处的光程差取决于光波从 BC 到 BD,即 $\delta = CA + AD$. 由半波带法可知,当

$$\delta = CA + AD = 2k\frac{\lambda}{2}$$

P 点处为暗纹.

由图 5-9 几何关系可得 $CA = a\sin\varphi$, $AD = a\sin\theta$,因此,暗纹条件为

$$\delta = a\cdot\sin\varphi + a\cdot\sin\theta = k\lambda, \quad k = \pm 1, \pm 2, \pm 3, \cdots$$

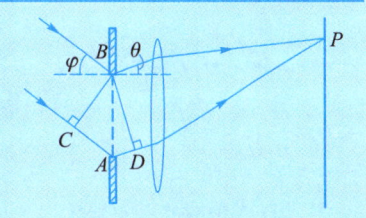

图 5-9 平行光斜入射到单缝上的衍射

当 $\theta = 90°$ 时,衍射条纹的级次最高,所以,最高暗纹的级次为

$$k = \left[\frac{a(1+\sin\varphi)}{\lambda}\right]$$

上式方括号表示取整数部分.

5.3 夫琅禾费圆孔衍射 光学仪器的分辨本领

在光学仪器中,通常使用透镜. 过去处理透镜问题是以几何光学为基础的. 按照光的直线传播,不论两个物点多么靠近,通过透镜总能得到两个分得开、清晰可辨的像点. 但是,通过前几节的分析可知,几何光学是波动光学的一个近似. 按照波动光学,衍射现象是不可避免的. 因此,一个物点通过透镜所成的像不是一个几何点,而是一个衍射图样. 如果两个物点靠得太近,它们相应的衍射图样就会发生重叠而不能分辨. 由此可见,衍射现象限制了光学仪器的分辨本领. 本节主要讨论的就是这个问题. 众所周知,在光学仪器中所使用的孔径光阑和透镜都是圆形的,而且大多数是通过平行光或近似的平行光成像的. 因此,光通过孔径光阑和透镜的衍射相当于光通过夫琅禾费圆孔衍射. 下面首先介绍夫琅禾费圆孔衍射,然后再分析光学仪器的分辨本领.

授课录像:夫琅禾费圆孔衍射装置

授课录像:夫琅禾费圆孔衍射原理

5.3.1 夫琅禾费圆孔衍射

在点光源的夫琅禾费单缝衍射实验中,用小圆孔代替单狭缝,就可以得到夫琅禾费圆孔衍射的实验装置. 如图 5-10(a) 所示.

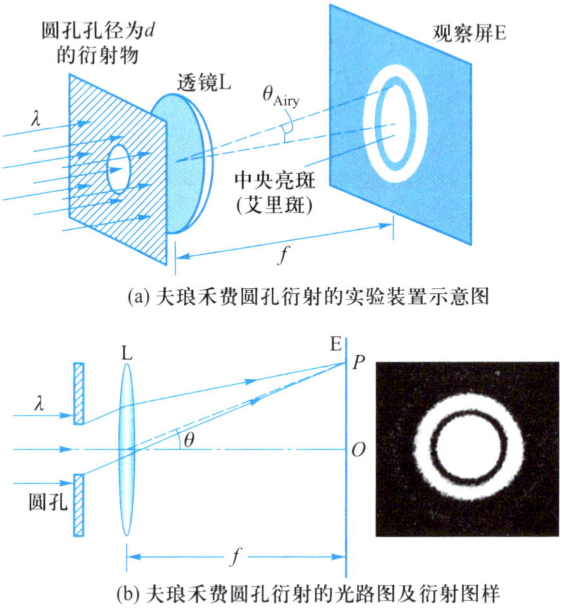

图 5-10 夫琅禾费圆孔衍射的实验示意图

(a) 夫琅禾费圆孔衍射的实验装置示意图

(b) 夫琅禾费圆孔衍射的光路图及衍射图样

当单色平行光垂直照射到圆孔上时,衍射光经过透镜,在位于透镜的焦平面处的观察屏 E 上形成衍射图样. 衍射图样的中央是一个较亮的圆斑(其强度大约为入射光强度的 84%),称为艾里(S. G. Airy,1801—1892)斑,艾里斑的外围是一组同心的明暗相间的圆环,如图 5-10(b) 所示.

由菲涅耳积分公式[式(5-1)],可计算出观察屏上的光强分布和各级明、暗纹的位置. 有关计算较复杂,这里只给出最后的结论. 光强分布曲线如图 5-11 所示. 理论计算可得,第一级暗环的衍射角 θ_1 满足下式

$$\sin \theta_1 = \frac{0.61\lambda}{r} = \frac{1.22\lambda}{d}$$

式中 r 和 d 分别是圆孔的半径和直径.

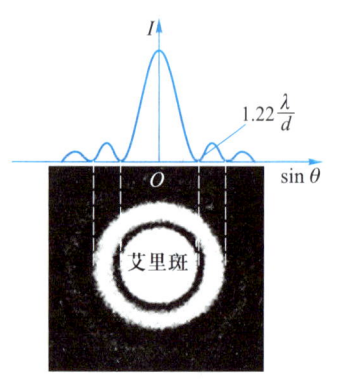

在光学中,衍射条纹对透镜光心所张的角称为角宽度. 艾里斑的半径对透镜光心所张的角为半角宽度 θ_{Airy}(又叫角半径),从图 5-11 可见,半角宽度 θ_{Airy} 就是第一级暗环的衍射角 θ_1. 当 θ_1 很小时,艾里斑的角半径为

图 5-11 艾里斑半径的计算

$$\theta_{\text{Airy}} = \theta_1 \approx \sin\theta_1 = \frac{0.61\lambda}{r} = \frac{1.22\lambda}{d} \qquad (5-8)$$

设透镜的焦距为 f，由于 θ_1 很小，故 $\tan\theta_1 \approx \sin\theta_1 \approx \theta_1$，则艾里斑的半径 R_{Airy} 为

$$R_{\text{Airy}} = f \cdot \tan\theta_1 = \frac{1.22\lambda f}{d} \qquad (5-9)$$

由式(5-9)可知，λ 越大或 d 越小，衍射现象越显著，而当 $\lambda \ll d$ 时，衍射现象可忽略.

5.3.2 光学仪器的分辨本领

分辨本领是指光学仪器分辨微小细节的能力．当用光学仪器观察由许多物点组成的物面时，从几何光学的观点出发，一个理想的光学仪器使物点成点像，因而物面上无论多么微小的细节都可在像面上详尽地反映出来，这样的光学仪器的分辨本领是无限的．但是，由于光的衍射，一个物点形成一个衍射像斑（艾里斑），靠得太近的像斑彼此重叠，使得成像的细节模糊不清，所以实际上光学仪器的分辨本领是有限的．现在以圆形透镜为例，说明光学仪器的分辨本领与哪些因素有关．

设很远处有两个点光源 S_1 和 S_2，它们各自发出的光(可看成平行光)通过透镜，在透镜的焦平面上形成两个艾里斑衍射图样．如果点光源 S_1 和 S_2 之间的距离较远，它们产生的艾里斑就较远，它们的像就容易分辨．如果两个点光源 S_1 和 S_2 逐渐靠近，它们形成的艾里斑也逐渐靠近，最后发生重叠，就不容易分辨．那么，究竟在什么情况下，两个点光源 S_1 和 S_2，在透镜的焦平面上形成的两个艾里斑衍射图样可分辨呢？瑞利(Rayleigh，1842—1919)提出了一条判据：如果两个艾里斑的中心距离大于或等于艾里斑的半径，两个艾里斑像就可分辨或恰可分辨，如图 5-12(a)或(b)所示；如果两个艾里斑的中心距离小于艾里斑的半径，两个艾里斑像就不可分辨，如图 5-12(c)所示．

设两个点光源对透镜光心的张角为 θ．由瑞利判据可知，"恰可分辨"的两个点光源的衍射图样中心之间的距离应等于艾里斑的半径．此时，两点光源对透镜光心的张角 θ 应等于艾里斑的角半径 θ_{Airy}，即 $\theta = \theta_{\text{Airy}}$．因此，艾里斑的角半径 θ_{Airy} 也称为最小分辨角[如图 5-12(b)所示]，用 $\theta_{\min}$ 表示．

由式(5-8)可得，最小分辨角 $\theta_{\min}$ 的大小可表示为

(a) 当 $\theta > \theta_{Airy}$ 时，可分辨   (b) 当 $\theta = \theta_{Airy}$ 时，恰可分辨   (c) 当 $\theta < \theta_{Airy}$ 时，不可分辨

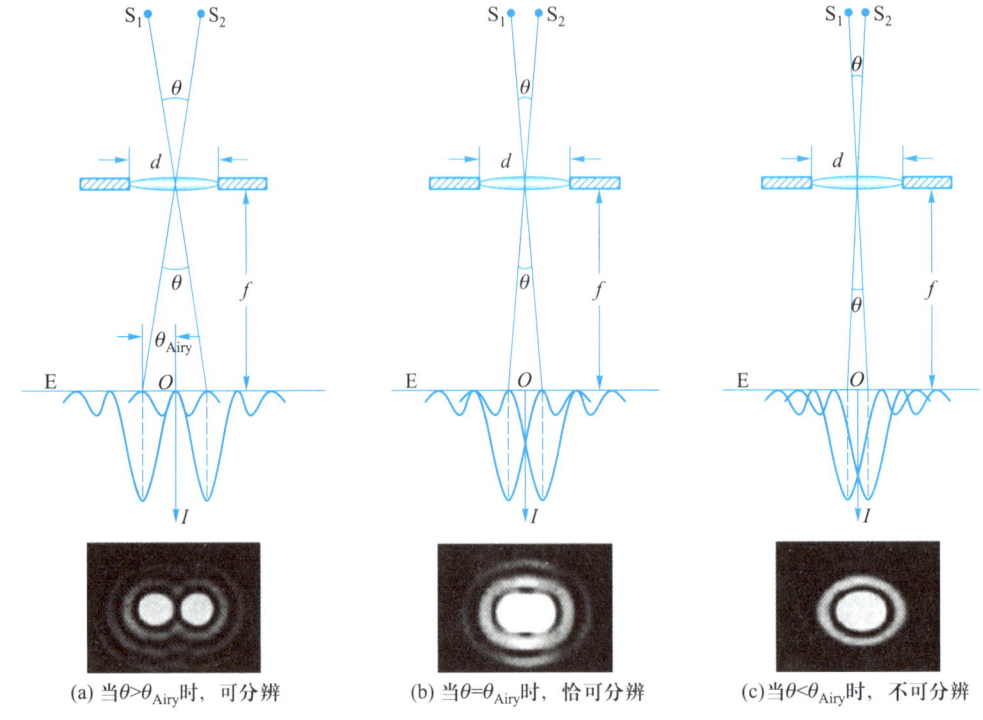

图 5-12　两个衍射图样可分辨的瑞利判据

$$\theta_{\min} = \theta_{Airy} = \frac{1.22\lambda}{d} \quad (5-10)$$

在光学仪器中，通常以最小分辨角 $\theta_{\min}$ 的倒数表示分辨能力大小，称为**光学仪器的分辨本领**，又称为分辨率，用 R 表示．于是，光学仪器的分辨本领为

$$R = \frac{1}{\theta_{\min}} = \frac{d}{1.22\lambda} \quad (5-11)$$

由式(5-11)可知，分辨本领与波长 λ 成反比，与通光孔径或透镜的直径 d 成正比．因此，为了清楚地观察远方的星体，天文望远镜总是用直径很大的透镜作为物镜，以便提高望远镜的分辨本领．位于西班牙加那列群岛上的大型光学望远镜，其直径高达 10.4 m，如图 5-13(a)所示．位于我国贵州省的射电望远镜"中国天眼"(FAST)，其球面直径高达 500 m，如图 5-13(b)所示．而在显微镜中，使用波长较短的紫光照明，来提高显微镜的分辨本领．现代技术中，利用波长极短的电子束代替普通光束制成的电子显微镜，如图 5-13(c)所示，比光学显微镜的分辨本领提高了几千倍，使人类观察原子或分子结构的梦想得以实现．

(a) 大型光学望远镜　　(b) 射电望远镜　　(c) 电子显微镜

图 5-13　天文望远镜和电子显微镜

例 5-3

在通常亮度下，人眼的瞳孔直径约为 3 mm，人眼最敏感的波长为 550 nm（黄绿光）．

（1）求人眼的最小分辨角．

（2）在明视距离（250 mm）或 30 m 处，字体间距多大时人眼恰能分辨？

授课录像：人眼的分辨本领

解：（1）由式（6-10），人眼的最小分辨角为

$$\theta_{min} = \frac{1.22\lambda}{d} = \frac{1.22 \times 550 \times 10^{-9}}{3 \times 10^{-3}} \text{ rad}$$

$$= 2.24 \times 10^{-4} \text{ rad}$$

（2）设字体间距为 ΔL，从图 5-14 可得

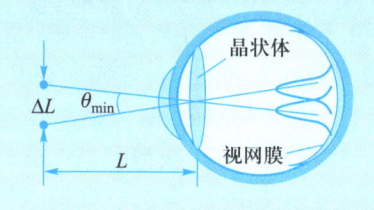

图 5-14　计算人眼最小分辨角

$$\theta = \frac{\Delta L}{L}$$

当字体间距对人眼所张的角 θ 等于人眼的最小分辨角 θ_{min} 时，即 $\theta = \theta_{min}$，人眼恰能分辨该字体．因此，在明视距离 250 mm 处，人眼恰能分辨的字体间距为

$$\Delta L = \theta_{min} L = 2.24 \times 10^{-4} \times 250 \text{ mm}$$

$$= 5.6 \times 10^{-2} \text{ mm}$$

在 30 m 处，人眼恰能分辨的字体间距为

$$\Delta L = \theta_{min} L = 2.24 \times 10^{-4} \times 30 \text{ m}$$

$$= 6.72 \text{ mm}$$

应当指出的是，光学仪器可以放大视角，从而使人能够分辨物体的细节，是否可以通过增大光学仪器的放大率来提高它的分辨本领呢？当然不行，这是因为增大了放大率之后，虽然放大了像点之间的距离，但同时也放大了衍射像斑（艾里斑），因此衍射效应对光学仪器分辨本领的限制，是不能通过提高放大率来消除的．不过，如果光学仪器的放大率不足，也可能使光学仪器本来能分辨的物点由于成像太小，从而使人眼不能分辨．说明光学仪

器的分辨本领未被充分利用,这时提高光学仪器的放大率可以充分发挥光学仪器的分辨本领.因此设计光学仪器时应使它的放大率与分辨本领相匹配.

5.4 光栅衍射

到目前为止,所讨论的干涉和衍射条纹都不能用来对波长作高精度的测量.因为这些条纹的狭窄程度和清晰度都不足以精确地确定条纹的位置.于是,人们发明了一种称为光栅的光学器件.当光波在光栅上透射或反射时,将发生衍射,形成一定的衍射图样,它可以把入射光中不同波长的光分隔开来,用它可以对波长进行高精度的测量.

5.4.1 光栅

能使出射波的振幅、相位或二者都产生周期性交替变化的衍射屏称为光栅.最常见的光栅是由大量宽度相等、间距相等的平行狭缝组成的衍射屏.光栅分透射式光栅和反射式光栅两种.

一般常用的透射式光栅是在一块平面明净的玻璃上刻有大量的等宽等间距的平行凹槽刻痕而制成的.精制而昂贵的光栅,在 1 cm 宽度内,刻痕可达几千条甚至上万条,制作一个优质光栅是很不易的.透射式光栅上每条刻痕处,入射光向各个方向散射,光不易透过,成为光栅上不透光的部分,两条相邻的刻痕之间的玻璃面是可以透光的部分,相当于一个狭缝,如图 5-15(a)所示.这种光栅只对入射光波的振幅或光强进行调制,即改变了入射光波的振幅透射率分布,因此把这类光栅称为透射式振幅光栅.

一般常用的反射式光栅,是将金刚石刀磨成特定形状,使光栅表面的刻槽变成锯齿形或三角形.整个光栅面都有同样的反射率,因此可以忽略光栅对入射光波振幅的调制,但由于光程的规则变化却对相位产生了调制,所以把这类光栅称为反射式相位光栅,如图 5-15(b)所示.

以透射式光栅为例,光栅衍射实验装置如图 5-16 所示,设光栅的总缝数为 N,透光的狭缝宽度为 a,不透光的刻痕宽度为 b,则 $a+b=d$ 称为光栅常量,它反映了光栅的空间周期性.点(或线)

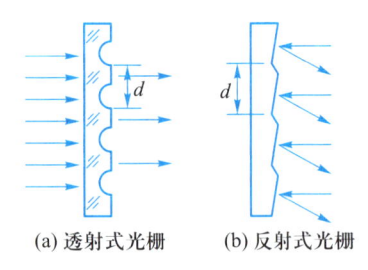

(a) 透射式光栅   (b) 反射式光栅

图 5-15 光栅

(a) 点光源的光栅衍射

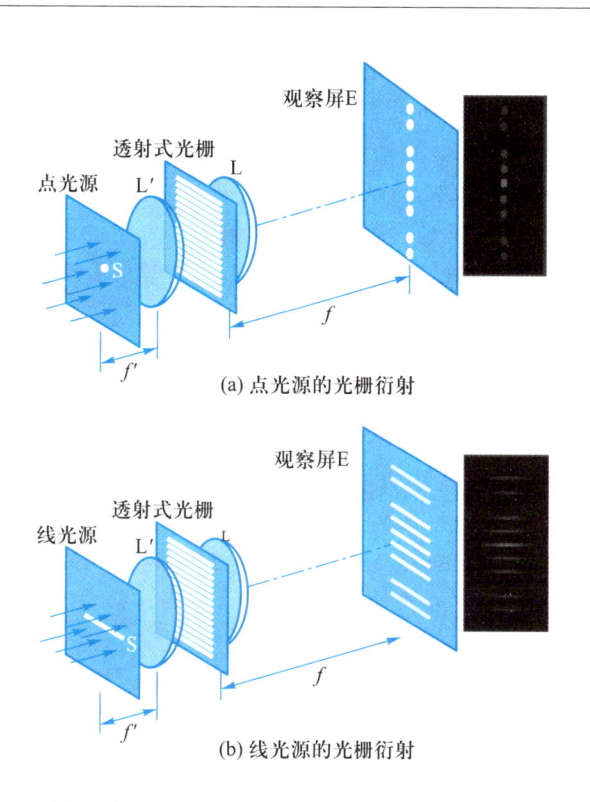

(b) 线光源的光栅衍射

图 5-16　光栅衍射实验装置示意图及衍射图样照片

光源通过透镜 L′变成单色平行光，照射到光栅上，平行衍射光经透镜 L 会聚在焦平面处的观察屏 E 上，形成衍射图样．图 5-16(a)为点光源的光栅衍射实验装置示意图，图 5-16(b)为线光源的光栅衍射实验装置示意图．图 5-16 右侧为光栅衍射条纹的照片．可见，光栅衍射条纹是在黑暗的背景上呈现出的一组分得很开的细锐亮点（或亮线）．这些分得很开的细锐亮点（或亮线）给条纹的准确定位"开了绿灯"，以便对光波长进行高精度的测量．

5.4.2　光栅衍射图样分析

如图 5-16 所示，设一单色平行光垂直入射到透射式光栅上，光栅上的每条狭缝在透镜焦平面上都要各自产生一组夫琅禾费单缝衍射图样．由于方向相同的衍射光线通过透镜会聚到焦平面上的同一点，所以不同狭缝产生的衍射图样是完全重叠的．又因为每条狭缝发出的衍射光都是相干光，因此，不同狭缝产生的衍射图样在重叠时还会产生干涉．综上所述，光栅的衍射图样是在夫琅禾费单缝衍射的基础上，各条缝的衍射光又相互干涉而形成的．

首先，分析点光源产生的光栅衍射图样．如图 5-16(a)所

授课录像：光栅衍射原理

授课录像：光栅衍射原理续

第 5 章 光的衍射

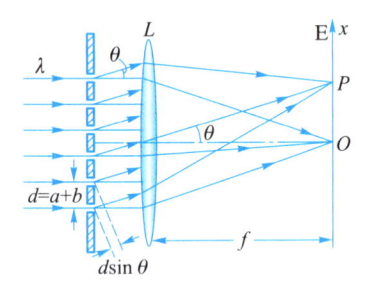

图 5-17 光栅衍射的光路图

示,点光源 S 发出的光通过透镜 L′ 后变为垂直于光栅入射的平行光. 先来讨论光栅衍射明纹的分布. 考察光栅上相邻两条缝发出的衍射光到达 P 点处的光程差,由图 5-17 可知,相邻两条缝发出的衍射角为 θ 方向的衍射光到达 P 点处的光程差为 $d \cdot \sin \theta$. 可以证明,如果相邻两条缝发出的衍射角为 θ 方向的衍射光到达 P 点处的相位是同相的,那么其他缝发出的衍射角为 θ 方向的衍射光到达 P 点处的相位也是同相的. 由此可得,当 θ 满足

$$d \cdot \sin \theta = k\lambda, \quad k = 0, \pm 1, \pm 2, \cdots \quad (5-12)$$

时,所有缝发出的衍射光到达 P 点时都将是同相的,它们在 P 点处将发生相长干涉而形成明纹(即亮点). 图 5-17 中还画出了衍射角 $\theta = 0$ 时,O 点为中央零级明纹的情形. 有趣的是,在 P 点处的合振幅应是来自一条缝的光振幅的 N 倍,在 P 点处的光强应是来自一条缝的光强的 N^2 倍,因此光栅衍射的明纹亮度很高. 这些光强达到极大值的明纹(即亮点)称为主极大,又称为光谱线. 决定主极大位置的式(5-12)称为**光栅方程**.

再来讨论光栅衍射的暗纹分布. 为了便于形象地描述光栅衍射的暗纹分布,采用振幅矢量法. 设来自每条狭缝的衍射光到达观察屏 E 上 P 点的光振幅矢量分别用 $\boldsymbol{A}_1, \boldsymbol{A}_2, \cdots, \boldsymbol{A}_N$ 来表示. 如果在 P 点处光振动的合振幅为零,那么 P 点处将出现暗纹. 这时,各分振动的振幅矢量应构成一闭合多边形. 以四条缝构成的光栅为例,若相邻两缝光振动到达 P 点的相位差 $\Delta \varphi = \pi/2, \pi, 3\pi/2$ 时,P 点的合振幅均为零. 图 5-18 分别画出了 $\Delta \varphi = \pi/2, \pi, 3\pi/2$ 三种情况的振幅矢量合成. 因此,当相邻两缝衍射光之间的相位差为

$$\Delta \varphi = \frac{2\pi d \cdot \sin \theta}{\lambda} = k' \frac{\pi}{2}, \quad k' = \pm 1, \pm 2, \pm 3$$

或相邻两缝衍射光之间的光程差为

$$\delta = d \cdot \sin \theta = k' \frac{\lambda}{4}, \quad k' = \pm 1, \pm 2, \pm 3$$

时,P 点处为暗纹.

将四条缝推广到 N 条缝,当 θ 满足

$$d \cdot \sin \theta = k' \frac{\lambda}{N} \quad (5-13)$$

图 5-18 四缝衍射光在不同相位差时的振幅矢量合成图

(a) $k'=1, \Delta\varphi=\pi/2$　　(b) $k'=2, \Delta\varphi=\pi$　　(c) $k'=3, \Delta\varphi=3\pi/2$

时，P 点处为暗纹．其中 $k'=\pm 1,\pm 2,\cdots\pm(N-1),\pm(N+1),\cdots$ $\pm(2N-1),\pm(2N+1),\cdots$ 但 $k'\neq kN$，这是因为 kN 是主极大的情况．由此可见，在两个相邻的主极大之间有 $N-1$ 个暗纹，又称为极小．

其次，分析线光源产生的光栅衍射图样．图 5-16(b) 为线光源的光栅衍射实验装置示意图．由于线光源可视为许多不相干的点光源的集合，所以，可以设想在图 5-16(a) 所示的光栅衍射装置中的点光源沿光栅缝方向移动，则观察屏 E 上的光栅衍射图样将沿相反的方向平移．把所有这些点光源在各个位置上产生的光栅衍射图样不相干地叠加在一起，就得到图 5-16(b) 所示的在黑暗的背景上呈现的一组分得很开的细锐亮线．

图 5-19 给出了五条狭缝的光栅衍射光强分布曲线，图 5-20 给出了用线光源照明狭缝数目 N 不同的光栅时，在观察屏 E 上形成的衍射图样的照片．从图中可见，衍射图样具有以下特征：

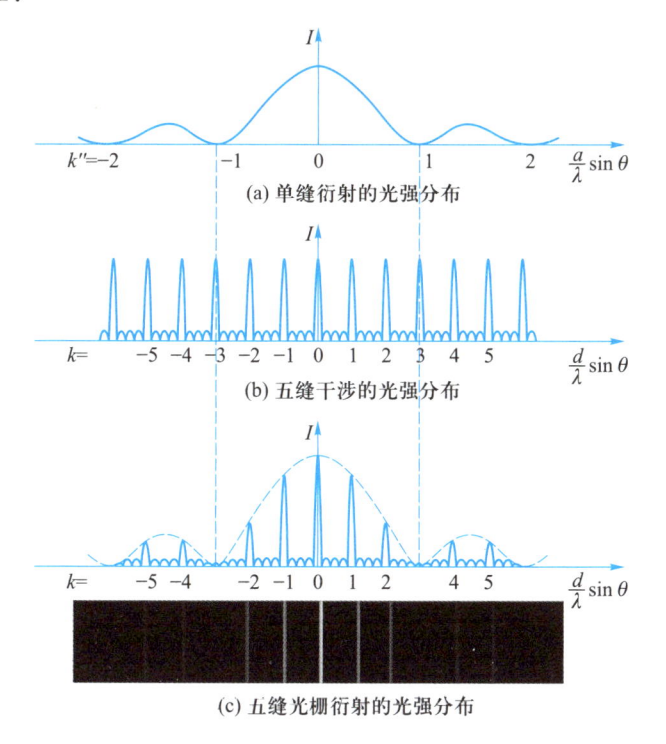

(a) 单缝衍射的光强分布

(b) 五缝干涉的光强分布

(c) 五缝光栅衍射的光强分布

图 5-19 光栅衍射的光强分布图

图 5-20 线光源照明在光栅上形成的衍射图样照片

（1）主极大的位置与光栅的缝数 N 无关，但主极大的宽度随着 N 的增加而变窄．

（2）有次极大．既然在相邻两个主极大之间有 $N-1$ 个极小，则在两个极小之间一定存在着明纹．这些地方虽然光振动没有全部抵消，却是部分抵消．可以证明，这些地方的光强是主极大光强的 1/2～1/3，所以这些明纹又称为次极大，次极大的个数为 $N-2$．

（3）有缺级现象．满足式(5-12)时是否一定形成明纹呢？回答是不一定．因为，若光栅衍射的主极大位置恰好是单缝衍射暗纹的位置，即衍射角 θ 同时满足

$$d \cdot \sin \theta = k\lambda$$

$$a \cdot \sin \theta = k''\lambda$$

两式时，P 点处的合振动为零．从而导致该级光栅衍射的主极大消失，这种现象称为**缺级**．由以上两式相除，可得光栅衍射主极大缺级的级数 k 为

$$k = \frac{d}{a}k'', \quad k'' = \pm 1, \pm 2, \pm 3, \cdots \quad (5-14)$$

由于 k 和 k'' 都是整数，所以只要 d 与 a 之比为整数或整数比，就会出现缺级现象．例如 $d/a = 3$，则缺 $k = \pm 3, \pm 6, \pm 9, \cdots$ 诸级的主极大．图 5-19(c) 给出的是 $N=5$，$d=3a$ 时的缺级情况．

综上所述，由于光栅的缝数 N 很多，在两个主极大之间布满了暗纹和光强极弱的次极大，还有缺级现象，所以，在两个主极大之间实际上是一很宽的暗区．这时各级主极大分得很开也很细锐，光强集中在很窄的区域内，主极大变得又细锐又明亮．因此，光栅衍射图样的特点是在黑暗背景上呈现一系列分得很开的细锐亮线．

例 5-4

激光器发出红光（波长为 $\lambda = 632.8$ nm）垂直照射在光栅上，第一级明纹在 38°方向上．

（1）求光栅常量 d．

（2）求第三级的第 1 条缝与第 7 条缝的光程差．

（3）某单色光垂直照射此光栅，第一级明纹在 27°方向上，此光波长为多少？

解：（1）由垂直入射的光栅方程 $d \cdot \sin \theta = k\lambda$，取 $k=1$，$\theta = 38°$，$\lambda = 632.8$ nm 得

$$d = \frac{k\lambda}{\sin \theta} = \frac{1 \times 632.8}{\sin 38°} \text{ nm} = 1\,027.8 \text{ nm}$$

（2）第三级相邻两缝之间衍射光的光程差为 3λ，则第三级的第 1 条缝与第 7 条缝的光程差为 $(7-1) \times 3\lambda = 11\,390.4$ nm．

（3）由垂直入射的光栅方程 $d \cdot \sin \theta = k\lambda'$，取 $k=1$，$\theta = 27°$，$d = 1\,027.8$ nm 得

$$\lambda' = d \cdot \sin \theta = 1\,027.8 \times \sin 27° \text{ nm} = 466.6 \text{ nm}$$

例 5-5

波长 $\lambda = 600$ nm 的单色平行光垂直照射在光栅上,光栅常量为 2×10^{-6} m.
（1）最多能看到几级明纹？共多少条？
（2）若以 40°角斜入射到光栅上,结果如何？

解：(1) 当垂直照射时,由垂直入射的光栅方程可得

$$k = \frac{d \cdot \sin \theta}{\lambda}$$

令 $\sin \theta = 1$,即得出能看到的明纹的最高级数为

$$k_{max} = \frac{d \cdot \sin 90°}{\lambda} = \frac{2 \times 10^{-6}}{600 \times 10^{-9}} \approx 3.3$$

最多能看到 3 级明纹。由于中央明纹只有 1 条,而其他各级明纹 2 条,共 7 条明纹。

（2）如果平行光以 φ 角斜入射时,式（5-12）应进行适当的修改。由图 5-21 可知,相邻两缝发出的光在 P 点处的光程差为

$$\delta = d \cdot (\sin \theta - \sin \varphi)$$

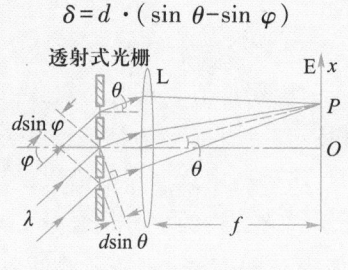

图 5-21 斜入射时光栅光程差的计算

光栅明纹的条件（即斜入射光栅方程）应改写为

$$d \cdot (\sin \theta - \sin \varphi) = k\lambda, \quad k = 0, \pm 1, \pm 2, \cdots$$
(5-15)

其中衍射角 θ 和入射角 φ 的正负号约定为,从图中光栅平面的法线算起,逆时针转向光线时的夹角取正值,顺时针时取负值。图中所示的衍射角 θ 和入射角 φ 都是正值。

令 $\sin \theta = 1$,对应 $\varphi = 40°$ 能看到的明纹的最高级数为

$$k_{max} = \frac{d \cdot (1 - \sin 40°)}{\lambda} = \frac{2 \times 10^{-6} \times (1 - 0.64)}{600 \times 10^{-9}} = 1.2$$

令 $\sin \theta = -1$,对应 $\varphi = 40°$ 能看到的明纹的最高级数为

$$k_{max} = \frac{d \cdot (-1 - \sin 40°)}{\lambda} = \frac{2 \times 10^{-6} \times (-1 - 0.64)}{600 \times 10^{-9}} \approx -5.5$$

由此可知,单色平行光斜入射时能看到较高级次的条纹,即最高级次为 -5 级。当以 40°角斜入射时,能看到中央明纹 1 条,1 级明纹 1 条,-1、-2、-3、-4 和 -5 级明纹各 1 条,总共 7 条。

5.4.3 光栅光谱与色散

前面讨论的是单色平行光垂直入射到光栅上的情况,如果是复色光入射,情况如何呢？从式（5-12）可知,主极大的衍射角 θ 与波长 λ 有关。对给定光栅常量 d 的光栅,当用复色光垂直照射光栅时,不同波长的同一级主极大,除零级外,均不重合,即产生了色散现象。因此,在衍射图样中,将出现由不同波长产生的不同颜色的主极大（亮线）,称之为光谱线或谱线。由此可以看出,

授课录像：光栅光谱

除中央零级明纹各种波长的谱线不能分开以外,不同波长产生的同级谱线是不重合的,并且按波长由短到长的次序自中央零级明纹两侧形成由里向外依次分开排列的谱线. 光栅衍射产生的这种按波长排列的谱线称为光栅光谱. 图 5-22 给出了光栅光谱仪产生的光栅光谱. 除中央零级明纹各种波长的谱线不能分开仍为白色以外,其他级次的谱线由里向外从紫到红分开排列. 在第二级和第三级光谱中发生了相互重叠现象,级次越高,重叠情况越复杂.

图 5-22 光栅光谱仪产生的光栅光谱示意图

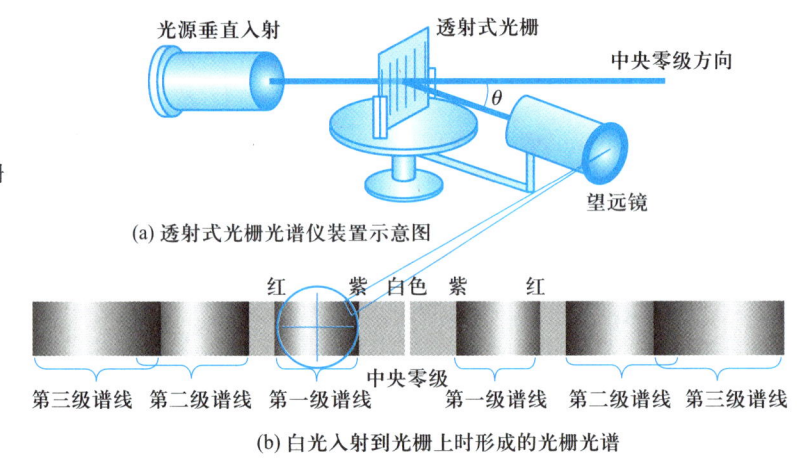

(a) 透射式光栅光谱仪装置示意图

(b) 白光入射到光栅上时形成的光栅光谱

在近代光栅光谱仪中,光栅是一种十分精密的分光元件,由它产生的光栅光谱有着广泛的应用价值. 众所周知,各种元素或化合物通过发光,产生各自特定的波长(称为特征谱线). 借助于光栅可将这些特征谱线分开,然后测定这些特征谱线的波长和相应的强度,从而获得各种元素或化合物的成分及含量.

光栅的分光性能主要体现在两方面:一是光栅的色散本领,二是光栅的分辨本领(放在 5.4.4 节讨论). 光栅的色散本领指的是能够将不同波长的谱线分开的程度. 通常用角色散本领或线色散本领描述. 波长相差单位长度的两条谱线之间的角宽度,称为角色散本领,用 D_θ 表示. 它可由光栅方程式(5-12)两边分别对 θ 和 λ 微分求得

$$D_\theta = \frac{\Delta\theta}{\Delta\lambda} = \frac{k}{d\cos\theta} \tag{5-16}$$

式(5-16)中,$\Delta\theta$ 为两条谱线之间的角宽度,$\Delta\lambda$ 为两条谱线波长之差.

在透镜焦平面上,波长相差单位长度的两条谱线之间的距离,称为线色散本领,用 D_l 表示. 它可表示为

$$D_l = \frac{\Delta l}{\Delta \lambda} = f\frac{\mathrm{d}\theta}{\mathrm{d}\lambda} = \frac{fk}{d\cos\theta} \qquad (5-17)$$

线色散本领

式(5-17)中，Δl 为两条谱线之间的距离，f 为透镜的焦距．

式(5-16)和式(5-17)表明，级次 k 越高，光栅常量 d 越小，光栅的色散本领就越大，也就越容易将两条靠近的谱线分开．

如果在衍射角 θ 很小的范围内观察光栅光谱，$\cos\theta$ 几乎不随 θ 而变，则可将色散本领近似视为一个常量，色散为常量的光谱称为匀排光谱．测定这种光谱的波长时，可以用线性内插法，这也是光栅光谱优于棱镜光谱之一．

例 5-6

波长为 $\lambda_1 = 500$ nm 和 $\lambda_2 = 520$ nm 的两束单色光垂直照射光栅，光栅常量为 0.002 cm，透镜的焦距为 $f = 2$ m．
（1）求两光第三级谱线之间的距离．
（2）若用波长为 $400 \sim 700$ nm 的复色光照射，则第几级谱线将出现重叠？
（3）能出现几级完整谱线？

解：（1）由垂直入射的光栅方程 $d \cdot \sin\theta = k\lambda$，对 λ_1 和 λ_2 分别有

$$\sin\theta_1 = \frac{3\lambda_1}{d} \text{ 和 } \sin\theta_2 = \frac{3\lambda_2}{d}$$

设 x_1 和 x_2 分别为 λ_1 和 λ_2 产生的第三级谱线到中央零级明纹的距离，考虑到 θ 很小，$\tan\theta \approx \sin\theta$，故有

$$x_1 = f \cdot \tan\theta_1 \approx f \cdot \sin\theta_1 = \frac{3f\lambda_1}{d}$$

$$x_2 = f \cdot \tan\theta_2 \approx f \cdot \sin\theta_2 = \frac{3f\lambda_2}{d}$$

两束光第三级谱线之间的距离为

$$\Delta x = x_2 - x_1 = \frac{3f(\lambda_2 - \lambda_1)}{d} = 6 \text{ mm}$$

（2）设 $\lambda_1 = 400$ nm 的第 $k+1$ 级谱线与 $\lambda_2 = 700$ nm 的第 k 级谱线首次重叠．

λ_1 的第 $k+1$ 级谱线角位置：$\sin\theta_1 = \frac{(k+1)\lambda_1}{d} = 2 \times 10^{-2}(k+1)$

λ_2 的第 k 级谱线角位置：$\sin\theta_2 = \frac{k\lambda_2}{d} = 3.5 \times 10^{-2}k$

当 $k \geq 2$ 时，$\sin\theta_2 \geq \sin\theta_1$，即从第二级谱线开始将出现重叠现象．

（3）只需判断 $\lambda = 700$ nm 对应的谱线是否出现．由垂直入射的光栅方程 $d\sin\theta = k\lambda$，令 $\theta = 90°$ 得

$$k_{\max} = \frac{d \cdot \sin 90°}{\lambda} = \frac{0.002 \times 1}{700 \times 10^{-7}} = 28.6$$

所以最多能出现 28 级完整谱线．

例 5-7

钠黄光包含 589.0 nm 和 589.6 nm 两条谱线（钠双线）．设钠黄光垂直照射在宽度为 5 cm、每毫米有 800 条缝的平面透射式光栅上，使用透镜的焦距为 50 cm．求第一级谱线中钠双线的角宽度和线宽度各多少？

解：由题意可知，光栅常量为

$$d = \frac{1}{800} \text{ mm} = \frac{1}{8\,000} \text{ cm}$$

由光栅公式得，第一级谱线的衍射角（即两条谱线的角位置）为

$$\theta = \arcsin \frac{(589.0+589.6) \times 10^{-7}/2}{d} \approx 28°8'$$

光栅的色散本领为

$$D_\theta = \frac{k}{d\cos\theta} = \frac{1}{d\cos 28°8'} \approx 9.07 \times 10^{-4} \text{ rad/nm}$$

由式(5-16)可得，波长差 $\Delta\lambda = 0.6$ nm 的钠双线的角宽度为

$$\Delta\theta = D_\theta \Delta\lambda \approx 5.442 \times 10^{-4} \text{ rad}$$

由式(5-17)可得，波长差 $\Delta\lambda = 0.6$ nm 的钠双线的线宽度为

$$\Delta l = D_l \Delta\lambda = f D_\theta \Delta\lambda \approx 0.27 \text{ mm}$$

5.4.4 光栅的分辨本领

由式(5-16)和式(5-17)可知，光栅的色散本领只反映两条谱线（两个主极大）中心分离的程度，它不能说明两条谱线是否重叠。在图 5-23(a)和(b)两种情形里的色散本领相同，即波长分别为 λ_1 和 $\lambda_2 = \lambda_1 + \Delta\lambda$ 的两条谱线之间的角宽度 $\Delta\theta$ 相同，但每条谱线的半角宽度 θ_{Airy} 不同。由非相干叠加可知，如图 5-23(a)中所示的情形，$\Delta\theta < \theta_{\text{Airy}}$，合成强度在中间的极小不明显，看起来像一条谱线，因此两条谱线无法分辨。而如图 5-23(b)中所示的情形，$\Delta\theta > \theta_{\text{Airy}}$，合成强度在中间有一个明显的极小，因此两条谱线可分辨。由此可知，只有色散本领大还是不够的，要分辨波长很接近的谱线，还需每条谱线都很细锐。根据 5.3.2 节的讨论可知，光栅也存在两条谱线能否分辨的问题，为此引入光栅的分辨本领。

图 5-23 分辨两条谱线的瑞利判据

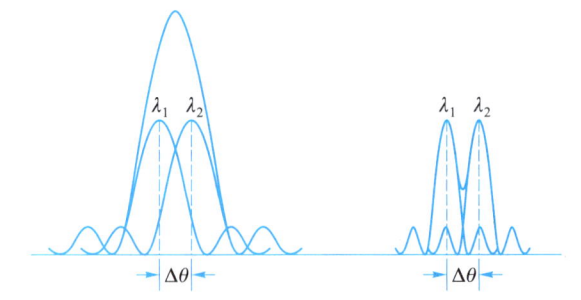

(a) $\Delta\theta < \theta_{\text{Airy}}$ 时，两条谱线不可分辨 (b) $\Delta\theta > \theta_{\text{Airy}}$ 时，两条谱线可分辨

所谓光栅的分辨本领是指分辨两个靠得很近的波长产生的两条谱线的能力。实际上，将恰能分辨的两条谱线的平均波长 λ 与这两条谱线的波长差 $\Delta\lambda$ 之比，定义为**光栅的分辨本领**，用 R 表示，即为

$$R = \frac{\lambda}{\Delta\lambda} \tag{5-18}$$

接下来分析光栅的分辨本领 R 与哪些因素有关．根据瑞利判据，一条谱线的中心恰与另一条谱线中心相邻的一个极小重合时，两条谱线恰可分辨．如图 5-24 所示，设由相近的两波长产生的两条谱线的角距离为 $\Delta\theta$（即两个主极大对透镜光心所张的角），谱线本身的半角宽度为 θ_{Airy}（即某一主极大中心到相邻极小的角距离或相当于艾里斑的角半径）．当 $\Delta\theta = \theta_{\text{Airy}}$ 时，两条谱线恰可分辨．

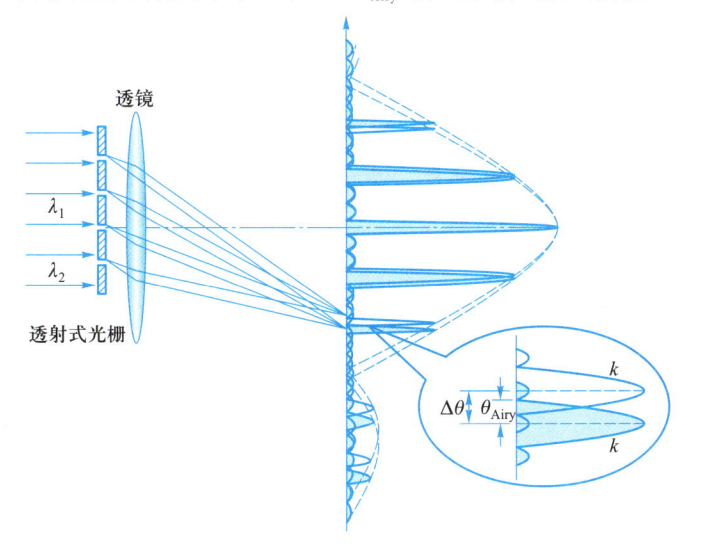

图 5-24 推证光栅的分辨本领 R 与缝数 N 和级数 k 的关系

首先，求由相近的两波长产生的两条谱线的角距离 $\Delta\theta$．因谱线的角位置由光栅方程 $d\cdot\sin\theta = k\lambda$ 决定，所以，角距离 $\Delta\theta$ 与波长差 $\Delta\lambda$ 有关．为此，对光栅方程 $d\cdot\sin\theta = k\lambda$ 两边求微分得

$$d\cdot\cos\theta\cdot\Delta\theta = k\cdot\Delta\lambda$$

将上式整理得

$$\Delta\theta = \frac{k\cdot\Delta\lambda}{d\cdot\cos\theta}$$

其次，求谱线本身的半角宽度 θ_{Airy}．波长为 λ 产生的第 k 级主极大谱线的衍射角 θ 满足

$$d\cdot\sin\theta = k\lambda$$

波长为 λ 产生的第 k 级主极大谱线附近极小的衍射角 $(\theta + \theta_{\text{Airy}})$ 满足

$$d\cdot\sin(\theta + \theta_{\text{Airy}}) = \frac{(Nk+1)\lambda}{N}$$

由以上两式得

$$d[\sin(\theta + \theta_{\text{Airy}}) - \sin\theta] = \frac{\lambda}{N}$$

又因 θ_{Airy} 很小，所以有 $\cos\theta_{\text{Airy}} \approx 1$，$\sin\theta_{\text{Airy}} \approx \theta_{\text{Airy}}$，代入上式得

$$\theta_{\text{Airy}} = \frac{\lambda}{Nd\cdot\cos\theta}$$

最后,由瑞利判据,令 $\Delta\theta = \theta_{Airy}$,可得

$$\frac{\lambda}{\Delta\lambda} = kN$$

将上式代入式(5-18)中可得光栅的分辨本领为

$$R = kN \tag{5-19}$$

式(5-19)表明,光栅的分辨本领与级次 k 以及光栅总缝数 N 都成正比.

例 5-8

用钠光灯发出的光(它实际上由 589.0 nm 和 589.6 nm 两个波长的光组成,称为钠双线)垂直照射一光栅,所用的光栅宽度为 2 cm,规格为 4 000 缝/cm. 求该光栅的第一级谱线能否分辨钠双线?

解:因为光栅的总缝数为 $N = 2 \times 4\,000$ 条 $= 8\,000$ 条,所以光栅的第一级谱线的分辨本领为 $R = kN = 1 \times 8\,000 = 8\,000$. 当 $\lambda = (589.0 + 589.6)/2$ nm $= 589.3$ nm 时,

$$\Delta\lambda = \frac{\lambda}{kN} = \frac{589.3}{8\,000} \text{ nm} = 0.074 \text{ nm}$$

又因钠双线波长之差为 589.6 nm $-$ 589.0 nm $= 0.6$ nm $> \Delta\lambda = 0.074$ nm,所以,用该光栅的第一级谱线很容易将钠双线分辨开.

例 5-9

设计一光栅,要求:(1)能分辨钠光谱的 5.890×10^{-7} m 和 5.896×10^{-7} m 的第二级谱线;(2)第二级谱线衍射角 $\theta = 30°$;(3)第三级谱线缺级. 根据以上三条确定光栅的总缝数 N、透光部分宽度 a 和不透光部分宽度 b.

解:由光栅的分辨本领:$R = \frac{\lambda}{\Delta\lambda} = kN$,得

$$N = \frac{\lambda}{k\Delta\lambda} = \frac{5.893 \times 10^{-7}}{2 \times (5.896 \times 10^{-7} - 5.890 \times 10^{-7})} \text{ 条}$$
$$= 491 \text{ 条}$$

因此,光栅的总缝数 $N \geqslant 491$ 条.

由光栅方程 $(a+b)\sin\theta = k\lambda$,可得

$$a + b = \frac{k\lambda}{\sin\theta} = \frac{2 \times 5.893 \times 10^{-7}}{\sin 30°} \text{ mm} = 2.36 \times 10^{-3} \text{ mm}$$

由缺级条件 $(a+b)/a = 3$,可得

$$a = \frac{(a+b)}{3} = \frac{2.36 \times 10^{-3}}{3} \text{ mm} = 0.79 \times 10^{-3} \text{ mm}$$

$$b = (a+b) - a = (2.36 \times 10^{-3} - 0.79 \times 10^{-3}) \text{ mm}$$
$$= 1.57 \times 10^{-3} \text{ mm}$$

5.4.5 干涉和衍射的区别与联系

在光的干涉中,把几束光的相干叠加称为干涉,而在光的衍

射中,同样把衍射问题视为光的相干叠加.干涉和衍射都是光的相干叠加,它们之间到底有什么区别和联系呢?下面深入探讨这个问题.

以双缝实验为例说明,当不考虑双缝的宽度时,从双缝中发出的光波视为按直线传播的一束几何光线,在相遇处相干叠加,这种相干叠加是纯干涉问题,如杨氏双缝干涉的情形.当考虑双缝的宽度时,从双缝中发出的光波不能视为按直线传播的几何光线,而是按单缝衍射形成的一束衍射光线,在相遇处相干叠加,显然,这种相干叠加是干涉和衍射并存,如双缝衍射的情形,光通过每一个缝都存在衍射,缝与缝间的光波又相互干涉,而且干涉条纹的强度分布要受到单缝衍射的调制.缝宽不同,调制的结果也不同,当缝宽很小时,干涉条纹近于等强度分布.这时,双缝衍射就变成双缝干涉,如图 5-25 所示.对于光栅,当缝宽很小时,单缝衍射对干涉条纹强度的调制也很小,这时光栅衍射就变成多缝干涉了.

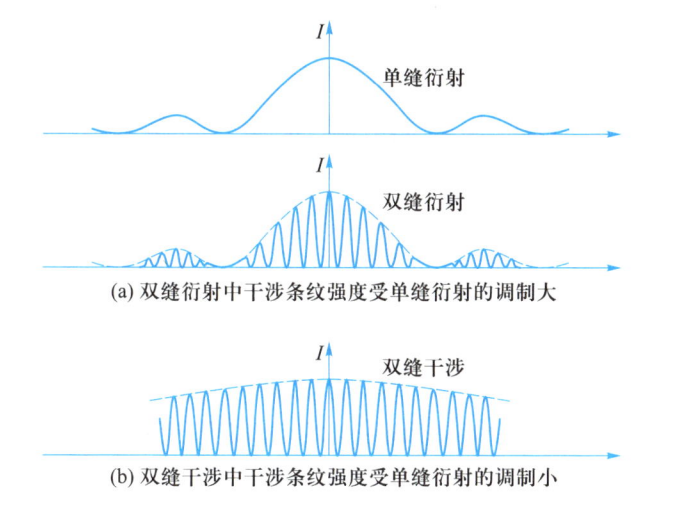

图 5-25 双缝衍射和双缝干涉的区别

如果单纯从光波的相干叠加产生光强的重新分布而言,干涉是有限光波的相干叠加,数学上用有限项的求和来表示;而衍射是无限光波的相干叠加,数学上用无限项的积分来表示.综上所述,干涉和衍射都是光波的相干叠加,只是形成条件和数学处理方法有所不同.

*5.5 晶体对 X 射线的衍射

前面介绍的光栅(衍射屏)结构只在空间的一个方向上具有

周期性,称之为一维光栅．实际上,还有二维光栅和三维光栅．固体中的晶格分布在三维空间里具有周期性的结构,它对于波长较短的 X 射线来说,是一个理想的三维光栅．本节首先对 X 射线和晶体结构进行简单介绍,然后分析晶体对 X 射线的衍射规律．

5.5.1 X 射线的衍射实验

1895 年,德国物理学家伦琴(W. Röntgen,1845—1923)发现从热阴极 K 发出的速度很大的电子流冲击由钼、钨或铜等金属制成的阳极 A 时,会有一种新的射线从阳极 A 上发射出来．如图 5-26 所示．这种人眼看不见的射线投射到一些固体(如亚铂氰化钡、闪锌矿等)上时发出可见的荧光并使照相底片感光．它还具有很强的穿透能力,能透过许多对可见光不透明的物质(如黑纸、木料等)．因这种射线是前所未知的,所以称为 X 射线,也称为伦琴射线．

在 X 射线发现后不久,研究人员曾假设它也是一种波,并且用光栅衍射来测定它的波长,但是失败了．分析原因,可能是 X 射线的波长特别短,用光栅作为衍射物,其光栅常量 d 与 X 射线的波长相比太大,很难用光栅观察到 X 射线的衍射现象．

1912 年,德国物理学家劳厄(Max von Laue,1879—1960)想到,晶体内原子间的距离一定很小,如果晶体内原子是规则、等距平行排列的,那么,晶体就会构成一种适合于 X 射线用的天然三维光栅．劳厄在慕尼黑大学首次用一块晶体中的晶格作为光栅,给出了如图 5-27(a)所示的氯化钠晶体的晶格结构,经它透射后,直接在屏上得到 X 射线的衍射图样,如图 5-27(b)所示．劳厄实验不仅反映了 X 射线的波动性,同时证实了晶体中原子(离子或分子)按一定规律排列,也说明了 X 射线的波长与晶体晶格间距的数量级(约 10^{-8} cm)相同．为此,劳厄于 1914 年获得诺贝尔物理学奖．

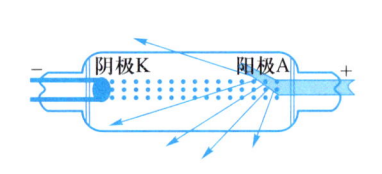

图 5-26 X 射线管发出的 X 射线

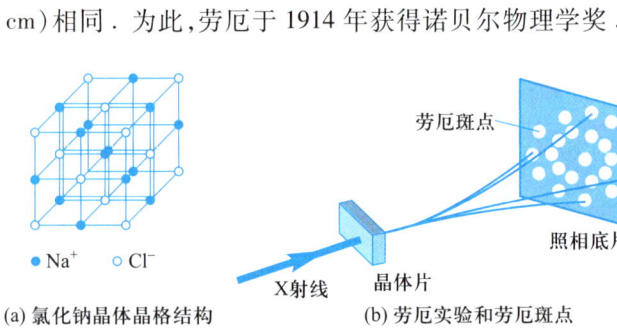

图 5-27 用晶体作为三维光栅产生的衍射

5.5.2 布拉格公式

图 5-27(b)中照相底片上形成的斑点,称为劳厄斑点. 对这些劳厄斑点的位置与强度进行仔细研究和测定,就可推断出晶体中原子的排列. 由于晶体具有三维的空间晶格结构,如图 5-28(a)所示,它相当于一个三维光栅,所以晶体衍射的分析是很复杂的. 1913 年,英国物理学家布拉格父子(W. H. Bragg, 1862—1942 和 W. L. Bragg,1890—1971)提出了一种比较简明的分析晶体衍射的方法.

晶体晶格中原子排列成许多具有不同取向的晶面(或原子层),每个取向都有许多互相平行的晶面构成晶面族. 图5-28(b)画出了三个不同取向的晶面族(图中1、2、3),可以看出,对不同取向的晶面族而言,相邻晶面间距是不同的. 1、2、3 晶面族的相邻晶面间距分别为 d_1、d_2、d_3. 为了分析问题方便,只讨论与纸面垂直且水平的晶面族,即图 5-28(b)中 1 晶面族.

如图 5-29 所示,当一束平行单色光沿与晶面成 θ 角的方向照射到晶面族上,光投射到每个原子上,每个原子都可看成子波源,沿反射方向的衍射光最强,而其他方向的衍射光忽略. 而来自各个晶面对应原子反射的衍射光都是相干光,因此这些衍射光相遇时会产生干涉效应. 接下来分析这种干涉效应的定量规律是什么.

考察图 5-29 所示的两个晶面. 设相邻晶面之间的距离为 d,入射线与晶面夹角为 θ. 从下层晶面反射回来的衍射光要比从上层晶面反射回来的衍射光多走一段光程为 $2d \cdot \sin\theta$. 为了使反射回来的衍射光线 a 和衍射光线 b 相干加强,这段附加的光程 $2d \cdot \sin\theta$ 必须等于入射光线波长 λ 的整数倍. 由于不同晶面相当于光栅上的不同缝,所以当相邻晶面上产生的衍射光相干加强时,从晶体中所有的晶面在这个方向上的衍射光都相干加强. 因此,当相邻晶面衍射光的光程差满足

$$2d \cdot \sin\theta = k\lambda, \quad k = 1, 2, 3, \cdots \quad (5-20)$$

时,反射回来的衍射光最强. 式(5-20)称为**布拉格公式**.

应用布拉格公式,可以很好地解释劳厄实验的现象. 当 X 射线入射到晶体表面时,对不同的晶面族,入射角 θ 不同,又因对不同的晶面族,相邻晶面间距 d 也不同. 所以,反射出来的 X 射线只有在适合一定的 θ 和 d 的条件下,才能相互加强而在照相底片上形成劳厄斑点. 图 5-30 给出了对不同晶面族,满足布拉格公式的不同的衍射方向的情况. 不同区域的劳厄斑点对应于不同晶面族反射的衍射光加强的情况.

授课录像:布拉格公式

(a) 晶体晶格中原子的排列,
实心圈代表原子

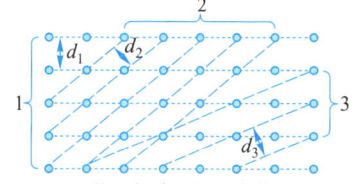

(b) 晶体晶格中不同取向的晶面族

图 5-28　分析晶体衍射用图

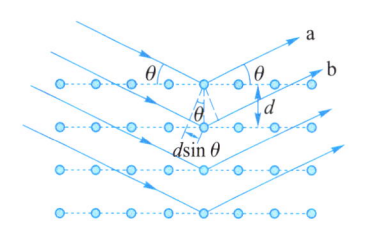

图 5-29　推导布拉格公式用图

布拉格公式

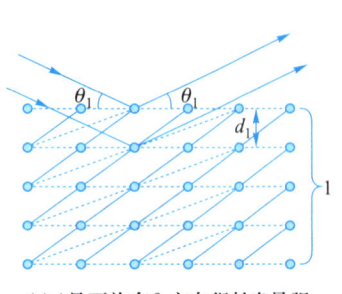

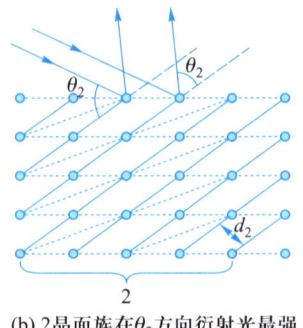

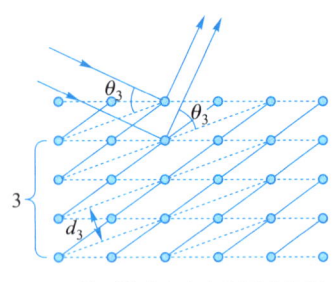

(a) 1 晶面族在 θ_1 方向衍射光最强

(b) 2 晶面族在 θ_2 方向衍射光最强

(c) 3 晶面族在 θ_3 方向衍射光最强

图 5-30 对不同的晶面族，在不同的衍射方向满足布拉格公式

值得注意的是，布拉格公式与光栅方程之间虽然有着表面上的相似性，但它们是不同的. 布拉格公式中的 θ 角在光栅方程中相当于 90° 减去 θ 角. 此外，在光栅方程中没有因子 2. 因此不要混淆两个关系式.

根据式（5-20），如果作为光栅的晶体结构已知，即晶面间距 d 为已知，则通过测出 X 射线最强反射的入射角 θ，就可计算出 X 射线的波长 λ，由此发展了 X 射线的光谱分析. 如果已知 X 射线的波长 λ，则通过测定最强反射的入射角 θ，就可计算出晶面间距 d，由此原理发展了 X 射线的晶体结构分析技术.

例 5-10

在 X 射线衍射实验中，记录下的第一级衍射像的衍射角为 5°，已知晶面间距为 2.8×10^{-10} m. 求 X 射线的波长.

解：利用布拉格公式［式（5-20）］，式中令 $k=1, \theta=5°, d=2.8 \times 10^{-10}$ m 得

$$\lambda = \frac{2d \cdot \sin\theta}{k} = \frac{2 \times 2.8 \times 10^{-10} \times \sin 5°}{1} \text{ m}$$
$$= 0.49 \times 10^{-10} \text{ m} = 0.049 \text{ nm}$$

本章提要

1. 衍射现象

当光波受到障碍物的限制时，偏离直线传播的现象. 光波在哪个方向受限制越多，偏离就越多.

2. 惠更斯-菲涅耳原理

惠更斯-菲涅耳原理:波阵面上各点都可以看成子波波源,在其后的波场中各点波的强度由各子波在该点的相干叠加决定.

将上述思想用数学形式表示成菲涅耳积分公式:

$$E = \int_S dE = \int_S C \frac{K(\theta) dS}{r} \cos\left(\omega t - \frac{2\pi}{\lambda} r\right)$$

所有的衍射问题都可以用菲涅耳积分公式来处理.

3. 菲涅耳半波带

将所考察的波面(如任意时刻的波面 S)划分成许多区域,让任意相邻两区域的对应点所发出的衍射光到达空间所考察点的光程差为 $\lambda/2$,这样划分的区域称为菲涅耳半波带,简称半波带.

在处理衍射问题时,半波带法是简单而直观的方法.

4. 夫琅禾费衍射

光源和观察屏到衍射物的距离都为无穷远的情况,也就是照射到衍射物上的入射光和离开衍射物的衍射光都是平行光.

(1) 单缝衍射

利用菲涅耳半波带可以得到,在观察屏 P 点处,当衍射角 θ 满足

$$a \cdot \sin\theta = \pm 2k\frac{\lambda}{2}, \quad k = 1, 2, 3, \cdots$$

时,P 点出现暗纹中心.当衍射角 θ 满足

$$a \cdot \sin\theta = \pm(2k+1)\frac{\lambda}{2}, \quad k = 1, 2, 3, \cdots$$

时,P 点出现明纹中心.当衍射角 θ 满足

$$-\lambda < a \cdot \sin\theta < \lambda$$

时,为中央明纹.

衍射光强分布为

$$I = I_0 \frac{\sin^2 u}{u^2} \quad \left(\text{其中 } u = \frac{\pi a \sin\theta}{\lambda}\right)$$

(2) 圆孔衍射

单色光垂直入射时,艾里斑(中央亮斑)的角半径 θ_{Airy} 满足

$$\theta_{\text{Airy}} = \frac{1.22\lambda}{d} \quad (d \text{ 为圆孔直径})$$

5. 光学仪器的分辨本领

瑞利判据:如果两个艾里斑的中心距离大于或等于艾里斑的半径,两个艾里斑像就可分辨或恰可分辨.

根据圆孔衍射规律和瑞利判据,可得圆孔光学仪器的最小分

辨角为

$$\theta_{\min} = \theta_{\text{Airy}} = \frac{1.22\lambda}{d}$$

圆孔光学仪器的分辨本领为

$$R = \frac{1}{\theta_{\min}} = \frac{d}{1.22\lambda}$$

6. 光栅衍射

（1）光栅

由 N 条宽度相等、间距相等的平行狭缝组成的衍射屏.

光栅常量 $d = a$（狭缝宽度）$+ b$（刻痕宽度）.

光栅衍射条纹是在黑暗背景上一系列又窄、又亮、间隔又远的明纹（又叫谱线）.

（2）光栅方程

单色平行光以入射角 φ 斜入射时，对透射式光栅，谱线（即主极大）的位置满足光栅方程

$$d \cdot (\sin\theta - \sin\varphi) = k\lambda, \quad k = 0, \pm 1, \pm 2, \cdots$$

对反射式光栅，谱线（即主极大）的位置满足光栅方程

$$d \cdot (\sin\theta + \sin\varphi) = k\lambda, \quad k = 0, \pm 1, \pm 2, \cdots$$

其中衍射角 θ 和入射角 φ 的正负号约定为，从光栅平面的法线算起，逆时针转向光线时的夹角取正值，顺时针时取负值.

（3）光栅谱线的缺级

谱线的缺级满足

$$k = \frac{d}{a}k'', \quad k'' = \pm 1, \pm 2, \pm 3, \cdots$$

（4）光栅光谱

当复色光入射时，同一级的主极大错开而形成光谱.

（5）光栅的色散本领和光栅的分辨本领

光栅的分光性能主要体现在两方面：一是光栅的色散本领；二是光栅的分辨本领.

光栅的色散本领：

$$D_\theta = \frac{\Delta\theta}{\Delta\lambda} = \frac{k}{d\cos\theta} \quad \text{（角色散本领）}$$

$$D_l = \frac{\Delta l}{\Delta\lambda} = f\frac{\mathrm{d}\theta}{\mathrm{d}\lambda} = \frac{fk}{d\cos\theta} \quad \text{（线色散本领）}$$

光栅的分辨本领：

$$R = \frac{\lambda}{\Delta\lambda} = kN \quad \text{（N 为光栅总缝数）}$$

7. 干涉和衍射的区别与联系

干涉和衍射都是光波的相干叠加的同一类现象,但在形成条件、分布规律以及数学处理方法上略有不同而又紧密关联.

8. X 射线衍射

晶体中的原子排列构成一个三维光栅.

当 X 射线以 θ 角掠射到晶面距离为 d 的晶体表面上时,若满足布拉格公式

$$2d \cdot \sin\theta = k\lambda, \quad k = 1, 2, 3, \cdots$$

则从晶体原子上散射的 X 射线互相干涉加强.

思考题

5-1 衍射的本质是什么?干涉和衍射有什么区别和联系?你能举出有干涉而没有衍射或者有衍射而没有干涉的例子吗?再举出一个既有干涉又有衍射的例子.

5-2 两条狭缝互成直角,就像一个"十"字,对于这样一个衍射物将会观察到怎样的衍射图样?当用眼紧贴着这样的衍射物观察远处的光源时,所观察到的是菲涅耳衍射还是夫琅禾费衍射衍射图样?

5-3 在夫琅禾费单缝衍射实验中,当进行如下调节时,衍射图样如何变化?
(1) 增大波长;
(2) 增大缝宽;
(3) 单缝垂直于透镜光轴向上或向下平移;
(4) 线光源 S 垂直于透射光轴向上或向下平移;
(5) 线光源 S 逐渐加宽.

5-4 用波长为 λ 的单色平行光垂直照射单缝.
(1) 若对观察屏上一点 P 来说,$a\sin\theta = 2\lambda$,问 P 点是明纹还是暗纹?级数是多少?单缝处波阵面被分成几个半波带?
(2) 若 $a\sin\theta = 1.5\lambda$,则 P 点又如何?

5-5 假设可见光波段不是在 400～700 nm,而是在毫米波段,而人眼瞳孔仍保持在 3 mm 左右,设想人们看到的外部世界将是一幅什么景象?

5-6 在地面进行的天文观测中,光学望远镜所成星体的像会受大气密度涨落的影响(所以要发射空间望远镜以排除这种影响),而射电望远镜则不会受这种影响,为什么?

5-7 为什么光学显微镜的放大率不可能很高?而电子显微镜的放大率可以比光学显微镜大几百倍?

5-8 在杨氏双缝干涉实验中,
(1) 如果遮挡其中一个缝,条纹将发生怎样的变化?
(2) 如果把缝宽 a 逐渐增大,两缝间的距离 d 逐渐减小,条纹将发生怎样的变化?

5-9 光栅衍射和单缝衍射有何区别?为什么光栅衍射的明纹特别亮,而且暗区特别宽?用哪一种衍射测定的波长较准确?

5-10 光栅衍射的明纹条件是 $(a+b)\sin\theta = \pm k\lambda$,$k = 0, 1, 2, 3, \cdots$ 问:
(1) $(a+b)\sin\theta$ 表示什么?
(2) 满足明纹条件时,相邻两缝发出的沿 θ 角的衍射光互相加强,任意两缝发出的沿 θ 角的衍射光是否互相加强?

5-11 为什么光栅刻痕不但要很多,而且各刻痕之间的距离也要相等?

5-12　一台光栅光谱仪备有三块光栅,规格分别是1 200 条/mm、600 条/mm、90 条/mm.

（1）如果用此仪器测定 700~1 000 nm 波段的红外线的波长,应选哪一块光栅?为什么?

（2）如果用来测定可见光波段的波长,应选哪一块光栅?为什么?

5-13　N 缝衍射装置中,入射光能流比单缝大 N 倍,而主极大强度却大 N^2 倍,这违反能量守恒定律吗?

5-14　为了提高光栅的色分辨本领和分辨本领,既要求光栅刻痕很窄(即 d 小),又要求刻痕总数很多(即 N 大).怎样理解 N 增大并不能提高光栅的色分辨本领?怎样理解 d 减小虽然能扩大两条谱线的角间距,却不能提高光栅的分辨本领?

习题

5-1　一束波长 $\lambda = 589$ nm 的平行光垂直照射到宽度 $a = 0.4$ mm 的单缝上,缝后放一焦距 $f = 1.0$ m 的凸透镜,在透镜的焦平面处的屏上形成衍射条纹.求:

（1）第一级明纹离中央明纹中心的距离;

（2）中央明纹的宽度.

5-2　用橙黄色(波长约为 600~650 nm)的平行光垂直照射到宽度 $a = 0.60$ mm 的单缝上,缝后放一焦距 $f = 40$ cm 的凸透镜,在透镜的焦平面处的屏上形成衍射条纹.若屏上离中央明纹中心 1.4 mm 处的 P 点为一明纹.

（1）求入射光的波长;

（2）求 P 点的条纹级数;

（3）从 P 点来看,对该光波而言,单缝处的波阵面可分成几个半波带?

5-3　用波长 $\lambda_1 = 400$ nm 和 $\lambda_2 = 700$ nm 的混合光垂直照射单缝,在衍射图样中,λ_1 的第 k_1 级明纹中心位置恰与 λ_2 的第 k_2 级暗纹中心位置重合.求 k_1 和 k_2.试问 λ_1 的暗纹中心位置能否与 λ_2 的暗纹中心位置重合?

5-4　迎面而来的汽车,两个车灯相距 1.2 m.假设夜间人眼的瞳孔直径为 5 mm,灯光波长为 550 nm.求汽车在多远处,人眼刚好能分辨这两个车灯?

5-5　一星体发出波长为 550 nm 的单色光,夜间人看到星体是一个小亮斑.设人眼的瞳孔直径为 5 mm,瞳孔到视网膜的距离为 23 mm.求视网膜上的像斑直径是多少?

5-6　人的眼睛对可见光(500 nm)敏感,瞳孔的直径约为 5 mm,一射电望远镜接收波长为 1 m 的射电波,若要求其分辨本领相同,那么射电望远镜的直径是多少?

5-7　一双缝间距 $d = 1.0 \times 10^{-4}$ m,每个缝宽度 $a = 2.0 \times 10^{-5}$ m,透镜焦距 $f = 0.5$ m,入射光的波长 $\lambda = 4.8 \times 10^{-7}$ m.

（1）求屏上干涉条纹的间距;

（2）求单缝衍射的中央明纹宽度;

（3）在单缝衍射的中央明纹内有多少干涉主极大?

5-8　用波长 $\lambda = 600$ nm 的平行光垂直照射光栅,第二级明纹在 $\sin\theta = 0.2$ 处,设光栅不透光部分的宽度是透光部分宽度的 3 倍.

（1）求光栅常量;

（2）求透光部分的宽度 a;

（3）能出现哪些级明纹?共多少条明纹?

5-9　用白光(波长为 400~760 nm)垂直照射每厘米有 4 000 条缝的光栅,可以产生多少级完整清晰可见的谱线?第二级谱线与第三级谱线是否重叠?多少级完整可见的谱线?

5-10　有三个透射式光栅,规格分别为100 条/mm,500 条/mm 及 1 000 条/mm.钠光灯光谱中,有两条很靠近的谱线,其平均波长为 589.3 nm.今以钠光灯为光源,经准直后正入射到光栅上,要求这两条谱线分离得尽量远.如果观察的是第一级谱线,应选用哪

第6章 光的偏振

6.1 光的偏振态
6.2 获得偏振光的方法
6.3 晶体中的双折射
6.4 偏振棱镜　波片
6.5 偏振光的干涉
6.6 光弹性效应与旋光性
本章提要
思考题
习题

1808年底的一个黄昏，法国的马吕斯（E. L. Malus, 1775—1812）透过一块方解石晶体观察巴黎一处宫殿的窗上反映的夕阳，影像随方解石晶体的转动时隐时现，于是发现了反射光的偏振现象．光的偏振现象从实验上证实了光波是横波．直到1865年，麦克斯韦建立起电磁场理论后，才从理论上证明了光波是横波．光的偏振现象与晶体有着密切的联系，许多偏振元件都是由晶体制成的，反之，利用光的偏振现象也可以有效地研究晶体的光学性质．

本章主要内容是，介绍光的偏振态；如何从自然光中获得各种偏振光；详细分析单轴晶体的双折射规律；讨论偏振光之间的干涉及其应用；介绍光弹性效应和旋光性．

6.1 光的偏振态

6.1.1 光的偏振性

授课录像：偏振状态

光的干涉和衍射说明光具有波动性，但不能说明光是横波还是纵波．光波是横波还是纵波，需要利用光的偏振性进行判断．那么，什么是光的偏振性呢？如图6-1所示，假定一光波沿Oz方向传播，如果光波是纵波，则Oz波射线上所有点的振动都沿传播方向Oz，因此，光振动矢量E在垂直于传播方向的平面A上的投影分布是均匀的，如图6-1(a)所示，即在该平面上没有哪个方向的光振动比其他方向的光振动特殊，这通常称为光波的振动关于传播方向具有轴对称性．而在横波中，Oz波射线上所有点的振动都垂直于传播方向Oz，因此，光振动矢量E在垂直于传播方向的平面A上的投影分布是不均匀的，如图6-1(b)所示，即在该平面上存在某个方向（图中竖直方向）的光振动比其他方向的光振动特殊,这通常称为光波的振动关于传播方向不具有轴对称性. 把光波的振动方向关于其传播方向不具有轴对称性的特征,称为 光的偏振性. 由此可见,偏振性是区别横波和纵波的一个重要标志.

光波的横波性表明光振动矢量(简称光矢量)E 垂直于光的传播方向 Oz. 而在垂直于光的传播方向 Oz 的二维平面内(图 6-1 中 A 平面),E 可能有各种振动方式,E 的每一种振动方式对应于一种状态,这些状态称为光的偏振态. 根据光的偏振态可以将光分为五种可能的类型:自然光、线偏振光、部分偏振光、椭圆偏振光和圆偏振光,接下来分别介绍这几种类型的光.

6.1.2 自然光

普通光源是由大量原子或分子组成的,因此,普通光源发出的光是大量原子或分子发出的光所复合而成的. 每个原子或分子在某一瞬间发出的光,其光矢量 E 与光的传播方向垂直,并具有一定的振动方向. 但是,由于发光是间歇的和独立的,一个原子或分子发出一个光波列后,经过极短的时间再发出第二个光波列时,光矢量 E 的振动方向一般是不同的. 另外,因不同原子或分子发出的光是完全独立的,它们在同一时刻发出的光,振动方向可以各不相同. 也就是说,普通光源发出的光,光矢量 E 在垂直于传播方向的平面上可以取任何方向,没有哪个方向比其他方向占优势,即在所有可能的方向上,光矢量 E 的振幅都相等或光矢量 E 的振动轴对称分布,这样的光称为 自然光,如图 6-2(a)所示. 由此可见,自然光的振动方向关于其传播方向具有轴对称性,因此,自然光不是偏振光.

对于自然光,总可以把各个方向上的光矢量分解在两个互相垂直的方向上,然后分别合成,这样,自然光就可以用一对频率相同、相互独立的、相互垂直且振幅相等的光振动来表示,如图 6-2(b)所示. 图 6-2(c)给出了自然光的两种图示法,用短线和黑点分别表示平行于纸面和垂直于纸面的光振动,短线和黑点的多少形象地表示两个相互垂直的分振动所代表的光波强弱. 在自然光的图示中,短线和黑点是均匀分布的.

应当注意,自然光中,由于各个方向光振动相位的无规则性,所以,这两个相互垂直的光振动之间没有固定的相位关系. 但是,两个相互垂直的振动具有相同的振幅,所以,它们具有相同的强度,都等于自然光强度的一半. 设所有光矢量在 x 和 y 轴方向

光的偏振性

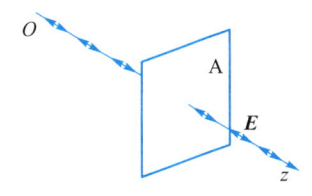

(a) 纵波的振动方向对传播方向具有轴对称性

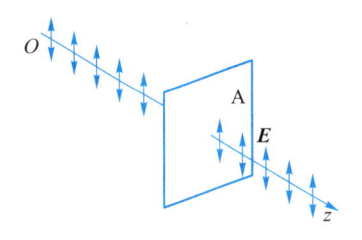

(b) 横波的振动方向对传播方向不具有轴对称性

图 6-1 光波振动示意图

自然光

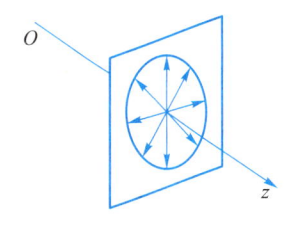

(a) 自然光中光矢量 E 振动的对称分布

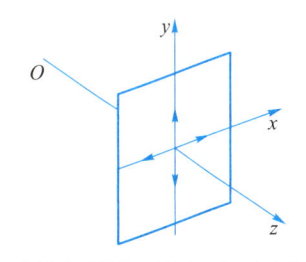

(b) 自然光可用相互独立、相互垂直且振幅相等的光振动表示

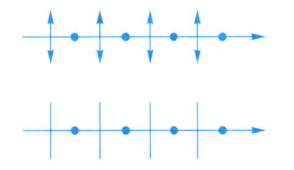

(c) 自然光的两种图示法,短线和黑点是均匀分布的

图 6-2 自然光表示法

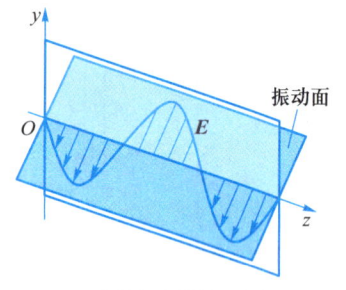

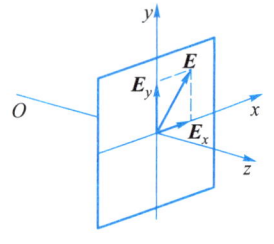

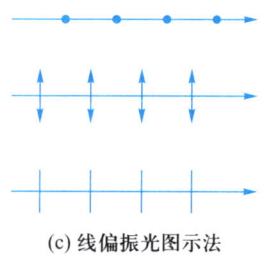

上的振幅投影之和分别为 A_x 和 A_y，根据 A_x 和 A_y 的非相干叠加，自然光的强度 I 为

$$I = A_x^2 + A_y^2$$

令 $I_x = A_x^2, I_y = A_y^2$，则

$$I_x = I_y = \frac{I}{2} \tag{6-1}$$

6.1.3 线偏振光

在垂直于传播方向的平面上，如果光矢量 E 只沿一个确定的方向振动，这种光称为**线偏振光**，又称为平面偏振光．线偏振光的振动方向与传播方向组成的平面，称为振动面，如图 6-3(a) 的浅色部分所示．线偏振光可用图 6-3(c) 所示的图示法表示．

线偏振光的光矢量 E 也可以用两个频率相同且相互垂直的光矢量表示，如图 6-3(b) 所示．设 E_x 和 E_y 分别是 x 和 y 轴方向上的光矢量，则在 z 轴上任意点处的两相互垂直的光矢量表达式为

$$E_x = A_x \cos(\omega t) \boldsymbol{i}$$
$$E_y = \pm A_y \cos(\omega t) \boldsymbol{j}$$

由此得到在 z 轴上任意点处的线偏振光的光矢量表达式为

$$\boldsymbol{E} = A_x \cos(\omega t) \boldsymbol{i} \pm A_y \cos(\omega t) \boldsymbol{j} \tag{6-2}$$

式(6-2)中，$\boldsymbol{i}$ 和 $\boldsymbol{j}$ 分别表示 x 和 y 轴方向的单位矢量；第二项取"+"时，光矢量 E 在 1、3 象限，取"-"时，光矢量 E 在 2、4 象限．

6.1.4 部分偏振光

在垂直于传播方向的平面上，如果光矢量 E 可以取任何方向，但在不同方向上，其振幅不同，在某一方向上的光振动较强，而在与之垂直方向上的光振动较弱，这种光称为**部分偏振光**，如图 6-4(a) 所示．部分偏振光也可以用一对相互独立的、相互垂直且振幅不等的光振动来表示，如图 6-4(b) 所示．在部分偏振光的射线中，短线和黑点的分布是不均匀的，如图 6-4(c) 所示．

部分偏振光是介于自然光和线偏振光之间的另一种光的偏振态．部分偏振光也可以视为自然光和线偏振光的混合．设 I_{max} 为部分偏振光沿某一方向的光强最大值，I_{min} 为在其垂直方向的

光强最小值,则线偏振光强度 $I_P=I_{max}-I_{min}$,把 I_P 在部分偏振光中占总光强($I_{max}+I_{min}$)的比例定义为**偏振度** P,即

$$P=\frac{I_{max}-I_{min}}{I_{max}+I_{min}} \tag{6-3}$$

偏振度 P 是衡量光波偏振程度的物理量。对于自然光,有 $I_{max}=I_{min}$,因此,$P=0$,即自然光是偏振度为零的光,也称为非偏振光。而对于线偏振光,有 $I_{min}=0$,所以,$P=1$,因此,线偏振光是偏振度最大的光,也称为完全偏振光。对部分偏振光而言,其偏振度介于 0 到 1 之间。

6.1.5 椭圆偏振光 圆偏振光

在垂直于传播方向的平面上,如果光矢量 E 以固定的角速度 ω 转动,其端点的轨迹沿着椭圆的轨迹,把这样的光称为**椭圆偏振光**。由力学的振动可知,任何一个椭圆运动都可以视为两个频率相同、振动方向垂直的简谐振动的合成。因此,椭圆偏振光可以正交分解成两个相互垂直的线偏振光。设有两束频率相同、光矢量相互垂直(设一个沿 x 轴方向的光振动为 E_x,另一个沿 y 轴方向的光振动为 E_y)且两者相位差为 $\Delta\varphi$ 的线偏振光,沿同一方向传播(设沿 z 轴方向)。在 z 轴上任意点处的两互相垂直的线偏振光的光矢量表达式为

$$E_x=A_x\cos(\omega t)\boldsymbol{i}$$
$$E_y=A_y\cos(\omega t+\Delta\varphi)\boldsymbol{j}$$

由此得到椭圆偏振光的光矢量为

$$\boldsymbol{E}=A_x\cos(\omega t)\boldsymbol{i}+A_y\cos(\omega t+\Delta\varphi)\boldsymbol{j} \tag{6-4}$$

式中,$\boldsymbol{i}$ 和 $\boldsymbol{j}$ 分别表示 x 和 y 轴方向的单位矢量。上式表明,当相位差 $\Delta\varphi$ 固定时,z 轴上任意点的合成光矢量端点在垂直于传播方向的平面上的轨迹是一个椭圆。在式(6-4)中,消去余弦函数中的公共因子后得椭圆方程为

$$\frac{E_x^2}{A_x^2}+\frac{E_y^2}{A_y^2}-2\left(\frac{E_x}{A_x}\right)\left(\frac{E_y}{A_y}\right)\cos\Delta\varphi=\sin^2\Delta\varphi \tag{6-5}$$

由于 E_x 和 E_y 的值总是在 $\pm A_x$ 和 $\pm A_y$ 之间变化,所以,式(6-5)给出的椭圆是与 $\pm A_x$ 和 $\pm A_y$ 为界的矩形相内切的斜椭圆,如图 6-5(a)所示。式(6-5)所示的椭圆长轴与 x 轴的夹角 θ 满足下式:

$$\tan^2\theta=\frac{2A_xA_y}{A_x^2-A_y^2}\cos\Delta\varphi \tag{6-6}$$

偏振度

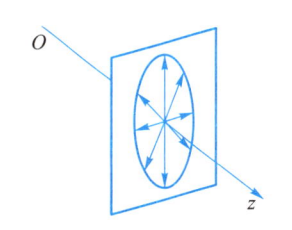

(a) 光矢量 E 在各个方向上的振幅不相等

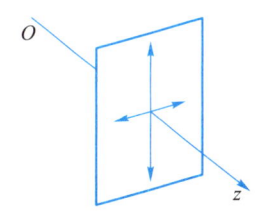

(b) 部分偏振光可用相互独立、相互垂直且振幅不相等的光振动表示

(c) 部分偏振光的两种图示法,短线和黑点的分布是不均匀的

图 6-4 部分偏振光表示法

椭圆偏振光

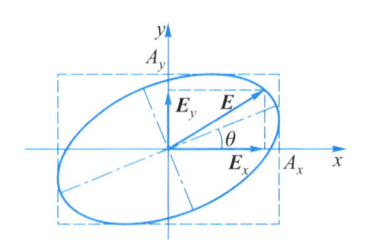

(a) 合成光矢量 *E* 的端点轨迹是一个椭圆

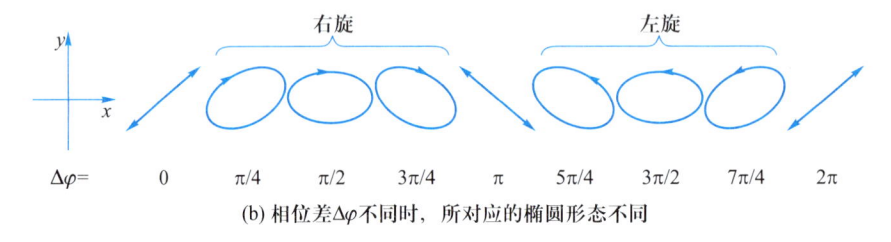

(b) 相位差 Δφ 不同时，所对应的椭圆形态不同

图 6-5 椭圆偏振光的示意图

从式(6-5)和式(6-6)可以看出，椭圆长短轴的大小和取向与这两束光波的振幅 A_x、A_y 以及它们的相位差 $\Delta\varphi$ 有关。此外，合成光矢量 E 的端点沿椭圆运动的方向也与相位差 $\Delta\varphi$ 有关。图 6-5(b)表示各种形态的椭圆，其中相位差 $\Delta\varphi$ 表示 E_y 振动超前于 E_x 振动的相位。当相位差 $\Delta\varphi = 2k\pi, k=0,1,2,\cdots$ 时，合成光为第 1、第 3 象限的线偏振光；当相位差 $\Delta\varphi = (2k+1)\pi, k=0,1,2,\cdots$ 时，合成光为第 2、第 4 象限的线偏振光。当相位差 $\Delta\varphi = (2k\pm 1/2)\pi, k=0,1,2,\cdots$ 时，合成光为长、短轴分别在 x、y 轴上的椭圆偏振光。

当迎着光的传播方向观察时，若合成光矢量 E 的端点描出的椭圆沿顺时针方向旋转，称为右旋椭圆偏振光，如图 6-6(a)所示。若合成光矢量 E 的端点描出的椭圆沿逆时针方向旋转，称为左旋椭圆偏振光，如图 6-6(b)所示。这虽然和右手螺旋、左手螺旋的关系相反，但在光学上，按照习惯一直就是这样说的。

在椭圆偏振光中，当两个互相垂直的线偏振光的振幅相等 $A_x = A_y = A$，且相位差 $\Delta\varphi = \pm\pi/2$ 时，这时合成后的光矢量端点在垂直于传播方向的平面上的轨迹是一个圆，把这样的光称为圆偏振光。由式(6-4)得圆偏振光的光矢量为

$$E = A\cos(\omega t)\boldsymbol{i} \mp A\sin(\omega t)\boldsymbol{j} \quad (6\text{-}7)$$

式(6-7)中的第二项取"+"时，表示左旋圆偏振光，取"-"时，表示右旋圆偏振光。

设圆偏振光的强度为 I，两个互相垂直的分量 $I_x = A_x^2$ 和 $I_y = A_y^2$，由 $I = A_x^2 + A_y^2$，所以可得

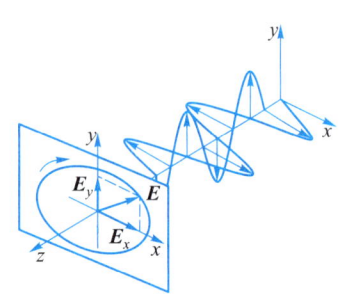

(a) 右旋椭圆偏振光

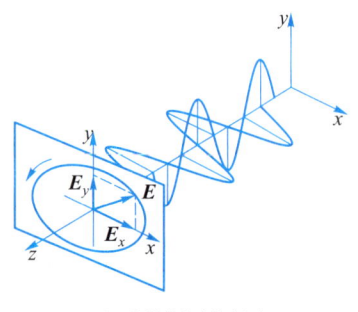

(b) 左旋椭圆偏振光

图 6-6 椭圆偏振光沿 z 轴方向传播示意图

$$I_x = I_y = \frac{I}{2}$$

6.2 获得偏振光的方法

普通光源发出的光,都是自然光. 要想从自然光中获得偏振光,就必须应用一些器件,这些器件称为**起偏器**. 起偏器也可以用来检验一束光是否为偏振光,这时它们称为**检偏器**. 将自然光变成偏振光的过程称为**起偏过程**,起偏过程主要有三种方法:(1)利用晶体的二向色性起偏;(2)利用反射与折射起偏;(3)利用晶体的双折射起偏. 本节讨论前两种方法起偏,双折射起偏的相关内容留待下一节讨论.

起偏器
检偏器
起偏过程

授课录像:起偏和检偏

6.2.1 偏振片起偏

最简单的起偏器是偏振片. 有些物质,例如硫酸金鸡纳碱晶体,能够有选择地吸收某一方向的光振动,而让与这个方向垂直的光振动通过. 物质这种选择性吸收的性质称为二向色性. 把具有二向色性的细微晶体物质涂在透明薄片上,就制成了偏振片. 现在广泛使用的偏振片是一种人造分子型偏振片,是将聚乙烯醇薄膜在高温下加热拉伸后浸泡于碘溶液中,再烘干而制成的. 经过拉伸后聚乙烯醇薄膜中的碳氢化合物分子沿拉伸方向形成长链状分子,碘附着在长链状分子上形成"碘链",碘中的自由电子能够沿"碘链"方向运动. 当自然光通过这样的偏振片时,平行于"碘链"方向的光矢量的振动推动电子,对电子做功,从而被强烈地吸收;而垂直于"碘链"方向的光矢量的振动不对电子做功,因而能够透过. 这样自然光就变成了线偏振光,如图 6-7 所示. 偏振片允许通过的光振动的方向称为偏振化方向,又称为透光轴. 在偏振片上,偏振化方向用记号"↕"标出.

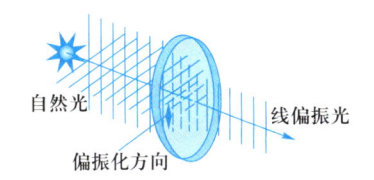

图 6-7 利用晶体的二向色性起偏

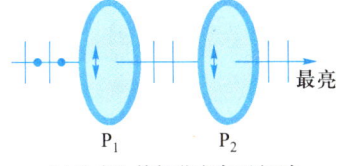

(a) P₁和P₂偏振化方向平行时透过光强最大

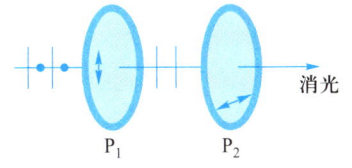

(b) P₁和P₂偏振化方向垂直时透过光强为零

图 6-8 用偏振片起偏和检偏

偏振片不仅可以用来起偏,也可以用来检偏,如一束光是线偏振光、自然光还是部分偏振光可以用偏振片来区分. 这时把偏振片当成检偏器. 在图 6-8 中,设自然光垂直射到偏振片上,偏振片 P₁作为起偏器,自然光通过 P₁后成为线偏振光,而后照射到检偏器 P₂上. 以光的传播方向为轴转动 P₂发现,当

P_1 和 P_2 的偏振化方向一致时，线偏振光可以通过 P_2，且透过 P_2 的光强最大，如图 6-8(a)所示．继续转动 P_2，通过 P_2 的光强会变小，当 P_2 转过 90° 角，即 P_2 和 P_1 的偏振化方向互相垂直时，线偏振光不能透过 P_2，则透过 P_2 的光强为零，称为消光，如图 6-8(b)所示．不断转动 P_2，可以观察到透过 P_2 的光强不断变化，P_2 转动一周，光强经历两次最大、两次为零(或消光)的变化过程．当转动 P_2 时，如果照射到 P_2 上的光是自然光，那么透过 P_2 的光强不变；如果是部分偏振光，那么透过 P_2 的光强虽发生变化，但不出现消光现象．

6.2.2 马吕斯定律

接下来讨论，光垂直入射到理想偏振片(无吸收)后，其透射光强与入射光强之间的关系．偏振片的特点是只允许光矢量沿偏振化方向的光振动通过，而自然光又可以用沿偏振化方向的光振动和垂直于偏振化方向的光振动来表示．因此，自然光垂直入射到理想偏振片后，其透射光强应等于入射光强的一半，且光的偏振态是线偏振光．如图 6-9(a)所示，通过 P_1 的线偏振光通过偏振片 P_2 后，透射光强与入射光强之间的关系又是什么？

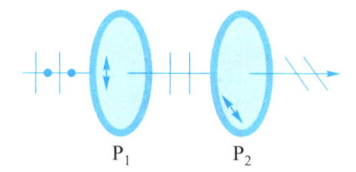

如图 6-9(b)所示，设 A_1 为入射线偏振光的光矢量振幅，P_2 是检偏器的偏振化方向，入射线偏振光的光矢量的振动方向与检偏器的偏振化方向间的夹角为 θ，将光振动分解为平行于 P_2 偏振化方向和垂直于 P_2 偏振化方向的两个分振动，它们的振幅分别为 $A_1\cos\theta$ 和 $A_1\sin\theta$，又因偏振片只允许沿偏振化方向的分振动透过，所以，透射光的振幅为

$$A_2 = A_1\cos\theta$$

由于光强正比于振幅的平方，所以透射光的光强为

$$I_2 = I_1\cos^2\theta \qquad (6-8)$$

式中 $I_1 = A_1^2$ 为入射线偏振光的光强．式(6-8)所表示的线偏振光通过偏振片后的透射光的光强随 θ 角变化的规律，称为**马吕斯定律**．由式(6-8)可知，当 $\theta = \pm\pi/2$ 时，$I_2 = 0$，透射光强最小；当 $\theta = 0$ 或 π 时，$I_2 = I_1$，透射光强最大．

图 6-9 光垂直入射到理想偏振片后，透射光强与入射光强之间的关系

(a) 自然光通过理想偏振片后变为线偏振光且光强减半

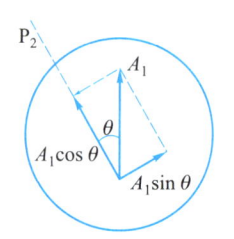

(b) 马吕斯定律用图

例 6-1

将两块理想偏振片 P_1 和 P_2 共轴放置,如图 6-10 所示. 强度为 I_1 的自然光和强度为 I_2 的线偏振光同时垂直入射到偏振片 P_1 上,从 P_1 透射后又入射到偏振片 P_2 上. 假设 P_1 和 P_2 偏振化方向的夹角为 θ,线偏振光的光矢量与 P_1 偏振化方向的夹角为 φ.

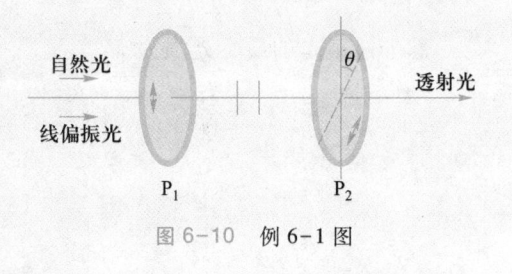

(1) P_1 不动,将 P_2 以光线为轴转动一周,经系统透射出的光强将如何变化?

(2) 设计一个放置 P_1 和 P_2 的方案,使系统透射出的光强最大.

图 6-10 例 6-1 图

解: (1) 根据自然光通过偏振片后光强减半和线偏振光通过偏振片后光强由马吕斯定律决定的规律,可知从系统透射出的光强为

$$I = \left(\frac{I_1}{2} + I_2 \cos^2\varphi\right)\cos^2\theta$$

若使 P_2 以光线为轴转动一周,光强将按上式做周期性的变化. 当 $\theta = 90°$、$270°$ 时,光强为零,当 $\theta = 0°$、$180°$、$360°$ 时,光强达到极大值,其表达式为

$$I_{max} = \frac{I_1}{2} + I_2 \cos^2\varphi$$

(2) 由(1)得到的 I_{max} 可知,只有当 $\theta = 0$ 或 $180°$,且 $\varphi = 0$ 时,通过系统的光强最大. 因此,应先固定 P_1,再转动 P_2 使透射光强达到最大值,就表明已调至 $\theta = 0$ 或 $180°$;再让 P_1 和 P_2 同步旋转,使透射光强再度达到最大值时,就表明已调至 $\varphi = 0$. 此时,因同时满足了 $\theta = 0$(或 $180°$)和 $\varphi = 0$,所以通过系统的光强最大.

例 6-2

通过偏振片观察一束部分偏振光,当偏振片由对应透射光强最大的位置转过 $30°$ 时,其光强减少了 20%. 求:

(1) 这束部分偏振光中自然光与线偏振光的光强之比;

(2) 这束部分偏振光的偏振度.

解: (1) 部分偏振光相当于自然光与线偏振光的非相干叠加. 设部分偏振光中自然光的光强为 I_1,线偏振光的光强为 I_2. 根据自然光通过偏振片,光强减半,而线偏振光通过偏振片,光强由马吕斯定律决定的规律. 可得透射光的光强最大值为 $I_1/2 + I_2$. 由题意可知,透射光强最大的位置转过 $30°$ 时,其光强为

$$\left(\frac{I_1}{2} + I_2\right)(1 - 0.2) = \frac{I_1}{2} + I_2\cos^2 30°$$

由上式解得

$$\frac{I_1}{I_2} = \frac{1}{2}$$

(2) 部分偏振光的最大光强为

$$I_{\max} = I_2 + \frac{I_1}{2} = \frac{5I_1}{2}$$

部分偏振光的最小光强为

$$I_{\min} = \frac{I_1}{2}$$

由式(6-3)可得这束部分偏振光的偏振度为

$$P = \frac{I_{\max} - I_{\min}}{I_{\max} + I_{\min}} = \frac{2}{3}$$

6.2.3 反射和折射起偏 布儒斯特定律

授课录像：反射和折射 布儒斯特定律

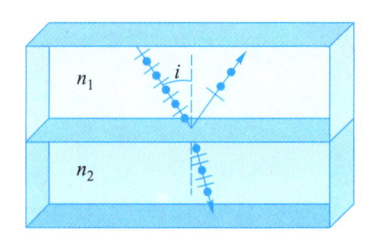

图 6-11 自然光反射和折射后产生部分偏振光

布儒斯特定律

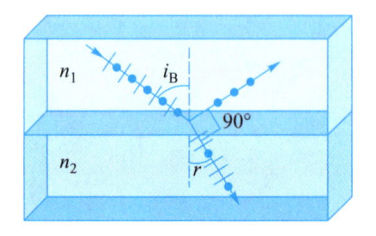

图 6-12 以布儒斯特角入射时反射光为线偏振光

自然光射到两种介质的分界面上，发生反射和折射现象. 1812 年，布儒斯特(D. Brewster, 1781—1868)通过实验发现，在一般情况下，反射光和折射光都是部分偏振光. 在反射光中，垂直于入射面(入射光线与分界面法线所组成的平面)的光振动比较强；在折射光中，平行于入射面的光振动比较强，如图 6-11 所示. 实验还发现，在反射光和折射光中，垂直于入射面的光振动和平行于入射面的光振动的振幅之比与入射角 i 有关. 当入射角取某个确定值 i_B 时，反射光中，平行于入射面的光振动消失，反射光成为振动方向垂直于入射面的线偏振光，而折射光仍为部分偏振光，如图 6-12 所示.

布儒斯特指出，当光从折射率为 n_1 的介质射入折射率为 n_2 的介质时，i_B 满足下式

$$\tan i_B = \frac{n_2}{n_1} \qquad (6-9)$$

式(6-9)给出 i_B、n_1、n_2 三者的关系，称为**布儒斯特定律**，i_B 称为布儒斯特角或起偏角.

值得注意的是，当自然光以布儒斯特角 i_B 入射到两种介质的分界面时，反射光与折射光互相垂直，即

$$i_B + r = 90° \qquad (6-10)$$

式(6-10)可以用折射定律和布儒斯特定律来证明. 由折射定律和布儒斯特定律分别得

$$\frac{\sin i_B}{\sin r} = \frac{n_2}{n_1}$$

和

$$\tan i_B = \frac{\sin i_B}{\cos i_B} = \frac{n_2}{n_1}$$

对比两式可得 $\sin r = \cos i_B = \sin(90°-i_B)$，由此得式(6-10)．

当自然光以布儒斯特角 i_B 入射到两种介质的分界面时，反射光虽是线偏振光，但光的强度太小；折射光的强度虽大，但偏振化程度太小．为了解决这个矛盾，可以让自然光通过由多片玻璃叠合而成的玻璃片堆，并且使入射角等于布儒斯特角，如图 6-13 所示．由于各个界面上的反射光都是光振动垂直入射面的线偏振光，所以，每经过一次反射，折射光中垂直入射面的光振动就减弱一次，折射光的偏振化程度就提高一些．当玻璃片足够多时，最终透射出的折射光就接近于线偏振光了，其光振动方向平行于入射面，称为**折射起偏**．

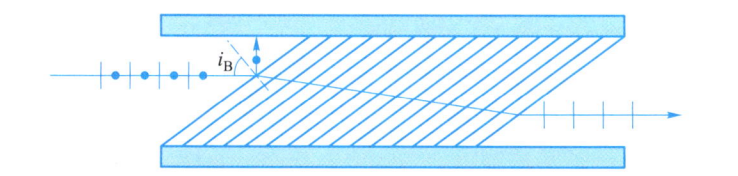

图 6-13 用玻璃片堆获得线偏振光

例 6-3

偏振分束器可把入射的自然光分成两束传播方向互相垂直的偏振光，其结构如图 6-14 所示．两个等边直角玻璃棱镜斜面对斜面合在一起，两斜面间夹一多层膜．多层膜是由高折射率和低折射率介质交替组合而成．设高折射率 $n_H = 2.38$，低折射率 $n_L = 1.25$，氩离子激光（波长 $\lambda = 514.5$ nm）以 45° 角入射到多层膜上．

（1）为使反射光为线偏振光，玻璃棱镜的折射率 n 应取多少？

（2）为使透射光的偏振度最大，高折射率的膜厚度 d_H 和低折射率的膜厚度 d_L 的最小厚度值是多少？

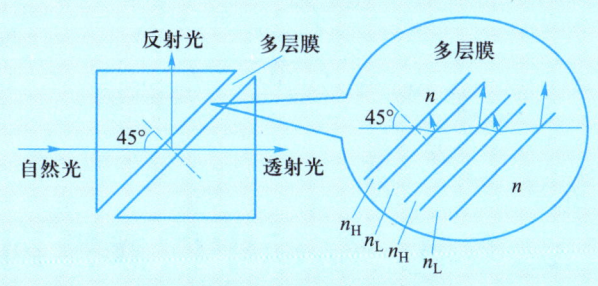

图 6-14 偏振分束器示意图

解：（1）图 6-15 画出了偏振分束器中的光路图，由折射定律可得 $n\sin 45° = n_H \sin\theta_H = n_L \sin\theta_L$

当反射光为线偏振光时，由布儒斯特定律可得

$$\theta_H + \theta_L = 90°$$

由以上两式可得玻璃棱镜的折射率为

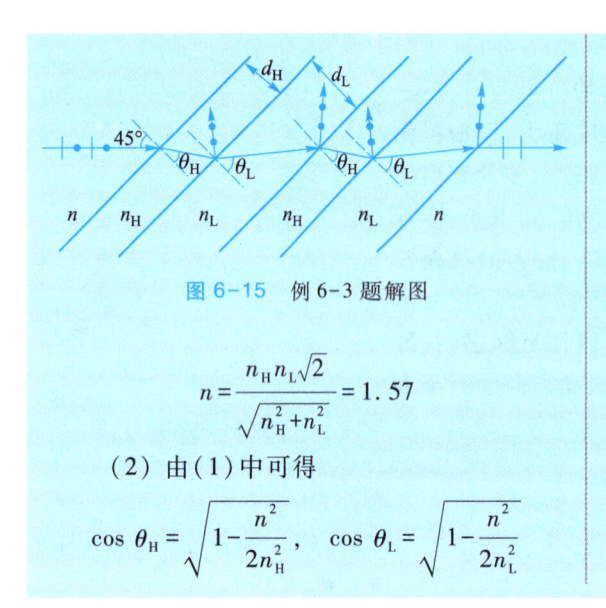

$$n = \frac{n_H n_L \sqrt{2}}{\sqrt{n_H^2 + n_L^2}} = 1.57$$

（2）由（1）中可得

$$\cos\theta_H = \sqrt{1 - \frac{n^2}{2n_H^2}}, \quad \cos\theta_L = \sqrt{1 - \frac{n^2}{2n_L^2}}$$

图 6-15　例 6-3 题解图

为使透射光的偏振度最大，任一层介质膜两表面的反射光干涉应取极大值条件，即对高折射率介质应满足

$$2n_H d_H \cos\theta_H + \frac{\lambda}{2} = k_H \lambda$$

取 $k_H = 1$，得 $d_H = 6.11 \times 10^{-8}$ m. 同理，对低折射率介质应满足

$$2n_L d_L \cos\theta_L + \frac{\lambda}{2} = k_L \lambda$$

取 $k_L = 1$，得 $d_L = 2.24 \times 10^{-7}$ m.

布儒斯特定律有一个很重要的应用是保证激光的线偏振性，如图 6-16 所示．在激光器上安装布儒斯特窗，当激光在两个镜面 M_1 和 M_2 之间来回反射时，每次都以布儒斯特角 i_B 入射到布儒斯特窗上，与纸面垂直的振动分量一次次地被反射掉，而与纸面平行的振动分量可以畅通无阻地通过布儒斯特窗口在 M_1 和 M_2 之间来回反射．这样，只有无反射损耗的平行于纸面的光振动在激光管内发生振荡而形成激光，因此，最后从 M_2 输出的激光是线偏振光．

图 6-16　布儒斯特窗的作用是使激光器输出线偏振光

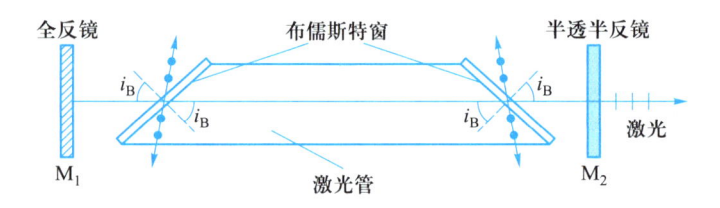

6.3　晶体中的双折射

6.3.1　双折射现象

一束光在两种各向同性介质的分界面上发生折射时，在入射

面内只有一束折射光,其折射方向由折射定律决定.但是,当一束光射到各向异性的介质(如方解石晶体)中时,会产生特殊的折射现象.1669年,巴托林(Bartholin)在实验中发现,通过方解石(或冰洲石,即碳酸钙 $CaCO_3$)晶体观察物体时,物体的像是双重的,如图 6-17(a)所示.这种现象是由于一束入射光进入各向异性的介质后,分裂成沿不同方向折射的两束光形成的,称为双折射现象.

实验表明,当改变入射角 i 时,其中一束折射光遵守折射定律,即 $\sin i/\sin r = n_2/n_1$ 是常数,且折射光始终在入射面内,称为**寻常光**,简称 o 光;另一束折射光不遵守折射定律,且一般情况下折射光不在入射面内,称为**非寻常光**,简称 e 光.如图 6-17(b)所示,在垂直入射时,o 光沿原方向折射,而 e 光通常不沿原方向折射,如果使方解石晶体以入射光线为轴旋转,会发现 o 光不动,而 e 光却随之绕轴旋转.应当注意,所谓的 o 光和 e 光是对晶体而言的,射出晶体后就无 o 光和 e 光的区别了.

6.3.2 光轴　主截面

在晶体内存在着一些特殊的方向,沿着这些方向传播的光并不发生双折射,即在晶体内这些方向上,o 光和 e 光的传播速度及传播方向都相同.在晶体内平行于这些特殊方向的任何直线,称为**晶体的光轴**.应当注意,光轴表示的是一确定的方向,而不限于某一特殊的直线.具有一个特殊方向的晶体,称为单轴晶体,例如方解石、石英、红宝石等是最常见的单轴晶体;具有两个特殊方向的晶体,称为双轴晶体,例如云母、硫黄、黄玉等是双轴晶体.由于光通过双轴晶体时,观察到的现象比较复杂,所以,本书只讨论单轴晶体的双折射现象.

为了讨论问题方便起见,在单轴晶体中,光轴与晶体表面的法线所构成的平面,称为晶体的主截面;光轴与 o 光光线所构成的平面,称为 o 光的主平面;光轴与 e 光光线所构成的平面,称为 e 光的主平面.

用检偏器观察时,可以发现 o 光和 e 光都是线偏振光,但它们的光矢量振动方向不同,o 光的振动方向垂直于 o 光的主平面,而 e 光的振动方向平行于 e 光的主平面.一般情况下,o 光和 e 光的主平面并不重合,当光轴平行于入射面时,晶体的主截面、o 光的主平面和 e 光的主平面三者与入射面重合(经常是有意做到这点以使问题简化),如图 6-18 所示.这时,o 光和 e 光都在

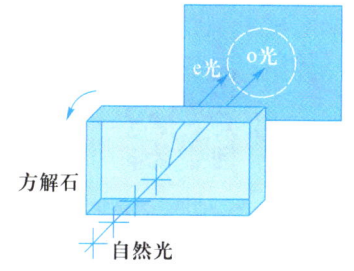

图 6-17　方解石晶体的双折射现象

个光栅？如果观察的是第二级谱线，应选用哪个光栅？

5-11 波长为 500 nm 的单色光平行垂直入射在光栅上，如要求第一级谱线的衍射角为 30°，问：
（1）光栅每毫米应刻多少条线？
（2）如果单色光不纯，波长在 0.5% 范围内变化，则相应的衍射角变化范围 $\Delta\theta$ 如何？

5-12 一平面光栅，当用光垂直照射时，能在 30° 角的衍射方向上得到 $\lambda_1 = 600$ nm 的第二级主极大，并能分辨 $\Delta\lambda = 0.05$ nm 的两条光谱线，但 $\lambda_2 = 400$ nm 第三级主极大消失.
（1）求光栅的透光部分宽度 a 和不透光部分宽度 b；
（2）光栅的总缝数 N 至少是多少？

5-13 一光栅每厘米有 3 000 条缝，用波长为 555 nm 的单色光以 30° 角斜入射，试问在衍射屏的中心位置是光栅光谱的第几级谱线？

*5-14 含有红光 λ_r、紫光 λ_v 的光垂直入射在每毫米 300 条缝的光栅上，在 24° 角处两种波长光的谱线重合（$\sin 24° = 0.406\ 7$）. 问：
（1）紫光波长为多少？
（2）屏上可能单独呈现紫光的各级谱线的级次（只写出正的级次）？

5-15 N 根天线沿一水平直线等距离排列成天线列阵，每根天线发射同一波长 λ 的球面波，从第 1 根天线到第 N 根天线，相位依次落后 $\pi/2$，相邻天线间的距离 $d = \lambda/2$. 求在什么方向（即与天线列阵法线的夹角 θ 为多少？）上，天线列阵发射的电磁波最强？

*5-16 如习题 5-16 图所示为一种制造光栅的原理图，激光器发出波长为 600 nm 的光束经分束器得到两束相干的平行光，这两束光分别以 0° 和 30° 的入射角射到感光板 H 上，形成一组等距的干涉条纹，经一定时间的曝光和显影、定影等处理后，H 就成为一块透射式光栅，其光栅常量等于干涉条纹的间距.
（1）为了在第一级光谱能将 500.00 nm 和 500.02 nm 的两谱线分开，所制得的光栅沿 x 方向应有的最小宽度是多少？
（2）若入射到 H 上的两光束的光强之比为 1∶4，干涉图样合成光强的最小值与最大值之比是多少？

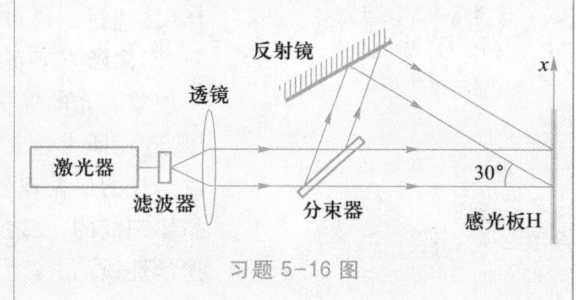

习题 5-16 图

5-17 绿光 500 nm 正入射在光栅常量为 2.5×10^{-4} cm，宽度为 3 cm 的光栅上，聚光镜的焦距为 50 cm.
（1）求第一级谱线的线色散；
（2）求第一级谱线中能分辨的最小波长差；
（3）该光栅最多能看见第几级谱线？

5-18 如图 5-29 所示，若 $\theta = 45°$，入射的 X 射线包含有从 0.095 nm 到 0.130 nm 这一波段中的各种波长. 已知晶体的晶格常数 $d = 0.275$ nm，对于图中所示的晶面族，是否会有干涉加强的衍射 X 射线产生？如果有，这种 X 射线的波长是多少？

5-19 比较两条单色的 X 射线的谱线时注意到，谱线 A 在与一个晶体的光滑面成 30° 的掠射角处给出第一级反射极大，已知谱线 B 的波长为 0.097 nm，谱线 B 在与同一晶体的同一光滑面成 60° 的掠射角处，给出第三级反射极大. 求谱线 A 的波长.

入射面内传播,且 o 光和 e 光的光振动方向相互垂直.当方解石晶体以入射光线为轴旋转时,虽然 o 光和 e 光的主平面随着光轴方向的变化而不再与入射面平行,但是 o 光始终保持在入射面内传播,e 光不在入射面内传播,而是随着光轴方向的变化围绕着 o 光旋转.

图 6-18　晶体光轴位于入射面内时,晶体主截面、o 光和 e 光的主平面也在入射面内

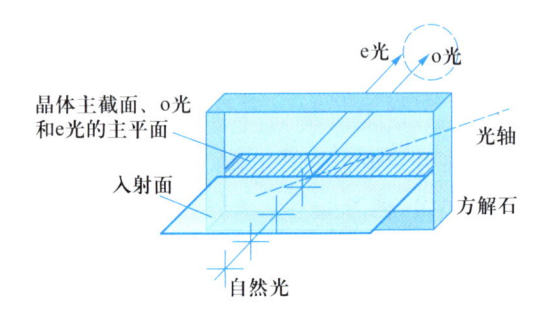

6.3.3 光在晶体中的传播规律

授课录像:用惠更斯原理解释双折射现象

关于双折射现象的解释,1690 年,惠更斯在他的《论光》一书中首先提出:在晶体中,从一个点光源发出的 o 光是球形波面,e 光是以晶体光轴为旋转轴的旋转椭球形波面.换句话说,o 光在晶体中沿各个方向的传播速度相同,因而 o 光在晶体中沿各个方向的折射率相等;e 光在晶体中沿各个方向的传播速度不相同,因而 e 光在晶体中沿各个方向的折射率不相等.由此可见,不同方向振动的光,其传播速度和折射率不同,把这种性质称为介质的光学各向异性.大多数晶体具有光学各向异性.

图 6-19 给出了晶体中 o 光和 e 光的波面和它们的传播示意图.设 v_o 和 v_e 分别表示 o 光在光轴方向上和 e 光在垂直于光轴方向上的传播速度,一般而言,o 光在晶体中的传播速度与方向无关,始终等于 v_o;而 e 光在晶体中的传播速度 v_{re} 与方向有密切关系,介于 v_o 和 v_e 之间.如图 6-19(a)所示,在光轴方向上 o 光和 e 光的传播速度相等,在其他方向上 o 光的传播速度大于 e 光的传播速度,这样的晶体称为 **正单轴晶体**,例如石英晶体.对于正单轴晶体,o 光的波面包围 e 光的波面.如图 6-19(b)所示,在光轴方向上 o 光和 e 光的传播速度相等,在其他方向上 o 光的传播速度小于 e 光的传播速度,这样的晶体称为 **负单轴晶体**,例如方解石晶体.对于负单轴晶体,e 光的波面包围 o 光的波面.

正单轴晶体

负单轴晶体

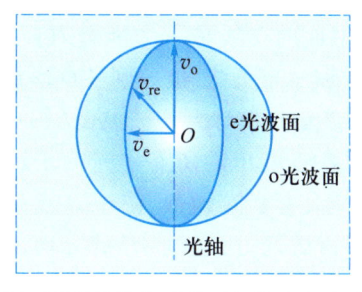

(a) 正单轴晶体内o光波面超前于e光波面 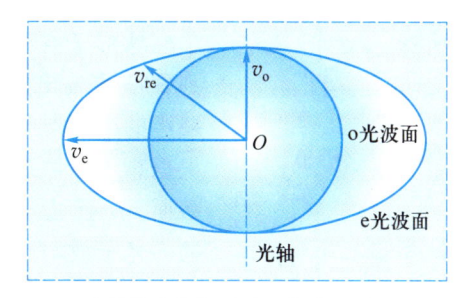　　(b) 负单轴晶体内o光波面落后于e光波面

图 6-19　光在晶体内传播时的子波波面

无论是正单轴晶体还是负单轴晶体,在垂直于光轴方向上,o光和e光的传播速度相差最大,因而,相应的o光和e光的折射率相差也最大. 设 n_o 和 n_e 分别表示o光和e光在垂直于光轴方向上的折射率,c 表示真空中的光速,则有 $n_o = c/v_o$, $n_e = c/v_e$,折射率 n_o 和 n_e 分别称为晶体的o光和e光主折射率,简称折射率. 对于正单轴晶体,$n_o < n_e$(或 $v_o > v_e$);对于负单轴晶体,$n_o > n_e$(或 $v_o < v_e$). 表 6-1 中列出了几种常用双折射晶体的主折射率.

表 6-1　一些常用双折射晶体在室温时的主折射率($\lambda = 589.3$ nm)

晶体材料	o光主折射率(n_o)	e光主折射率(n_e)
冰	1.309	1.310
石英	1.544	1.553
硝酸钠	1.585	1.336
方解石	1.658	1.486
电气石	1.669	1.638
菱铁矿	1.875	1.635
锆石	1.923	1.968
氧化锌	2.009	2.024
硫化锌	2.368	2.372

下面利用上述o光的球面波和e光的旋转椭球面波的概念,以负单轴晶体为例,在几种特殊情况下用简单的惠更斯作图法画出晶体中的o光、e光的波面和传播方向. 从而说明光在晶体中的双折射现象.

1. 晶体的光轴在入射面内,且平行于晶体表面

如图 6-20(a)所示,晶体的光轴在入射面内,且平行于晶体的表面,主截面与入射面重合. 平行自然光斜入射到一负单轴晶体的表面上,设 AA' 是某时刻入射光的波面,当入射光从 A' 点传播到 B' 点时,A 点发出的子波在晶体内已经传播开来,o光形成

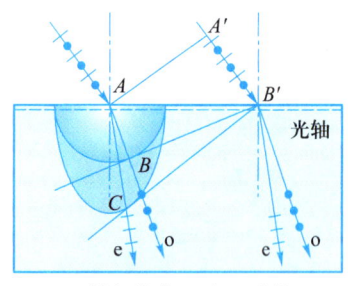

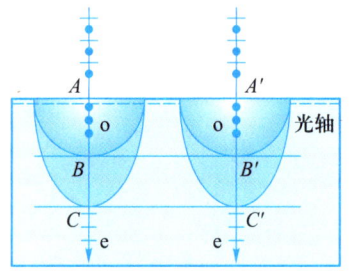

图 6-20 晶体光轴在入射面内，且平行于晶体表面时，平行自然光入射到负单轴晶体的双折射

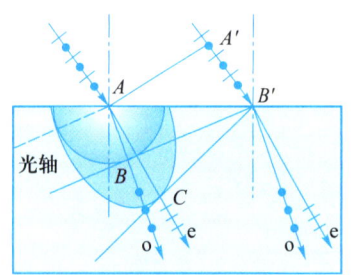

(a) 斜入射时，o光、e光的波面和传播方向

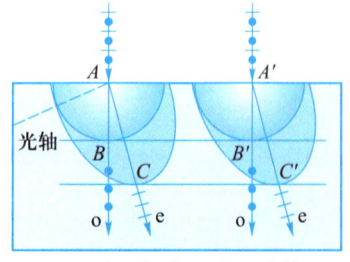

(b) 垂直入射时，o光、e光的波面和传播方向

图 6-21 晶体光轴在入射面内，且与晶体表面斜交时，平行自然光入射到负单轴晶体的双折射

(a) 斜入射时，o光、e光的波面和传播方向

(b) 垂直入射时，o光、e光的波面和传播方向

半球形子波波面(与入射面的交线是一个半圆)，而 e 光形成旋转半椭球形子波波面(与入射面的交线是一个半椭圆). 同时，从 A 到 B' 各点发出的 o 光子波和 e 光子波，也分别各自形成大小依次减小的半球形子波波面和旋转半椭球形子波波面(图中未画出). 根据惠更斯原理，AB' 之间各点发出的所有 o 光的子波波面的包络面 BB' 就是 o 光在晶体内传播的新波面，图中 B 点是 A 点发出的 o 光子波与包络面 BB' 相切处，而连线 AB 的方向就是 o 光在晶体内的传播方向；同样，AB' 之间各点发出的所有 e 光的子波波面的包络面 CB' 就是 e 光在晶体内传播的新波面，而连线 AC 的方向就是 e 光在晶体内的传播方向. 从图 6-20(a)中可见，e 光的传播方向与 e 光的波面并不一定垂直，e 光不遵守折射定律. 由于主截面与入射面重合，所以 o 光和 e 光都在主截面中，o 光的光矢量垂直于纸面，e 光的光矢量在纸面内.

如图 6-20(b)所示，平行自然光垂直入射到一负单轴晶体的表面上，设 AA' 是某时刻入射光的波面，在 AA' 之间各点发出的 o 光的子波以大小相等的半球形波面同时向晶体内传播. 根据惠更斯原理，这些 o 光的半球形子波波面的包络面 BB' 就是 o 光在晶体内传播的新波面，而连线 AB 的方向就是 o 光在晶体内的传播方向；同样，在 AA' 之间各点发出的 e 光的子波以大小相等的旋转半椭球形波面同时向晶体内传播. 根据惠更斯原理，这些 e 光的旋转半椭球形子波波面的包络面 CC' 就是 e 光在晶体内传播的新波面，而连线 AC 的方向就是 e 光在晶体内的传播方向. 在这种情况下，o 光和 e 光的传播方向都与入射方向相同，但两者传播速度不同(对负单轴晶体而言，e 光超前)，因此折射光实际是两束光，出现双折射现象.

2. 晶体的光轴在入射面内，且与晶体表面斜交

图 6-21(a)可以看成在图 6-20(a)的基础上，将晶体的光轴方向以与纸面垂直的直线为轴旋转一角度. 这时，晶体内 o 光的波面和传播方向，与图 6-20(a)中的 o 光的波面和传播方向完全一致. 对于 e 光，由于光轴方向的变化，导致 e 光的旋转半椭球形波面的半长轴方向(始终与光轴垂直)发生改变，从而，使 AB' 之间各点发出的所有 e 光的旋转半椭球形子波波面的包络面 CB' 的方向发生变化，e 光在晶体内的传播方向由 o 光传播方向的左侧变成了右侧.

图 6-21(b)可以看成在图 6-20(b)的基础上，将晶体的光轴方向以与纸面垂直的直线为轴旋转一角度. 这时，晶体内 o 光的波面和传播方向，与图 6-20(b)中的 o 光的波面和传播方向完全一致. 对于 e 光，光轴方向的变化，导致 e 光的旋转半椭球形波

面的半长轴方向发生改变,从而使 AA' 之间各点发出的所有 e 光的旋转半椭球形子波波面的包络面 CC' 的方向发生变化,e 光在晶体内的传播方向由与 o 光传播方向一致变成了右侧.

3. 晶体的光轴垂直于入射面,且平行于晶体表面

如图 6-22(a)所示,晶体光轴垂直于入射面,且平行于晶体表面,主截面与入射面垂直. 当平行自然光垂直入射到晶体表面时,AA' 之间各点同时到达界面,同时在晶体内发出 o 光和 e 光,o 光的半球形子波波面和 e 光的旋转半椭球形子波波面,与入射面的交线都是半圆形,由于负单轴晶体内,o 光的速度小于 e 光的速度,所以在同一时刻,e 光的子波波面超前于 o 光的子波波面,也就是 e 光的半圆比 o 光的半圆大. 从而,AA' 之间各点发出的所有 e 光的子波波面的包络面 CC' 超前于 AA' 之间各点发出的所有 o 光的子波波面的包络面 BB'. 在这种情况下,o 光和 e 光的传播方向一致,但两者的速度不同,e 光超前于 o 光. 应当注意,由于主截面与入射面垂直,这时 o 光用短线表示,而 e 光用黑点表示.

4. 晶体的光轴在入射面内,且垂直于晶体表面

如图 6-22(b)所示,晶体光轴在入射面内,且垂直于晶体表面,主截面与入射面重合. 当平行自然光垂直入射到一负单轴晶体表面时,AA' 之间各点同时到达界面,同时在晶体内发出 o 光和 e 光,o 光的半球形子波波面和 e 光的旋转半椭球形子波波面,与入射面的交线分别是半圆形和长轴与光轴垂直的半椭圆形. 又因 o 光的半圆形与 e 光的半椭圆形在光轴方向上是相切的,所以 AA' 之间各点发出的所有 o 光的子波波面的包络面 BB',与 AA' 之间各点发出的所有 e 光的子波波面的包络面 CC' 是重合的. 在这种情况下,o 光和 e 光沿光轴方向传播,且两者的传播速度相同. 因此,在晶体的光轴方向上,不产生双折射现象.

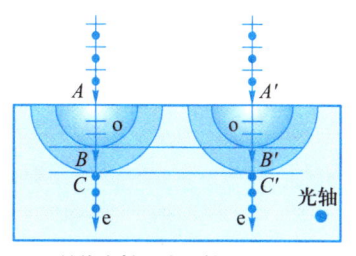

(a) 晶体光轴垂直于射面,且平行于晶体表面时,o 光、e 光的传播方向一致,但e光超前于o光

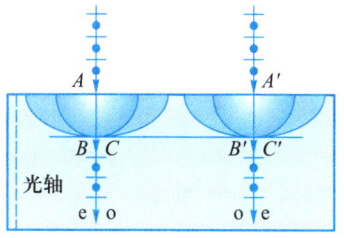

(b) 晶体光轴在射入面内,且垂直于晶体表面时,o 光、e 光沿光轴方向传播,无双折射现象

图 6-22 平行自然光入射到负晶体的双折射

6.4 偏振棱镜 波片

前面的讨论可以得出,双折射晶体中的 o 光和 e 光具有两个特点:其一,两束光都是线偏振光. 利用这个特点,可以将双折射晶体制成起偏器,称为偏振棱镜. 其二,一般情况下,两束光在晶体内的传播速度不同. 利用这个特点,可以将双折射晶体制成波片,光通过波片后,o 光和 e 光产生一定的相位差,从而改变入射光的偏振态. 偏振棱镜和波片统称为偏振器件. 本节主要介绍

授课录像:双折射应用

这两种偏振器件.

6.4.1 偏振棱镜

1. 尼科耳棱镜

自然光射入各向异性晶体,会双折射出 o 光和 e 光,它们都是线偏振光.但是,由于这两束光靠得很近,不便应用,必须设法使 o 光和 e 光分得足够开,或消除其一,才能得到可以利用的线偏振光.1828 年,英国物理学家尼科耳(W. Nicol,1768—1851)利用天然的方解石晶体(平行六面体)制成了将自然光变成了线偏振光的起偏器,称为**尼科耳棱镜**.尼科耳棱镜是一种应用较广泛的偏振棱镜.它利用双折射现象将自然光分成 o 光和 e 光,然后利用全反射把 o 光反射到棱镜侧壁上,只让 e 光通过棱镜,从而获得可以利用的一束线偏振光.

尼科耳棱镜的结构如图 6-23 所示.取一块长与宽之比约为 3∶1 的优质方解石晶体,将两端磨掉一部分,使平行四边形中的对角,例如 ∠B 和 ∠D,由 71° 人工磨成 68°,成为平行四边形 ABCD.然后沿着垂直于 ABCD 面的对角线 AC 将晶体剖成相等的两部分,把剖面磨成光学平面,最后用加拿大树胶胶合两部分,并涂黑侧面,便制成尼科耳棱镜.

图 6-23 尼科耳棱镜中的 o 光和 e 光的传播

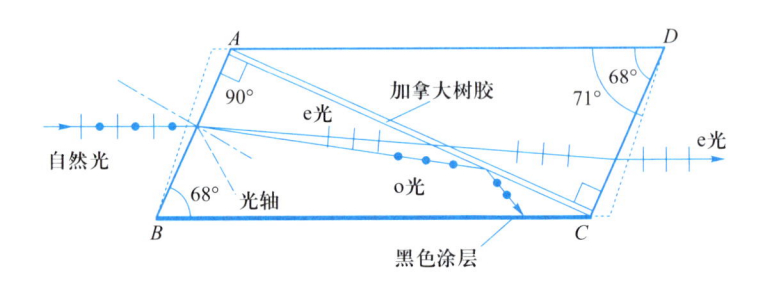

一束自然光沿平行于尼科耳棱镜长棱的方向入射,进入晶体后发生双折射成为 o 光和 e 光.由于加拿大树胶是折射率介于方解石的 n_o 和 n_e 之间(例如,对 589.3 nm 的钠黄光,方解石的 $n_o=1.658\ 4$,$n_e=1.486\ 4$,而加拿大树胶的折射率为 1.550)的透明物质,o 光入射到涂胶层上会因入射角大于 o 光的临界角而发生全反射进而偏折到棱镜侧面,被侧面的黑色涂层所吸收.而 e 光入射到涂胶层上不会发生全反射,因此,可以通过第二块棱镜从另一端面折射出.于是,一束自然光经过尼科耳棱镜就成为一束较优质的线偏振光.

2. 格兰棱镜

尼科耳棱镜虽是一种优质的起偏器或检偏器,但它获得的出射光束与入射光束不在同一条直线上,这对光路的调整极为不便.例如,尼科耳棱镜作为检偏器绕光的传播方向旋转时,出射光束也在绕圈.针对尼科耳棱镜的这个缺陷,格兰(Glan)设计了一种起偏器,称为格兰棱镜.目前高新技术中普遍采用格兰棱镜.图 6-24 是格兰棱镜的截面图.它是两块方解石制成的直角棱镜,再用加拿大树胶把两块直角棱镜粘在一起.与尼科耳棱镜不同之处是,格兰棱镜的端面与底面垂直,光轴既平行于端面也平行于斜面,即与入射面垂直.当自然光垂直于端面入射时,o 光和 e 光均不发生偏折,它们在斜面上的入射角就等于棱镜斜面与直角面的夹角 θ. 由于加拿大树胶的折射率 n 介于 o 光折射率 n_o 和 e 光折射率 n_e 之间,可以选择适当的 θ 角使得对于 o 光而言入射角大于临界角,发生全反射而被棱镜侧面的黑色涂层所吸收;对于 e 光而言入射角小于临界角,从而能够透过射出一束与入射光束在一条直线上的线偏振光.

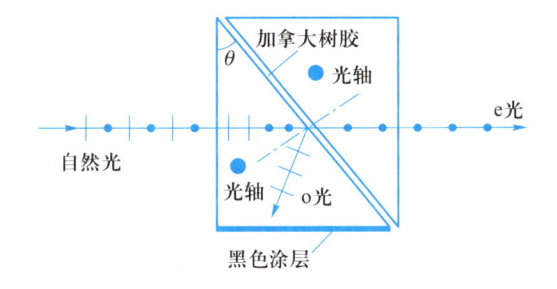

图 6-24 格兰棱镜中的入射光和出射光在一条直线上

6.4.2 波片

双折射晶体在光学中的另一种重要应用是制造波片.波片可以改变偏振光的性质,是一种用途广泛的光学元件.光轴与双折射晶体表面平行的平行平面薄片称为波晶片,简称波片.波片的材料可以是单轴晶体,也可以是双轴晶体,本书只介绍由单轴晶体制成的波片.

波片

如图 6-25(a)所示,一束单色平行自然光垂直入射到厚度为 d 的波片上,在晶体内产生的 o 光和 e 光沿同一方向传播,e 光的振动方向沿光轴方向,o 光的振动方向垂直于光轴方向.图 6-25(b)画出了在负晶体中 o 光子波和 e 光子波的示意图.由于 o 光和 e 光在晶体内的折射率不同,对于负晶体 e 光比 o 光跑得

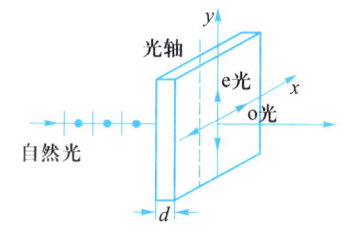

(a) 波片内o光和e光的振动方向

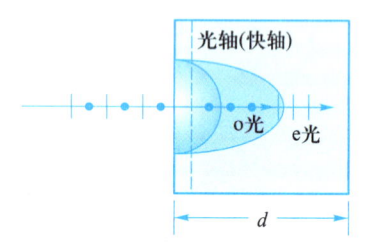

(b) 波片内o光和e光的子波波面和振动方向

图 6-25 波片

快.习惯上也将负晶体的光轴称为快轴(e光振动方向),即振动方向沿着快轴的光传播得快,而与快轴垂直的方向称为慢轴(o光振动方向).o光和e光射出波片时,两者之间因经过波片而产生一附加相位差.设入射光的波长为λ,o光和e光在波片中的折射率分别为n_o和n_e.在波片中,o光的光程是$n_o d$,e光的光程是$n_e d$,所以,o光和e光之间因经过波片而产生的附加光程差为

$$\delta = (n_o - n_e)d \tag{6-11}$$

相应的附加相位差为

$$\Delta\varphi = \frac{2\pi}{\lambda}(n_o - n_e)d \tag{6-12}$$

由式(6-12)可见,o光和e光通过波片后的相位差,不仅与折射率之差$n_o - n_e$成正比,还与波片的厚度d成正比.波片厚度d不同,o光和e光之间的附加相位差就不同.

如果入射光是偏振光,入射光进入波片后产生光振动互相垂直的o光和e光,o光和e光通过波片又产生一定的相位差$\Delta\varphi$,根据6.1.5节的讨论可知,这两束光振动方向互相垂直且有一定相位差的线偏振光,叠加结果一般为椭圆偏振光,椭圆的形状、方位、旋向随相位差$\Delta\varphi$而变化.由此可见,出射波片后o光和e光将可能合成为其他形态的光,从而改变入射光的偏振态.

在实际应用中,较常用的波片是四分之一波片和二分之一波片(又叫半波片),简写成1/4波片和1/2波片.

对某一波长为λ的光,1/4波片的厚度d满足

$$(n_o - n_e)d = \pm\frac{\lambda}{4} \tag{6-13}$$

实际制作的1/4波片的厚度是上述厚度的奇数倍,即

$$(n_o - n_e)d = \pm(2k+1)\frac{\lambda}{4}, \quad k = 0, 1, 2, \cdots \tag{6-14}$$

1/4波片的厚度产生的相位差为

$$\Delta\varphi = \pm(2k+1)\frac{\pi}{2}, \quad k = 0, 1, 2, \cdots \tag{6-15}$$

式(6-14)中,$k=0$对应1/4波片最薄的情况.当入射的线偏振光的光矢量与1/4波片的快慢轴成$\pm 45°$角时,通过1/4波片后得到圆偏振光.

对某一波长为λ的光,1/2波片的厚度d满足

$$(n_o - n_e)d = \pm\frac{\lambda}{2} \tag{6-16}$$

实际制作的1/2波片的厚度是上述厚度的奇数倍,即

$$(n_o - n_e)d = \pm(2k+1)\frac{\lambda}{2}, \quad k = 0, 1, 2, \cdots \quad (6-17)$$

1/2 波片的厚度产生的相位差为

$$\Delta\varphi = \pm(2k+1)\pi, \quad k = 0, 1, 2, \cdots \quad (6-18)$$

式(6-17)中,$k=0$ 对应 1/2 波片最薄的情况. 圆偏振光通过 1/2 波片后仍为圆偏振光,但旋向发生改变,即左旋圆偏振光变为右旋圆偏振光或右旋圆偏振光变为左旋圆偏振光. 线偏振光通过 1/2 波片后仍为线偏振光,但光矢量的方向改变,也就是说,设入射光的振动方向与 1/2 波片的快轴(或慢轴)的夹角为 θ,通过 1/2 波片后振动方向向着快轴(或慢轴)的方向旋转了 2θ 角.

值得注意的是,1/4 波片或 1/2 波片都是针对某一特定的波长而言的. 例如,某波片的厚度为 d,对于红光($\lambda = 600$ nm)是 1/4 波片,但对于紫外线($\lambda = 300$ nm)就变成 1/2 波片了.

例 6-4

一束单色平行自然光垂直入射到波片 C 上,试问:
(1) 出射光的偏振态如何?
(2) 若在波片前同轴放置一偏振片,出射光的偏振态又如何?

解:(1) 自然光可以看成光矢量轴对称分布的大量线偏振光的集合,这些线偏振光的光矢量彼此之间没有固定的相位差. 由于每一个线偏振光在波片的入射点处形成的 o 光和 e 光的初相位差 $\Delta\varphi_0 = 0$ 或 π(线偏振光在 1、3 象限时为 0,在 2、4 象限时为 π)是不同的,而波片 C 产生的相位差 $\Delta\varphi_C = 2\pi(n_o - n_e)d/\lambda$ 是固定的,所以,每一个线偏振光通过波片 C 后所形成的互相垂直的 o 光和 e 光的相位差 $\Delta\varphi = \Delta\varphi_0 + \Delta\varphi_C$ 是不同的. 因此,每一个线偏振光通过波片 C 后所形成的椭圆偏振光的取向就不同,这些大量的椭圆偏振光的取向也是无规则分布的,从宏观上看仍是轴对称分布的. 因此,一束单色平行自然光垂直入射到波片 C 上,通过波片 C 后,仍然是自然光.

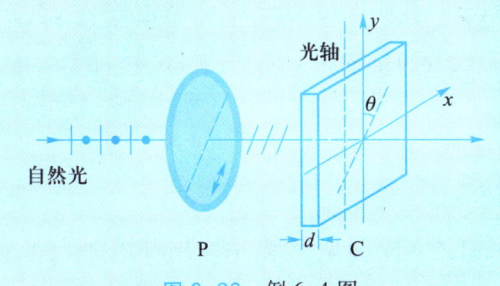

图 6-26 例 6-4 图

(2) 如图 6-26 所示,若自然光先通过偏振片 P 变成 1、3 象限的线偏振光,那么由于线偏振光在波片 C 的入射点处形成的 o 光和 e 光的初相位差 $\Delta\varphi_0 = 0$ 是固定的,所以,线偏振光通过波片 C 后所形成互相垂直的 o 光和 e 光的相位差 $\Delta\varphi = \Delta\varphi_0 + \Delta\varphi_C$ 就是固定的. 一般来说,出射光是椭圆偏振光. 由此可见,自然光通过偏振片,再通过波片组成的系统,可以获得椭圆偏振光,这样的系统称为椭圆偏振器.

对于 1/4 波片 C,产生的相位差 $\Delta\varphi_C = 2\pi(n_o - n_e)d/\lambda = \pm(2k+1)\pi/2, k = 0, 1, 2, \cdots$,出射光为一个正椭圆偏振光. 若偏振片 P 的偏振化方向与波片 C 的光轴方向成 $\theta = 45°$ 角,则波片 C 产生的互相垂直的 o 光和 e 光的振幅就相等,出射光为一个圆偏振光. 显然,由一个偏振片和一个 1/4 波片组

成的系统,当偏振片的偏振化方向与 1/4 波片的光轴方向的夹角为 45° 时,该系统就是一个圆偏振器.

对于 1/2 波片 C,产生的相位差 $\Delta\varphi_C = 2\pi(n_o - n_e)d/\lambda = \pm(2k+1)\pi, k = 0, 1, 2, \cdots$,出射光仍为线偏振光,不过振动方向相对于原入射光的振动方向跨光轴旋转了 2θ 角,变成了 2、4 象限振动的线偏振光.

例 6-5

一右旋椭圆偏振光垂直入射到 1/4 波片 C 上,设其快轴在 y 轴上,右旋椭圆偏振光的长轴平行于 y 轴. 求透射光的偏振态.

解:当右旋椭圆偏振光垂直入射到 1/4 波片 C 时,由波片 C 分解成与 y 轴平行的光矢量 $E_{//}$ 和与 y 轴垂直的光矢量 $E_\perp$. 由于是右旋椭圆偏振光,且长轴平行于 y 轴,所以,$E_{//}$ 与 $E_\perp$ 在波片入射点处的初始相位差 $\Delta\varphi_0 = \pi/2$;又因快轴在 y 轴上,所以,通过 1/4 波片 C 后,由 1/4 波片 C 导致 $E_{//}$ 与 $E_\perp$ 的相位差 $\Delta\varphi_C = \pi/2$. 这样,$E_{//}$ 与 $E_\perp$ 的总相位差 $\Delta\varphi = \Delta\varphi_0 + \Delta\varphi_C = \pi$. 根据 6.1.5 节可知,两个相互垂直且相位差为 π 的光矢量,叠加结果是 2、4 象限的线偏振光.

例 6-6

有两个圆偏振器,偏振片用 P_1 和 P_2 表示,1/4 波片用 C_1 和 C_2 表示,按 C_1-P_1-P_2-C_2 顺序排列,P_1 和 P_2 的偏振化方向间的夹角为 θ,以光强为 I_0 的单色自然光垂直入射到上述偏振系统. 求透射光的偏振态和光强.

解:由题意给出如图 6-27 所示的光学系统.

① 区为自然光,光强为 I_0;

② 区为自然光,自然光通过波片时,光强不变,仍为 I_0;

③ 区为线偏振光,自然光通过偏振片时,光强减半,为 $I_0/2$;

④ 区为线偏振光,线偏振光通过偏振片时,光强由马吕斯定律决定,为 $I_0\cos^2\theta/2$;

⑤ 区为圆偏振光,线偏振光光通过波片时,光强不变,仍为 $I_0\cos^2\theta/2$.

图 6-27 例 6-6 图

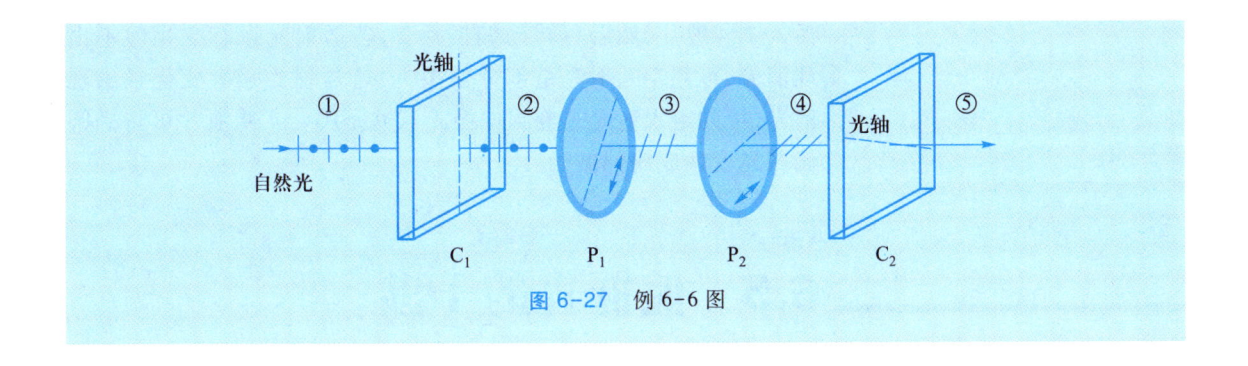

6.4.3 光偏振态的检验

光按偏振态划分有五种类型,分别是自然光、线偏振光、部分偏振光、椭圆偏振光和圆偏振光. 对于人眼和感光器来说,都是"偏振盲",只对光的强度有反映. 因此要区分各种光的偏振态必须借助于其他方法.

如果在一束入射光的光路上插入一偏振片 P,并且绕传播方向转动偏振片 P,就会观察到透射光的强度与偏振片 P 的透光轴的取向有关. 若偏振片 P 处于某位置时透光的强度最大,那么,当将偏振片 P 由此位置转过 90°时,透射光出现消光现象(即光强为零). 由此可判定,入射光是线偏振光. 对于自然光和圆偏振光,当转动偏振片 P 时,透射光强度都不会发生变化;而对于部分偏振光和椭圆偏振光,当转动偏振片 P 时,透射光强度都会出现最大和最小,但不会出现消光现象.

由此可见,利用偏振片 P 只能判定线偏振光,而不能区分自然光和圆偏振光,以及部分偏振光和椭圆偏振光. 借助于 1/4 波片和偏振片 P 可将以上四种光的偏振态区分开来.

如果在一束入射光的光路上插入一偏振片 P,并且绕传播方向转动偏振片 P 时,发现透射光强没有变化,说明入射光是自然光或是圆偏振光. 这时可在偏振片 P 之前插入 1/4 波片,然后再转动偏振片 P,若透射光强度仍不变,可判定入射光是自然光;若透射光强度产生变化且出现消光,可判定入射光是圆偏振光. 这是因为 1/4 波片可将圆偏振光变换成线偏振光,而自然光透过 1/4 波片后仍然是自然光(见例 6-4).

如果在一束入射光的光路上插入一偏振片 P,并且绕传播方向转动偏振片 P 时,发现透射光强有变化,但没有消光现象,说明入射光是部分偏振光或是椭圆偏振光. 这时可在偏振片 P 之前插入 1/4 波片,然后再转动偏振片 P,若透射光强有变化但不出现消光,可判定入射光是部分偏振光;若透射光强有变化且出现消光,可判定入射光是椭圆偏振光. 这是因为 1/4 波片可将椭圆偏振光变换成线偏振光.

6.5 偏振光的干涉

自然光通过双折射晶体所产生的 o 光和 e 光是不相干的. 当这样的 o 光和 e 光在空间相遇时,不会产生干涉. 能否通过某种方式,使得从双折射晶体出来的两束线偏振光在相遇处产生干涉呢? 本节将讨论这个问题.

6.5.1 偏振光的干涉

两束偏振光要产生干涉,也必须满足频率相同、振动方向相同和有恒定相位差的条件. 图 6-28 是观察偏振光干涉的典型实验装置. P_1 和 P_2 是两块共轴的偏振片,虚线表示它们的偏振化方向;C 是厚度为 d 的波片,虚线表示波片的光轴方向. 一束单色平行自然光垂直入射,通过偏振片 P_1 后变成一束线偏振光,再经过波片 C 双折射出相互垂直且具有一定相位差的 o 光和 e 光. 虽然 o 光和 e 光频率相同、相位差恒定,但由于振动方向相互垂直,所以两者是不相干的,不会发生干涉. 两者从波片出射后合成为一个椭圆偏振光. 然而,当这两束正交的线偏振光经过一块偏振片 P_2 后,由于投影到同一方向,振动方向变为相同的,两者之间就是相干的了,能产生干涉,这种情况下发生的干涉称为偏振光的干涉.

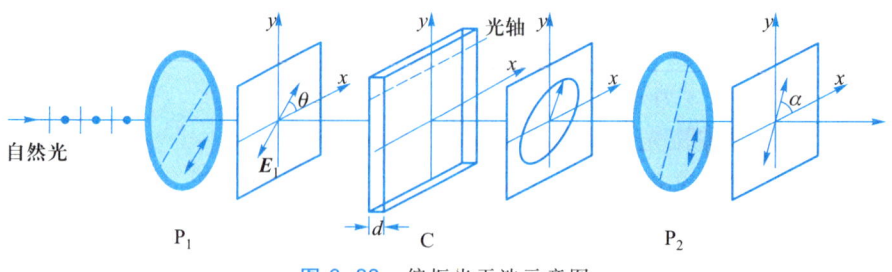

图 6-28 偏振光干涉示意图

接下来从偏振光干涉的角度来讨论从偏振片 P_2 后出射的光强. 设一束单色平行自然光垂直入射, 通过偏振片 P_1 后变成一束光矢量 E_1 沿 P_1 的偏振化方向振动的线偏振光, 其振幅为 A_1, 与波片光轴 x 的夹角为 θ, 这束光进入波片后分成沿 y 轴方向振动的 o 光和沿 x 轴方向振动的 e 光, 其对应的两个分量的振幅分别为

$$A_o = A_1 \sin\theta \quad \text{和} \quad A_e = A_1 \cos\theta$$

这两束光再经过偏振片 P_2 后, 都只有在其偏振化方向上的分量才能透过. 设 P_2 的偏振化方向与波片光轴 x 的夹角为 α, 则两束透射光的振幅分别为

$$A_{2o} = A_o \sin\alpha = A_1 \sin\theta \sin\alpha \quad \text{和} \quad A_{2e} = A_e \cos\alpha = A_1 \cos\theta \cos\alpha$$

A_{2o}、A_{2e} 分别是从 P_2 出射的两个线偏振光的振幅, 这两个线偏振光由于振动频率相同、振动方向相同和相位差 $\Delta\varphi$ 恒定, 因此是相干光. 相干叠加后的光强为

$$I = A^2 = A_{2o}^2 + A_{2e}^2 + 2A_{2o}A_{2e}\cos\Delta\varphi$$
$$= A_1^2 \cos^2(\alpha - \theta) - A_1^2 \sin 2\theta \sin 2\alpha \sin^2 \frac{\Delta\varphi}{2} \quad (6-19)$$

由式(6-19)可知, I 取决于 θ、α 和 $\Delta\varphi$.

下面讨论相位差 $\Delta\varphi$ 与哪些因素有关？式(6-19)中的 $\Delta\varphi$ 是指从 P_2 出射时两束光之间的相位差. $\Delta\varphi$ 由三个因素确定:

(1) 从 P_1 出射的线偏振光, 在波片的入射点处分成 o 光和 e 光时产生的相位差 $\Delta\varphi_{P_1}$. 如图 6-29(a)所示, 当 P_1 的偏振化方向在 1、3 象限时, $\Delta\varphi_{P_1} = 0$; 如图 6-29(b)所示, 当 P_1 的偏振化方向在 2、4 象限时, $\Delta\varphi_{P_1} = \pi$.

(2) o 光和 e 光在波片 C 中产生的相位差 $\Delta\varphi_C = 2\pi(n_o - n_e)d/\lambda$.

(3) 当 o 光和 e 光投影到 P_2 的偏振化方向时, 因投影产生的相位差为 $\Delta\varphi_{P_2}$. 如果 P_2 的偏振化方向在 1、3 象限, 则 $\Delta\varphi_{P_2} = 0$, 在 2、4 象限, 则 $\Delta\varphi_{P_2} = \pi$.

综合起来, 从 P_2 出射时两束光之间的相位差为

$$\Delta\varphi = \frac{2\pi}{\lambda}(n_o - n_e)d + \begin{cases} 0 & (P_1 \text{ 和 } P_2 \text{ 在同一象限}) \\ \pi & (P_1 \text{ 和 } P_2 \text{ 不在同一象限}) \end{cases} \quad (6-20)$$

在偏振光干涉的应用中, P_1 和 P_2 的偏振化方向是变化的, 因此由式(6-19)决定的光强也会相应改变. 下面对 P_1 和 P_2 的偏振化方向处于特殊位置的情况进行分析.

首先, 当 P_1 和 P_2 的偏振化方向相互正交时, $\alpha = \theta$ (注意这时 P_1 和 P_2 在不同象限), 并取 $\theta = 45°$, 考虑 $\Delta\varphi = \Delta\varphi_C + \pi$, 则式(6-19)可改写成

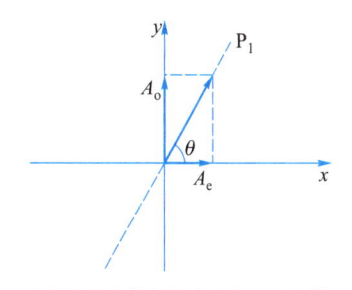

(a) 偏振片的偏振化方向在1、3象限时, 相位差为0

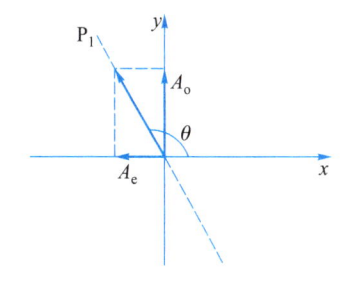

(b) 偏振片的偏振化方向在2、4象限时, 相位差为π

图 6-29 相互垂直的线偏振光的相位差

$$I_\perp = A_1^2 \cos^2 \frac{\Delta\varphi}{2} = \frac{A_1^2}{2}(1-\cos\Delta\varphi_C) \qquad (6-21)$$

在这种情况下,当

$$\Delta\varphi_C = \frac{2\pi}{\lambda}(n_o - n_e)d = (2k+1)\pi, \quad k=0,\pm1,\pm2,\cdots$$

时,从 P_2 出射的两线偏振光相干加强,$I_\perp$ 取最大值;当

$$\Delta\varphi_C = \frac{2\pi}{\lambda}(n_o - n_e)d = 2k\pi, \quad k=0,\pm1,\pm2,\cdots$$

时,从 P_2 出射的两线偏振光相干减弱,$I_\perp$ 取最小值.

其次,当 P_1 和 P_2 的偏振化方向互相平行时,这时 $\alpha=\theta$,并取 $\theta=45°$,考虑 $\Delta\varphi = \Delta\varphi_C$,则式(6-19)改写成

$$I_\parallel = A_1^2 \cos^2 \frac{\Delta\varphi}{2} = \frac{A_1^2}{2}(1+\cos\Delta\varphi_C) \qquad (6-22)$$

在这种情况下,当

$$\Delta\varphi_C = \frac{2\pi}{\lambda}(n_o - n_e)d = 2k\pi, \quad k=0,\pm1,\pm2,\cdots$$

时,从 P_2 出射的两线偏振光相干加强,$I_\parallel$ 取最大值;当

$$\Delta\varphi_C = \frac{2\pi}{\lambda}(n_o - n_e)d = (2k+1)\pi, \quad k=0,\pm1,\pm2,\cdots$$

时,从 P_2 出射的两线偏振光相干减弱,$I_\parallel$ 取最小值.

由此可见,从偏振片 P_2 后出射的光强取决于相位差 $\Delta\varphi_C$,而决定相位差 $\Delta\varphi_C$ 的因素是波长 λ、波片厚度 d 和折射率差值 $n_o - n_e$.下面讨论由这些因素的变化带来的偏振光干涉的现象.

6.5.2 色偏振

用白光照射图 6-28 所示的装置时,对于给定厚度的波片(d 和 $n_o - n_e$ 是定值),由于各种波长的光不能同时满足干涉极大或极小的条件,所以对于不同波长的光有不同程度的加强或减弱,混合起来光屏上将出现一定的色彩,转动偏振片 P_1(或 P_2)时色彩随之变化,这种现象称为**色偏振**,又称为干涉色.

由式(6-21)可知,对一些波长的光,如果在 P_1 和 P_2 的偏振化方向互相正交时,$I_\perp$ 满足极大值,那么,在 P_1 和 P_2 的偏振化方向互相平行时,$I_\parallel$ 就满足极小值;而对另一些波长的光,如果在 P_1 和 P_2 的偏振化方向互相正交时,$I_\perp$ 满足极小值,那么,在 P_1 和 P_2 的偏振化方向互相平行时,$I_\parallel$ 就满足极大值.但总是符合 $I_\perp + I_\parallel = A_1^2$ 的条件.也就是说,如果把 P_1 和 P_2 正交时呈现的色

彩与 P_1 和 P_2 平行时呈现的色彩再混合起来,就将重新呈现与入射光一样的白色. 如果两种色彩混合起来能够成为白色,称这两种色彩互为互补色.

色偏振是检验双折射现象极为灵敏的方法. 当折射率差值 n_o-n_e 很小时,通过直接观察 o 光和 e 光的方法,很难确定是否有双折射存在. 但是只要把这种物质做成薄片放在两块偏振片之间,用白光照射,观察是否出现色彩即可鉴定是否存在双折射. 另外,利用色偏振还可以测定材料内应力的分布(参见 6.6.1 小节),为玻璃质量的检验和材料内应力的分析提供了依据.

6.5.3 偏振光的干涉图样

如图 6-28 所示的装置中,如果波片的厚度是均匀的,观察屏上不会出现明暗相间的干涉条纹. 只有在波片的厚度不均匀时,观察屏上才会出现明暗相间的干涉条纹. 例如在图 6-28 所示的装置中,将厚度均匀的波片换成一块平凸透镜形波片,如图 6-30 所示. 由于波片各处的厚度 d 不同,形成的相位差 $\Delta\varphi$ 也不同. 用透镜 L 使 P_2 后的出射光成像于观察屏 E 上,观察屏上相应各点的光强也不同,形成一组同心圆环的干涉图样.

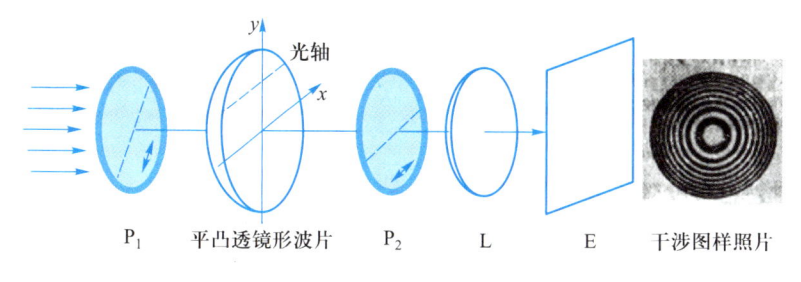

图 6-30 平凸透镜形波片产生的干涉图样

P_1 平凸透镜形波片 P_2 L E 干涉图样照片

设波长为 λ 的单色平行光垂直入射到 P_1 上,在波片厚度 d 满足

$$\Delta\varphi = 2k\pi, \quad k = 0, \pm 1, \pm 2, \cdots$$

的地方,从 P_2 出射的两线偏振光相干加强,I 取最大值,出现明条纹;在波片厚度 d 满足

$$\Delta\varphi = (2k+1)\pi, \quad k = 0, \pm 1, \pm 2, \cdots$$

的地方,从 P_2 出射的两线偏振光相干减弱,I 取最小值,出现暗条纹. 有趣的是,P_1 和 P_2 的偏振化方向相互正交时呈现的干涉条纹分布与 P_1 和 P_2 的偏振化方向相互平行时呈现的干涉条纹分布是互补的.

例 6-7

一厚度为 10 μm 的方解石波片,其光轴平行于表面,放置在两正交偏振片之间,波片的光轴与第一个偏振片的偏振化方向夹角为 45°,若使波长 600 nm 的光通过上述系统后呈现极大,波片厚度至少磨去多少?已知方解石的 $n_o = 1.658, n_e = 1.486$.

解: 设波片原厚度 $d_0 = 10$ μm,使 $\lambda = 600$ nm 的光通过如图 6-31 所示的系统后呈现极大时,波片厚度为 d. 从偏振片 P_2 后出射的两束线偏振光的相位差 $\Delta\varphi$ 满足

$$\Delta\varphi = \frac{2\pi}{\lambda}(n_o - n_e)d + \pi = 2k\pi, \quad k = 1, 2, 3, \cdots$$

时,为极大. 由此可得

$$d = \frac{\lambda}{n_o - n_e}(k - 0.5) = 3.488(k - 0.5) \text{ μm}$$

可算出使 $d < 10$ μm 所相应的 $k = 1, 2, 3$,取 $k = 3$,相应的 $d = 8.72$ μm.

所以,至少将波片原厚度磨去 $d_0 - d = 1.28$ μm.

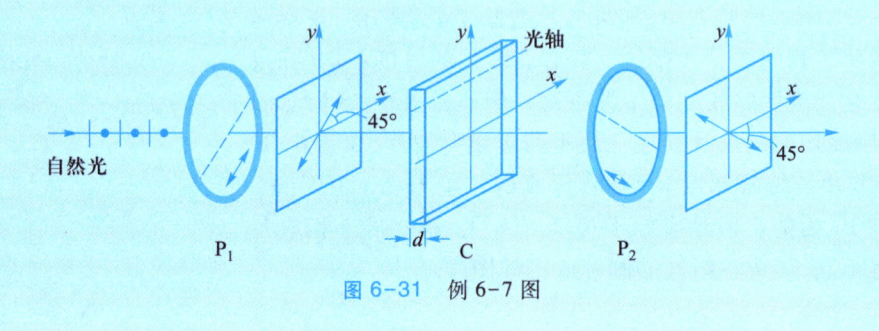

图 6-31 例 6-7 图

6.6 光弹效应与旋光性

6.6.1 光弹效应及其应用

一些透明的各向同性介质,例如有机玻璃,通常没有双折射现象. 但是,在竖直方向的外力 **F** 的压缩(或拉伸)下,内部产生应力,有机玻璃的光学性质就和以竖直方向为光轴的单轴晶体相仿,显示出双折射现象,这种现象称为 **光弹效应**,如图 6-32 所示,图中的照片为圆板型有机玻璃被单向压缩时所拍下的等色条纹.

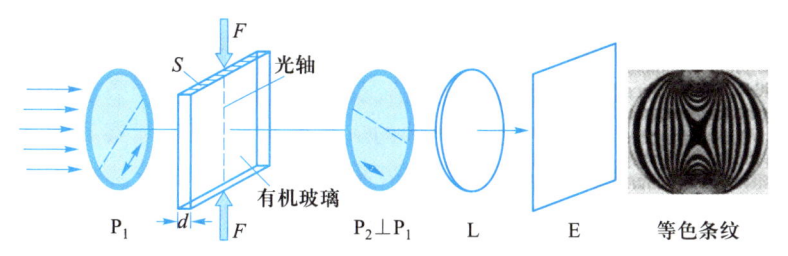

图 6-32 光弹效应产生的双折射现象示意图

当波长为 λ 的单色平行光垂直入射到偏振化方向与竖直方向成 45°角的 P_1 上时，垂直入射到有机玻璃上的线偏振光就会分解为振幅相等的 o 光和 e 光，两光线的传播方向一致，但速率不同，因而折射率也不同．设 o 光和 e 光的折射率分别为 n_o 和 n_e，则它们通过厚度为 d 的有机玻璃后所产生的光程差为

$$\delta = (n_o - n_e)d$$

实验表明，在一定的应力范围内，差值 $n_o - n_e$ 与形变介质所受的应力 F/S（S 为力 F 方向上所作用的面积）成正比，即

$$n_o - n_e = C\frac{F}{S} \tag{6-23}$$

式（6-23）中，C 为介质的应力光学系数，由材料的性质决定．

这样，o 光和 e 光经厚度为 d 的形变介质层后，所得的光程差为

$$\delta = (n_o - n_e)d = C\frac{F}{S}d$$

其相应的相位差 $\Delta\varphi_o$ 为

$$\Delta\varphi_o = \frac{2\pi}{\lambda}(n_o - n_e)d = \frac{2\pi Cd}{\lambda}\frac{F}{S} \tag{6-24}$$

这两束 o 光和 e 光经厚度为 d 的形变介质层后，又射至偏振化方向与 P_1 垂直的 P_2 上，再经透镜 L，于观察屏 E 上形成干涉条纹（见图 6-32），干涉条纹的分布取决于相位差 $\Delta\varphi_o$．形变介质（如有机玻璃）各处所受的应力 F/S 不同，相应的相位差 $\Delta\varphi_o$ 也就不同，因而产生了干涉条纹．根据式（6-21）可得，从 P_2 后透射出的光强为

$$I_\perp = \frac{A_1^2}{2}\sin^2\frac{\Delta\varphi_o}{2} = I_0\sin^2\left(\frac{\pi CdF}{\lambda S}\right) \tag{6-25}$$

式（6-25）中，$I_0 = A_1^2/2$．

用白光照射时，可以看到彩色干涉图样（即色偏振）．应力改变，彩色干涉图样也发生变化，如果应力分布相当复杂，就会出现五彩缤纷的复杂干涉图样．

光学玻璃在制造过程中，由于冷却不均或其他原因使得内部

存在不同程度的内应力,玻璃经常会自行破裂.把这样的光学玻璃放在两块偏振片之间,观察应力引起的双折射现象,就可以检验出光学玻璃内部应力的分布情况.若观察到的干涉条纹图样分布均匀,则表明光学玻璃内部的应力分布均匀;若观察到的干涉条纹图样疏密分布不均匀,则表明光学玻璃内部的应力分布也不均匀,干涉条纹密集的地方正是内部应力集中的地方.

在工程上,河坝、桥梁或一些形状、结构复杂的机械零件在不同的负荷下,应力分布是很复杂的,力学方法的计算量很大.但是,用环氧树脂制成河坝、桥梁或机械零件的模型,然后仿照河坝、桥梁或机械零件实际受力情况对模型施加载荷,将施加载荷的环氧树脂模型放在两块偏振片之间,通过观察色偏振和干涉条纹的分布,可以分析出河坝、桥梁或机械零件内部应力的分布情况.用透明介质(如环氧树脂)制造模型,可以解决一系列理论与实用上关于各种形状的物体在各种力作用下所产生的形变问题,这种研究形变的方法称为光弹性分析法.目前,这种方法已发展成一个专门的学科,即光弹性学.图 6-33 给出了将制成的模型插入到互相正交的偏振片之间,模仿实际受力情况对模型施加载荷时得到的干涉场照片.光弹性分析法还可以用于地震预报上.在地震即将发生之前,地球岩层内将会出现应力的集中区域,如果在广阔的地区逐点勘测应力集中的区域,工作量是很大的.假如在某一地区的边缘上测得岩层应力分布的数据,用透明环氧树脂制成该地区的形状和岩层构造的模型,然后仿照该地区岩层应力分布情况对模型施加力,借助光弹效应就能找到应力最集中的地方,这样就可在这些地方进行实地勘测和考察,从而有效地提高了地震预报的准确性.

(a) 建筑架构某个截面的干涉场照片

(b) 扳手受力时的干涉场照片

图 6-33 正交偏振片之间插入模型后的干涉场照片

6.6.2 旋光性

光在晶体中沿光轴方向传播时,不产生双折射.但是,在 1811 年,阿拉果(D. F. J. Arago,1786—1853)发现,线偏振光在石英晶体中沿光轴传播时,其光矢量的方向会随传播的距离而逐渐转动,这种现象称为**旋光现象**,能使光矢量的方向旋转的物质称为旋光性物质.后来发现,除石英晶体外,许多其他晶体和某些液体(如食糖溶液、酒石酸溶液等)也都是旋光性较强的物质.

以石英晶体为例来研究旋光现象.如图 6-34(a)所示,当自然光垂直入射到由互相垂直的偏振片 P_1 和 P_2 组成的系统时,P_2 后面的视场是全暗的.但当将石英晶体(光轴沿传播方向)插入

P_1、P_2 之间后，P_2 后面的视场变亮．如果再将 P_2 的透光轴转过某一角度 θ，P_2 后面的视场又变成全暗．由此可见，从石英晶体透射出来的光仍是线偏振光，只不过线偏振光的光矢量方向旋转了一个角度 θ，这就是石英晶体的旋光现象．

实验表明，一定波长的线偏振光通过旋光物质时，光矢量转过的角度 θ 与在旋光物质中通过的距离 d 成正比．如果旋光物质是晶体，则有

$$\theta = \alpha d \tag{6-26}$$

如果旋光物质是液体，还和旋光液体的溶质浓度 $C(\text{g/cm}^3)$ 成正比，则有

$$\theta = \alpha d C \tag{6-27}$$

式(6-26)和式(6-27)中，比例系数 α 称为旋光物质的旋光率．对于晶体，比例系数 α 等于单位长度内光矢量所转过的角度；对于液体，比例系数 α 等于单位长度内单位浓度的溶液所引起的光矢量转过的角度．旋光率 α 还会随波长改变，这种现象称为**旋光色散**．一般情况，旋光率 α 随波长变大而减小．

实验还发现，旋光物质有左旋与右旋之分．当迎着光线观察时，使光矢量顺时针旋转的物质称为右旋物质；使光矢量逆时针旋转的物质称为左旋物质．自然界中的石英晶体有右旋和左旋两种类型．右旋石英晶体和左旋石英晶体虽然分子组成相同（都是 SiO_2），但分子的排列结构互为镜像对称，如图 6-34(b)所示，反映在石英晶体的结晶形状上也是镜像对称的．

应当指出，对于天然的旋光物质来说，左旋和右旋是由旋光物质决定的，而与光的传播方向无关．例如，当线偏振光通过天然的左旋物质时，无论光束沿正或反方向传播，迎着传播方向看去，光矢量所在的振动面总是向左转动．因此，如果透射光沿原路返回，其光矢量将回到初始位置，如图 6-35 所示．

式(6-27)表明，可以根据光矢量转过的角度 θ 来测量溶液的浓度 C．量糖计正是根据这个原理来测量糖溶液的浓度的．在化学和制药工业中，利用量糖计来分析和研究样品的左、右旋成分，这种分析法称为量糖术．

实验室内，人工合成有机分子时，总是产生数目相等的右旋和左旋同分异构体，造成化合物是非旋光性的，人们由此推测：自然界的有机物，也应当有相等的右旋和左旋同分异构体．而事实并非如此，天然的糖（如蔗糖 $C_{12}H_{22}O_{11}$）无论生长在哪里（甘蔗或甜菜中），统统都是右旋的．生命的基本物质是蛋白质，它由氨基酸（由碳、氢、氧、氮组成）构成，这些氨基酸几乎都是左旋的（如天然提取的抗菌药物氯霉素是左旋的），尤其在高等动物中更是如此．

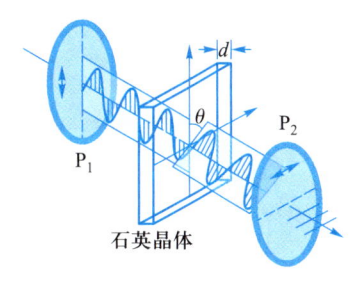

(a) 线偏振光通过石英晶体光矢量的旋转

(b) 右旋与左旋石英晶体的分子排列结构互为镜像对称

图 6-34　旋光现象

旋光色散

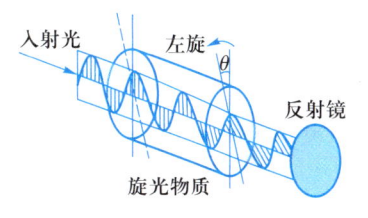

(a) 入射光通过旋光物质为左旋

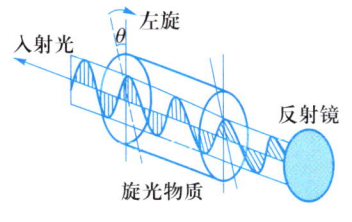

(b) 反射光通过旋光物质仍为左旋

图 6-35　天然旋光物质的旋向与光的传播方向无关

生物体内化合物的这种左右不对称性正是生命力的体现.生物一旦死亡,左旋氨基酸逐渐向右旋氨基酸转化,直至左旋、右旋各占一半.一个非常有趣的问题是,地球和其他行星上的生命起源是否与左旋、右旋的形成有关?来自其他星体的陨石中,氨基酸含有大致等量的右旋和左旋物质,而地球的岩石中发现,左旋物质占绝大多数(参见 Physics Today,Feb.1971,P17).由此可见,生命与分子的左、右旋不对称性(称为手性)如形影之相守,息息相关.有关生物分子的手性起源问题目前尚未有定论.

1825年,菲涅耳对物质旋光性提出了一种唯象解释.他认为一束线偏振光在旋光晶体中沿光轴传播时可以分解为频率和振幅均相同的左旋圆偏振光和右旋圆偏振光.它们在晶体中的传播速度不同,因而产生了不同的相位滞后,从而使合成后的线偏振光的光矢量有了一定角度的旋转.

在旋光物质中,设左、右旋圆偏振光的传播速度分别为 v_L 和 v_R,其相应的折射率分别为 $n_L=c/v_L$ 和 $n_R=c/v_R$,其中 c 为光速.当它们经过厚度为 z 的旋光物质后,产生的相位滞后分别为

$$\varphi_L = \frac{2\pi}{\lambda} n_L z, \quad \varphi_R = \frac{2\pi}{\lambda} n_R z$$

首先,用旋转矢量法解释旋光现象.为方便起见,假定入射折射面上的线偏振光的光矢量 $E_入$ 在竖直方向上且它的初相位为零,亦即在 $t=0, z=0$ 时,竖直向上的 $E_入$ 具有最大值,因此由 $E_入$ 分解出的左旋圆偏振光的光矢量 E_L 和右旋圆偏振光的光矢量 E_R 的方向均应与 $E_入$ 一致,如图 6-36(a)所示.

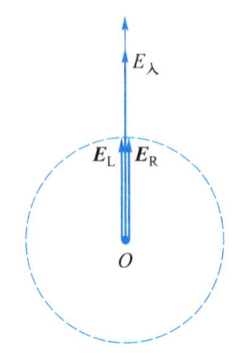

接着考察出射折射面上的情形,注意这时左、右旋圆偏振光矢量 E_L 和 E_R 的相位比入射折射面上的左、右旋圆偏振光矢量 E_L 和 E_R 的相位分别滞后 φ_L 和 φ_R.由于圆偏振光的相位可以用旋转矢量转过的角度来表示,相位滞后相当于旋转矢量倒转回去一个角度.也就是说,出射折射面上的左、右旋圆偏振光矢量 E_L 和 E_R 比同一时刻(如 $t=0$)入射折射面上的左、右旋圆偏振光矢量 E_L 和 E_R 分别顺时针与逆时针转过 φ_L 和 φ_R,当光束穿出晶体后,左、右旋圆偏振光的速度恢复一致,将出射折射面上的左、右旋圆偏振光矢量 E_L 和 E_R 合成即可得到线偏振光 $E_出$,如图 6-36(b)和(c)所示.可见出射折射面上的线偏振光 $E_出$ 比入射折射面上的线偏振光 $E_入$ 转过了一个角度 θ,其大小为

$$\theta = \frac{1}{2}(\varphi_R - \varphi_L) = \frac{\pi}{\lambda}(n_R - n_L)z \tag{6-28}$$

式(6-28)表明,线偏振光矢量转动的角度 θ 与旋光物质的厚度 z 成正比.如果左旋圆偏振光跑得快,即 $v_L > v_R$,$n_L < n_R$,则 $\theta > 0$,即旋

(a) 入射折射面上线偏振光分解为左、右旋圆偏振光

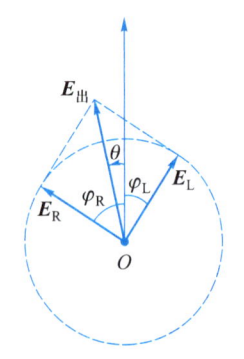

(b) 左旋物质出射折射面上左、右旋圆偏振光合成一个向左旋动的线偏振光

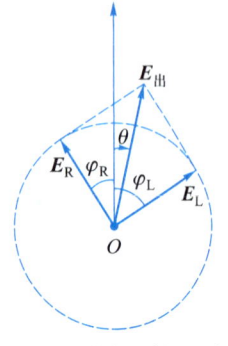

(c) 右旋物质出射折射面上左、右旋圆偏振光合成一个向右旋动的线偏振光

图 6-36 旋光性的解释

光物质是左旋的,如图 6-36(b)所示;如果右旋圆偏振光跑得快,即 $v_L<v_R$,$n_L>n_R$,则 $\theta<0$,即旋光物质是右旋的,如图 6-36(c)所示.

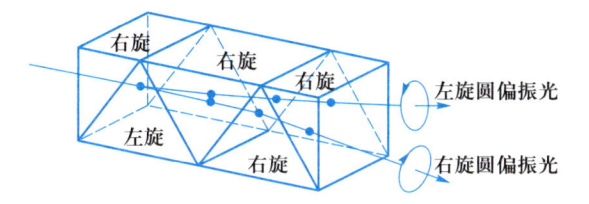

图 6-37 右旋和左旋石英晶体交替组成的复合棱镜

为证实左旋与右旋圆偏振光在旋光物质中的传播速度不同,菲涅耳设计了如图 6-37 所示的复合棱镜来验证他的假设.复合棱镜是由右旋和左旋石英晶体交替地胶合起来而制成的.这些棱镜的光轴都平行于棱镜底面.由菲涅耳假设,线偏振光垂直进入第一个右旋晶体后,分成右旋圆偏振光和左旋圆偏振光,但它们的传播方向一致.在右旋晶体中,$n_L>n_R$,在左旋晶体中,$n_L<n_R$,当右旋圆偏振光和左旋圆偏振光进入第一个左旋晶体折射面时,所以,对右旋圆偏振光而言,是从光疏介质到光密介质,发生近法线折射;而对左旋圆偏振光而言,是从光密介质到光疏介质,发生远法线折射,于是,右旋圆偏振光和左旋圆偏振光分开了.当右旋圆偏振光和左旋圆偏振光进入第二个右旋晶体折射面时,对右旋圆偏振光而言,是从光密介质到光疏介质,发生远法线折射;而对左旋圆偏振光而言,是从光疏介质到光密介质,发生近法线折射,于是,右旋圆偏振光和左旋圆偏振光又进一步分开了.同理以此类推,最后从复合棱镜射出的两个光线就是分得很开的左旋圆偏振光和右旋圆偏振光,实验验证了菲涅耳的假设.

本章提要

1. 光的偏振性

光波是横波,光矢量就是电矢量 E. 只有横波才产生偏振现象.

光根据偏振态划分有五种:自然光、部分偏振光、线偏振光、椭圆偏振光和圆偏振光.

任何光的偏振态都可以分解成互相正交的偏振态,例如,分解成互相垂直的一对线偏振态或左旋和右旋圆偏振态.

2. 偏振片起偏和马吕斯定律

利用晶体的二向色性制成的偏振片可以产生线偏振光,还可以用于检验线偏振光.

马吕斯定律：$I = I_0 \cos^2\theta$.

3. 反射、折射起偏和布儒斯特定律

自然光以布儒斯特角 i_B 入射时，利用在各向同性介质中的反射可以得到线偏振光，但折射光是部分偏振光.

布儒斯特定律：$\tan i_B = \dfrac{n_2}{n_1}$.

4. 双折射起偏

（1）o 光和 e 光

自然光和线偏振光射入单轴晶体后都会分成 o 光（称为寻常光）和 e 光（称为非寻常），它们在单轴晶体中的传播速度不同，但都是线偏振光.

（2）晶体光轴、主截面和主平面

晶体光轴：光沿着晶体光轴方向传播时，不产生双折射.

晶体主截面：光轴与晶体表面的法线所构成的平面.

主平面：光轴与 o 光光线所构成的平面，称为 o 光的主平面；光轴与 e 光光线所构成的平面，称为 e 光的主平面.

当光轴平行于入射面时，晶体主截面、o 光主平面和 e 光主平面三者与入射面重合.

（3）光在单轴晶体中的传播规律

若 o 光矢量垂直于 o 光主平面，则波面呈球形；若 e 光矢量在 e 光主平面内，则波面呈旋转椭球形.

利用惠更斯作图法可以画出光在单轴晶体中的折射方向.

5. 偏振器件

（1）偏振棱镜

利用偏振棱镜（如尼科耳棱镜、格兰棱镜）可以从自然光得到线偏振光.

（2）波片

光轴与晶体表面平行的平行平面薄片称为波晶片，简称波片. 波片可以改变 o 光和 e 光之间的相位差，波片产生的相位差为

$$\Delta \varphi_C = \dfrac{2\pi}{\lambda}\left(n_o - n_e\right) d$$

利用这一特点，波片可以改变入射光的偏振态.

利用 1/4 波片可以从线偏振光得到椭圆偏振光或圆偏振光.

利用 1/2 波片可以改变入射光偏振态的旋向，例如，左旋椭圆偏振光经过 1/2 波片后变成右旋椭圆偏振光.

6. 偏振光的干涉

一束光通过两个互相正交的偏振片后出现消光,在两个互相正交的偏振片之间插入波片,就会有光透过,并呈现出干涉条纹.白光入射时会出现色彩,称为色偏振.利用色偏振可以检验晶体是否存在双折射现象.

当 P_1 和 P_2 的偏振化方向互相正交时,光强分布为

$$I_\perp = \frac{A_1^2}{2}\cos^2\frac{\Delta\varphi}{2} = \frac{A_1^2}{2}(1-\cos\Delta\varphi_C)$$

当 P_1 和 P_2 的偏振化方向互相平行时,光强分布为

$$I_\parallel = \frac{A_1^2}{2}\cos^2\frac{\Delta\varphi}{2} = \frac{A_1^2}{2}(1+\cos\Delta\varphi_C)$$

其中 $\Delta\varphi_C = \frac{2\pi}{\lambda}(n_o - n_e)d$,$d$ 为波片厚度.

7. 光弹效应

有些各向同性的物质在外力作用下,呈现出单轴晶体的双折射现象.

光弹效应:$(n_o - n_e) = C\dfrac{F}{S}$

利用光弹效应研究物质内部的应力分布是十分有效的.

8. 旋光性

线偏振光的光矢量在旋光物质中发生转动.很多物质具有左、右旋光性,物质旋光性反映了分子的手性结构,同种物质可以有旋光异构体.

菲涅耳对物质旋光性提出了一种唯象解释.他认为一束线偏振光在旋光晶体中沿光轴传播时可以分解为频率和振幅均相同的左旋圆偏振光和右旋圆偏振光.它们在晶体中的传播速度不同,因而产生了不同的相位滞后,从而使合成后的线偏振光的光矢量有了一定角度的旋转.其旋转角度为

$$\theta = \frac{1}{2}(\varphi_R - \varphi_L) = \frac{\pi}{\lambda}(n_R - n_L)z$$

思考题

6-1 自然光的光矢量如图 6-2(a)所示呈各向对称分布,合成矢量的平均值为 0,为什么光强却不为 0?

6-2 自然光和圆偏振光都可视为等幅垂直偏振光的合成,它们之间的主要区别是什么?部分偏振光和椭圆偏振光呢?

6-3　一束光从空气中入射到一块平板玻璃上，试讨论：
（1）在什么条件下透射光获得全部光能流．
（2）在什么条件下透射光能流为0．

6-4　偏振片的偏振化方向通常是不标明的，你有什么简易的方法将它确定下来？

6-5　利用玻璃片，如何检验一束光是自然光还是线偏振光？

6-6　如思考题6-6图(a)所示，一束自然光入射到方解石晶体表面上，入射光与晶体光轴成一角度，有几条光线从方解石晶体透射出来？如果把方解石晶体切割成等厚的A、B两块，并平移开很短一段距离，如图(b)所示，有几条光线从B中透射出来？若把B绕光线转一角度，情况又如何？

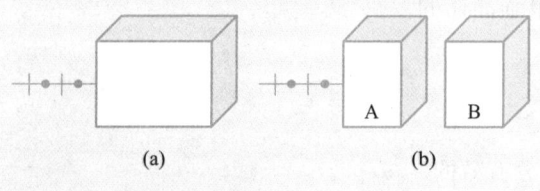

思考题6-6图

6-7　在两个正交的尼科耳棱镜 N_1 和 N_2 之间垂直插入一块波片，发现 N_2 后面有光射出．但当 N_2 绕入射光向顺时针转过20°后，N_2 的视场全暗．此时，把波片也绕入射光顺时针转过 20°，N_2 的视场又亮了．问：
（1）这是什么性质的波片？
（2）N_2 要转过多大的角度才能使 N_2 的视场又变为全暗？

6-8　如思考题6-8图所示，一束自然光入射到方解石晶体上，经折射后透射出晶体．对晶体而言，试问：
（1）哪一束是o光？哪一束是e光？为什么？
（2）a、b两束光处于什么偏振态？画出光矢量振动方向．
（3）在入射光束中放一偏振片，并旋转此偏振片，出射光强有何变化？

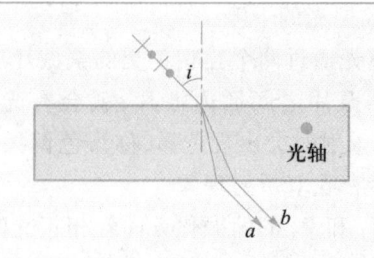

思考题6-8图

6-9　一棱镜由一个负晶体直角棱镜（光轴垂直于纸面）和一个玻璃直角棱镜（折射率为 n）组成，如思考题6-9图所示．试就下列几种情况画出垂直入射的自然光经棱镜后的传播方向：
（1）$n=n_o$；（2）$n=n_e$；（3）$n>n_o$；（4）$n_o>n>n_e$．

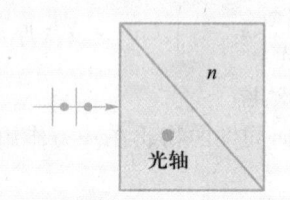

思考题6-9图

6-10　如思考题6-10图所示，在使用激光器发出的线偏振光的各种测量仪器上，为了避免激光返回谐振腔，在激光器输出镜端放置一1/4波片，且其主截面与光振动面成45°角．试解释此波片的作用．

思考题6-10图

6-11　为了判断一束圆偏振光的旋转方向，可将1/4波片置于检偏器之前，再将后者转到消光位置，这时发现1/4波片的快轴方位是这样的：它须沿着逆时针方向转45°才能与检偏器的透光轴重合．试判断该圆偏振光是右旋的还是左旋的．

6-12　单色光通过一尼科耳棱镜 N_1，然后射到杨氏双缝干涉实验装置的两个狭缝上，问：
（1）尼科耳棱镜 N_1 的主截面与图面应成怎样的角度才能使观察屏上的干涉图样中的暗纹为最暗？

（2）在上述情况下，在一个狭缝前放置一半波片，然后将半波片绕光线方向旋转，在观察屏上的干涉图样有何改变？

6-13 单色平行自然光垂直入射到杨氏双缝上，观察屏上出现一组干涉条纹．已知屏上 A、C 两点分别对应零级亮纹和相邻暗纹，B 是 AC 的中点，如思考题 6-13 图所示．试问：

（1）若在双缝后放一理想偏振片 P，屏上干涉条纹的位置、宽度，以及 A、C 两点的光强有何变化？

（2）在一条缝的偏振片后放一片光轴与偏振片透光方向成 45°的半波片，屏上有无干涉条纹？A、B、C 各点光的偏振态如何？

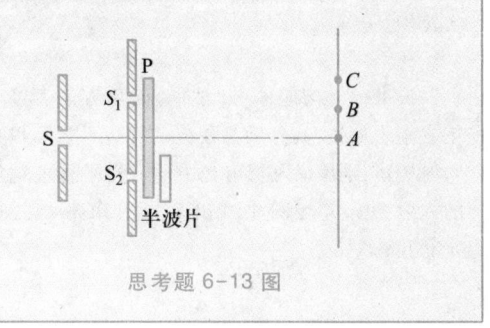

思考题 6-13 图

习题

6-1 两个偏振片平行放置，它们的偏振化方向互相垂直，在中间平行位置放置另一偏振片，其偏振化方向与前两个偏振片的偏振化方向均成 45°角．以自然光垂直入射，求最后透射光的强度与自然光的强度的百分比．

6-2 一束自然光入射到由四块偏振片组成的偏振片组上，每片的透光轴相对于前面一片沿顺时针方向转过 30°角．试问入射光中有多少强度透过了这组偏振片？

6-3 通过偏振片观察混在一起而又不相干的线偏振光和自然光，在透过的光强为最大位置时，再将偏振片从此位置旋转 30°角，结果发现光强减少了 20%．求自然光与线偏振光的强度之比．

6-4 一束自然光以 60°角入射在石英玻璃表面上，发现反射光为偏振光．求折射角和石英玻璃的折射率．

6-5 一束线偏振光垂直入射到波片上，如果光矢量的方向与晶体的光轴成 30°角．求晶体中 o 光和 e 光的光强比值；若自然光入射，则晶体中 o 光和 e 光的光强比值如何？

6-6 一线偏振光垂直入射到一方解石晶体上，它的振动面和主截面成 30°角．两束折射光通过方解石后面的一个尼科耳棱镜，其主截面与入射光的振动方向成 50°角．求两束透射光的相对强度．

6-7 光强为 I_0 的圆偏振光垂直通过 1/4 波片后，又经过一块透光方向与波片光轴夹角为 15°的偏振片，不考虑吸收，求最后的透射光强．

6-8 用旋转的检偏镜对某一单色光进行检偏，在旋转一圈的过程中，发现从检偏镜出射的光强并无变化．若先让这一束光通过一块 1/4 波片，再通过旋转的检偏镜检偏，则测得最大出射光强是最小出射光强的 2 倍．求：
（1）入射光的偏振态；
（2）自然光光强占总光强的百分比．

*6-9 一束椭圆偏振光沿 z 轴方向传播，通过一个线起偏器，当起偏器透光轴方向沿 x 轴方向时，透射强度最大，其值为 $1.5I_0$；当透光轴方向沿 y 轴方向时，透射强度最小，其值为 I_0．

（1）当透光轴方向与 x 轴成 θ 角时，透射强度为多少？

（2）使原来的光束先通过一个 1/4 波片后再通过线起偏器，1/4 波片的光轴沿 x 轴方向．调整后观察到，当起偏器透光轴与 x 轴成 30°角时，透过两个元件的光强最大，求光强的最大值，并确定入射光强中非偏振成分占多少？

6-10 用一块 1/4 波片和一块偏振片检查一束椭圆偏振光,达到消光位置时,1/4 波片的光轴与偏振片的透光轴夹角为 25°,求椭圆偏振光长短轴之比.

6-11 如习题 6-11 图所示,用方解石制成一个正三角形棱镜,其光轴与棱镜的棱边平行. 以自然光入射棱镜,求棱镜内折射光中的 e 光平行棱镜底边时的入射角 i,并在图中画出 o 光的光路. 已知 $n_e = 1.49$,$n_o = 1.66$.

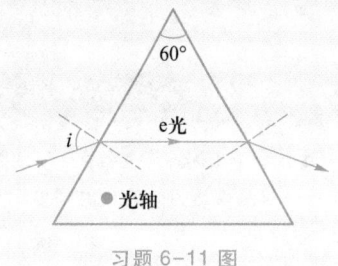

习题 6-11 图

6-12 如习题 6-12 图所示,P_1、P_2 是两个平行放置的正交偏振片,C 是相对入射光的 1/4 波片,其光轴与 P_1 的透光轴方向的夹角为 60°,光强为 I_0 的自然光从 P_1 入射.

(1) 讨论①②③各区域光的偏振态,用符号在图中表示;
(2) 计算①②③各区域的光强.

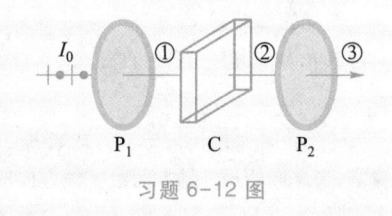

习题 6-12 图

*6-13 如习题 6-13 图所示为杨氏双缝干涉装置,其中 S 为单色自然光源,S_1 和 S_2 为双孔,O_0 处为零级亮纹,O_4 处为 1 级亮纹,O_1、O_2、O_3 为 O_0O_4 间的等间距点.

(1) 如果在 S 后面放置一偏振片 P,干涉条纹是否发生变化?有何变化?
(2) 如果在 S_1 和 S_2 之前再各放置一偏振片 P_1、P_2,它们的偏振化方向互相垂直,并都与 P 的偏振化方向成 45°角,说明 O_0、O_1、O_2、O_3、O_4 处光的偏振态,并比较它们的相对强度.
(3) 在幕前再放置偏振片 P',其透光轴与 P 的垂直,则上述各点光的偏振态和相对强度变为如何?

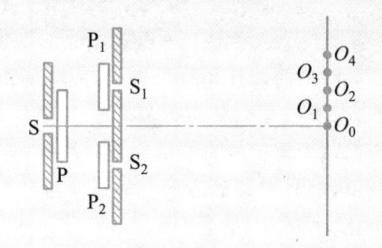

习题 6-13 图

6-14 厚度为 0.025 mm 的方解石波片,其表面平行于光轴,放在两个正交的尼科耳棱镜之间,光轴与两个尼科耳棱镜各成 45°. 如果射入第一个尼科耳的光是波长为 400~760 nm 的可见光,问透过第二个尼科耳棱镜的光中,少了哪些波长的光?

6-15 将厚度为 1 mm 且垂直于光轴切出的石英片放在两个平行的尼科耳棱镜之间,使从第一个尼科耳棱镜出射的光垂直射到石英片上,某一波长的光波经此石英片后,振动面旋转了 20°. 问石英片厚度至少为多少时,该波长的光将完全不能通过?

附 录

常用物理常量表

物理量	符号	数值	单位	相对标准不确定度
真空中的光速	c	299 792 458	$m \cdot s^{-1}$	精确
普朗克常量	h	$6.626\ 070\ 15 \times 10^{-34}$	$J \cdot s$	精确
约化普朗克常量	$h/2\pi$	$1.054\ 571\ 817\cdots \times 10^{-34}$	$J \cdot s$	精确
元电荷	e	$1.602\ 176\ 634 \times 10^{-19}$	C	精确
阿伏伽德罗常量	N_A	$6.022\ 140\ 76 \times 10^{23}$	mol^{-1}	精确
玻耳兹曼常量	k	$1.380\ 649 \times 10^{-23}$	$J \cdot K^{-1}$	精确
摩尔气体常量	R	$8.314\ 462\ 618\cdots$	$J \cdot mol^{-1} \cdot K^{-1}$	精确
理想气体的摩尔体积(标准状况下)	V_m	$22.413\ 969\ 54\cdots \times 10^{-3}$	$m^3 \cdot mol^{-1}$	精确
斯特藩-玻耳兹曼常量	σ	$5.670\ 374\ 419\cdots \times 10^{-8}$	$W \cdot m^{-2} \cdot K^{-4}$	精确
维恩位移定律常量	b	$2.897\ 771\ 955 \times 10^{-3}$	$m \cdot K$	精确
引力常量	G	$6.674\ 30(15) \times 10^{-11}$	$m^3 \cdot kg^{-1} \cdot s^{-2}$	2.2×10^{-5}
真空磁导率	μ_0	$1.256\ 637\ 062\ 12(19) \times 10^{-6}$	$N \cdot A^{-2}$	1.5×10^{-10}
真空电容率	ε_0	$8.854\ 187\ 812\ 8(13) \times 10^{-12}$	$F \cdot m^{-1}$	1.5×10^{-10}
电子质量	m_e	$9.109\ 383\ 701\ 5(28) \times 10^{-31}$	kg	3.0×10^{-10}
电子荷质比	$-e/m_e$	$-1.758\ 820\ 010\ 76(53) \times 10^{11}$	$C \cdot kg^{-1}$	3.0×10^{-10}
质子质量	m_p	$1.672\ 621\ 923\ 69(51) \times 10^{-27}$	kg	3.1×10^{-10}
中子质量	m_n	$1.674\ 927\ 498\ 04(95) \times 10^{-27}$	kg	5.7×10^{-10}
氘核质量	m_d	$3.343\ 583\ 772\ 4(10) \times 10^{-27}$	kg	3.0×10^{-10}
氚核质量	m_t	$5.007\ 356\ 744\ 6(15) \times 10^{-27}$	kg	3.0×10^{-10}
里德伯常量	R_∞	$1.097\ 373\ 156\ 816\ 0(21) \times 10^7$	m^{-1}	1.9×10^{-12}
精细结构常数	α	$7.297\ 352\ 569\ 3(11) \times 10^{-3}$		1.5×10^{-10}
玻尔磁子	μ_B	$9.274\ 010\ 078\ 3(28) \times 10^{-24}$	$J \cdot T^{-1}$	3.0×10^{-10}
核磁子	μ_N	$5.050\ 783\ 746\ 1(15) \times 10^{-27}$	$J \cdot T^{-1}$	3.1×10^{-10}
玻尔半径	a_0	$5.291\ 772\ 109\ 03(80) \times 10^{-11}$	m	1.5×10^{-10}
康普顿波长	λ_C	$2.426\ 310\ 238\ 67(73) \times 10^{-12}$	m	3.0×10^{-10}
原子质量常量	m_u	$1.660\ 539\ 066\ 60(50) \times 10^{-27}$	kg	3.0×10^{-10}

注:① 表中数据为国际科学理事会(ISC)国际数据委员会(CODATA)2018年的国际推荐值.
② 标准状况是指 $T = 273.15\ K, p = 101\ 325\ Pa$.

常用数值表

名称	计算用值
地球	
质量	$5.974×10^{24}$ kg
平均半径	$6.37×10^{6}$ m
平均轨道速度	29.8 km/s
表面重力加速度	9.81 m/s^2
平均密度	$5.52×10^{3}$ kg/m^3
太阳	
质量	$1.989×10^{30}$ kg
平均半径	$6.963×10^{8}$ m
平均密度	$1.41×10^{3}$ kg/m^3
表面的温度	5 500 K
中心的温度	$1.50×10^{7}$ K
总辐射功率	$4×10^{26}$ W
自转周期	25 d（赤道），37 d（靠近极地）

习 题 答 案

本书习题答案可通过扫描下方二维码获取．

索　引

本书索引可通过扫描下方二维码获取.

参 考 文 献

本书参考文献可通过扫描下方二维码获取.

郑重声明

高等教育出版社依法对本书享有专有出版权。任何未经许可的复制、销售行为均违反《中华人民共和国著作权法》，其行为人将承担相应的民事责任和行政责任；构成犯罪的，将被依法追究刑事责任。为了维护市场秩序，保护读者的合法权益，避免读者误用盗版书造成不良后果，我社将配合行政执法部门和司法机关对违法犯罪的单位和个人进行严厉打击。社会各界人士如发现上述侵权行为，希望及时举报，我社将奖励举报有功人员。

反盗版举报电话　（010）58581999　58582371
反盗版举报邮箱　dd@hep.com.cn
通信地址　北京市西城区德外大街4号　高等教育出版社法律事务部
邮政编码　100120

读者意见反馈

为收集对本书的意见建议，进一步完善本书编写并做好服务工作，读者可将对本书的意见建议通过如下渠道反馈至我社。

咨询电话　400-810-0598
反馈邮箱　hepsci@pub.hep.cn
通信地址　北京市朝阳区惠新东街4号富盛大厦1座
　　　　　高等教育出版社理科事业部
邮政编码　100029

防伪查询说明

用户购书后刮开封底防伪涂层，使用手机微信等软件扫描二维码，会跳转至防伪查询网页，获得所购图书详细信息。

防伪客服电话　（010）58582300

班级_____ 学号_____ 姓名_____

练 习 一

一、选择题

1-1 做简谐振动的弹簧振子,下列说法中正确的是(　　).
（A）振幅越大,周期越大
（B）在平衡位置时速度和加速度都达到最大值
（C）从最大位移处向平衡位置运动的过程是匀加速过程
（D）在最大位移处速度为零,加速度最大

1-2 一弹性系数为 k 的轻弹簧与一质量为 m 的物体组成弹簧振子.系统的振动周期为 T_1,若将此弹簧截去一半,物体质量变为 $m/2$,则系统的周期 T_2 为(　　).

（A）$2T_1$　　　（B）T_1　　　（C）$T_1/2$　　　（D）$\dfrac{T_1}{\sqrt{2}}$

1-3 一弹簧振子做简谐振动,总能量为 E_1,如果简谐振动振幅增加为原来的 2 倍,重物的质量增加为原来的 4 倍,则它的总能量 E_1 变为(　　).

（A）$E_1/4$　　　（B）$E_1/2$　　　（C）$2E_1$　　　（D）$4E_1$

1-4 一质点做简谐振动,其振动曲线如练习 1-4 图所示,则其振动表达式应为(　　).

（A）$x = 2\cos\left(\dfrac{1}{4}\pi t + \dfrac{\pi}{4}\right)$ (m)

（B）$x = 2\cos\left(\dfrac{1}{4}\pi t + \dfrac{5\pi}{4}\right)$ (m)

（C）$x = 2\cos\left(\dfrac{3}{4}\pi t - \dfrac{\pi}{4}\right)$ (m)

（D）$x = 2\cos\left(\dfrac{4}{3}\pi t - \dfrac{\pi}{4}\right)$ (m)

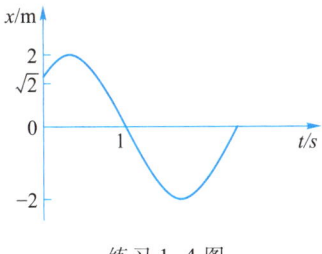

练习 1-4 图

1-5 质点做简谐振动的方程：$y = 5\cos 6\pi t$,则质点连续两次通过平衡位置的时间间隔是(　　).

（A）1/4 s　　　（B）1/6 s　　　（C）1/8 s　　　（D）1/16 s

二、填空题

1-6 一质点做简谐振动,其运动速度与时间的曲线如练习 1-6 图所示.若质点的振动规律用余弦函数描述.则其初相位应为_____.

1-7 一质量为 100 g 的柱状容器直立浮于水中.容器的横截面积是长为 2 cm、宽为 0.8 cm 的矩形.把容器稍微压低,然后由静止释放,不计水和空气阻力,并取 $g = 10$ m/s^2,则容器上下振动的周期为_____.

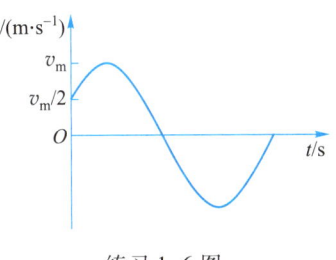

1-8 一质点做简谐振动,在位移 $x = A/2$ 时其动能是振动机械能的_____倍,动能与势能相等时,对

练习 1-6 图

1

应的位移 x 为_____.

三、计算题

1-9 一个小球和轻弹簧组成的系统,按 $x=0.01\cos(8\pi t+\pi/3)$（SI 单位）的规律振动.（1）求振动的角频率、周期、振幅、初相、速度最大值和加速度最大值;（2）求在 $t=1$ s,2 s,10 s 时的相位;（3）分别画出位移、速度、加速度与时间的关系曲线.

1-10 一质量为 0.2 kg 的质点做简谐振动,其振动表达式为

$$x=0.6\cos\left(5t-\frac{\pi}{2}\right)\quad（SI 单位）$$

求:（1）质点的初速度;（2）质点在正方向最大位移一半处所受的力.

1-11 一简谐振动的振动曲线如练习 1-11 图所示,求振动表达式.

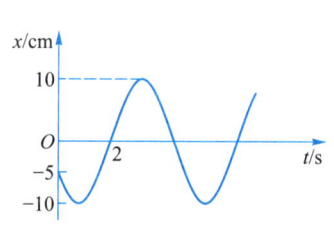

练习 1-11 图

班级_____   学号_____   姓名_____

1-12 两个物体做同方向、同频率、等幅的简谐振动．在振动过程中，每当第一个物体经过位移为 $A/\sqrt{2}$ 的位置向平衡位置运动时，第二个物体也经过此位置，但向远离平衡位置的方向运动．试利用旋转矢量法求它们的相位差．

1-13 有一轻弹簧，在其下端挂一质量为 10 g 的物体时，伸长量为 4.9 cm．用该弹簧和其下端悬挂的质量为 80 g 的小球构成一弹簧振子，将小球由平衡位置向下拉开 1.0 cm 后，给予向上的初速度 $v_0 = 5.0 \text{ cm} \cdot \text{s}^{-1}$．试求该弹簧振子振动的周期和振动表达式．

1-14 一物体沿 x 轴做简谐振动，振幅为 0.06 m，周期为 2.0 s，当 $t = 0$ 时位移为 0.03 m，且向 x 轴正方向运动．(1) 求 $t = 0.5$ s 时，物体的位移、速度和加速度；(2) 物体从 $x = -0.03$ m 处向 x 轴负方向开始运动，到平衡位置，至少需要多少时间？

1-15 一弹簧振子，弹簧的弹性系数为 $k=25 \text{ N} \cdot \text{m}^{-1}$。当振子以初动能 0.2 J 和初势能 0.6 J 振动时，求：(1) 振幅；(2) 当动能和势能相等时振子的位移；(3) 当位移是振幅的一半时弹簧振子的势能。

1-16 一定滑轮的半径为 R，转动惯量为 J，其上挂一轻绳，绳的一端系一质量为 m 的物体，另一端与一固定的轻弹簧相连，如练习 1-16 图所示。设弹簧的弹性系数为 k，绳与滑轮间无滑动，且忽略轴的摩擦力及空气阻力。现将物体 m 从平衡位置拉下一微小距离后放手，证明物体将做简谐振动，并求出其角频率。

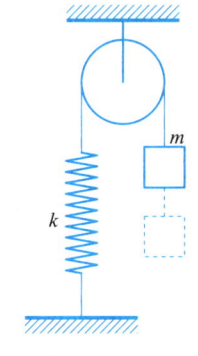

练习 1-16 图

1-17 三个同方向、同频率简谐振动分别为

$$x_1 = 0.08\cos\left(314t + \frac{\pi}{6}\right) \quad (\text{SI 单位})$$

$$x_2 = 0.08\cos\left(314t + \frac{\pi}{2}\right) \quad (\text{SI 单位})$$

$$x_3 = 0.08\cos\left(314t + \frac{5\pi}{6}\right) \quad (\text{SI 单位})$$

求：(1) 合振动的角频率、振幅、初相及合振动表达式；(2) 合振动由初始位置运动到 $x = \sqrt{2}A/2$（A 为合振动的振幅）处所需要的最短时间。

班级_____   学号_____   姓名_____

练 习 二

一、选择题

2-1 一平面简谐波的表达式为 $y = 2\times 10^{-3}\cos 3\pi(2t+5x)$（SI 单位），它表示该波（   ）.

（A）振幅为 20 cm　　　　　　　　（B）周期为 0.5 s

（C）波速为 0.4 m/s　　　　　　　（D）角频率为 3π

2-2 平面简谐波沿 x 轴负方向传播．已知振幅为 A，圆频率为 ω，波速为 u，波源在 $x=0$ 处，$t=0$ 时波源处质点在平衡位置，且向 y 轴正方向运动，则波的表达式为（   ）.

（A）$y = A\cos\left[\omega\left(t-\dfrac{x}{u}\right)+\dfrac{3}{2}\pi\right]$　　　　（B）$y = A\cos\left[\omega\left(t+\dfrac{x}{u}\right)-\dfrac{\pi}{2}\right]$

（C）$y = A\cos\left[\omega\left(t+\dfrac{x}{u}\right)+\dfrac{\pi}{2}\right]$　　　　（D）$y = A\cos\omega\left(t+\dfrac{x}{u}\right)$

2-3 一平面简谐波在弹性介质中传播，在某一瞬时，介质中某质元正处于最大位移位置，此时它的能量是（   ）.

（A）动能为零，势能最大　　　　　（B）动能为零，势能为零

（C）动能最大，势能为零　　　　　（D）动能最大，势能最大

2-4 一平面简谐波以速度 u 沿 x 轴正方向传播，在 $t=t'$ 时波形曲线如练习 2-4 图所示．则坐标原点 O 的振动方程为（   ）.

（A）$y = a\cos\left[\pi\dfrac{u}{b}(t+t')+\dfrac{\pi}{2}\right]$

（B）$y = a\cos\left[\dfrac{u}{b}(t-t')+\dfrac{\pi}{2}\right]$

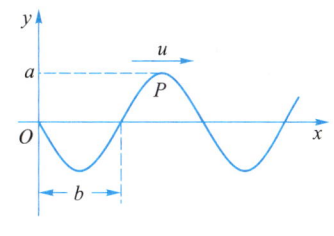

（C）$y = a\cos\left[2\pi\dfrac{u}{b}(t-t')-\dfrac{\pi}{2}\right]$

（D）$y = a\cos\left[\pi\dfrac{u}{b}(t-t')-\dfrac{\pi}{2}\right]$

练习 2-4 图

2-5 练习 2-5 图(a)为某质点振动曲线，其初相记为 φ_1，练习 2-5(b)图为某列行波在 $t=0$ 时的波形曲线，O 点处质点振动的初相记为 φ_2，练习 2-5 图(c)为另一行波在 $t=T/4$ 时刻的波形曲线，O 点处质点振动的初相为 φ_3，则（   ）.

（A）$\varphi_1 = -\pi/2,\ \varphi_2 = \pi/2,\ \varphi_3 = 0$　　　（B）$\varphi_1 = -\pi/2,\ \varphi_2 = \varphi_3 = \pi/2$

（C）$\varphi_1 = \varphi_2 = \varphi_3 = 3\pi/2$　　　　　　　（D）$\varphi_1 = \varphi_2 = \varphi_3 = \pi/2$

(a)　　　　　　　　(b)　　　　　　　　(c)

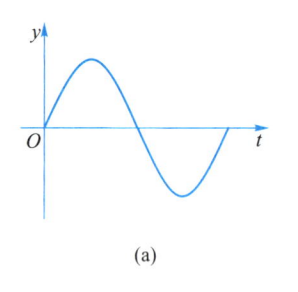

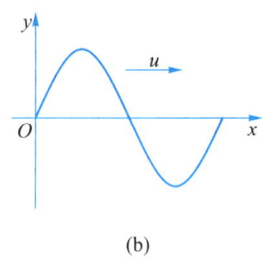

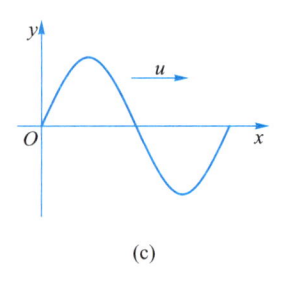

练习 2-5 图

二、填空题

2-6 练习 2-6 图表示向左传播的简谐波在某一瞬时的波形图，A 点位移是正还是负_____；A 点的振动速度是正还是负_____．B 点位移是正还是负_____；B 点的振动速度是_____．

2-7 在机械波传播过程中，若空间两点距离为 $3\lambda/2$，则两点相位差为_____；若两点相位差为 $\pi/2$，则两点间距为_____．

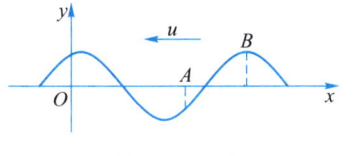

练习 2-6 图

2-8 一沿 x 轴正方向传播的平面简谐波波长 $\lambda = 2.0$ m，P_1 和 P_2 两点坐标分别为 $x_1 = 6.0$ m，$x_2 = 15$ m．已知点 P_1 的振动方程为 $y_1 = 0.1\cos\left(\omega t - \dfrac{\pi}{2}\right)$（SI 单位），则 O 点的振动方程为_____，P_2 点的振动方程为_____．

三、计算题

2-9 如练习 2-9 图所示，一列平面简谐波沿 x 轴正方向传播，波速为 $u = 500$ m·s^{-1}，$x_0 = 1$ m，在 $L = 1$ m 处 P 质元的振动表达式为 $y = 0.03\cos(500\pi t - \pi/2)$（SI 单位）．求：(1) 按练习 2-9 图所示坐标系，写出相应的波函数；(2) 画出 $t = 0$ 时刻的波形曲线．

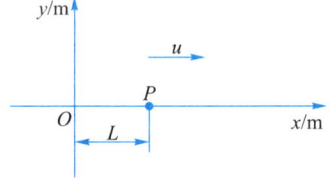

练习 2-9 图

2-10 一振幅为 10 cm、波长为 200 cm 的平面简谐波沿 x 轴正方向传播，波速为 100 cm·s^{-1}．在 $t = 0$ 时原点处质元恰好经过平衡位置并向位移正方向运动．求：(1) 原点处质元的振动表达式；(2) $x = 150$ cm 处质元的振动表达式．

班级_____ 学号_____ 姓名_____

2-11 一平面简谐波沿 x 轴负方向传播，波速为 $1~\text{m}\cdot\text{s}^{-1}$。在 x 轴上某处质元的振动频率为 $1~\text{Hz}$、振幅为 $0.01~\text{m}$。在 $t=0$ 时该质元恰好在正方向最大位移处。若以该质元的平衡位置为 x 轴的原点。求该平面简谐波的波函数。

2-12 一横波波函数为 $y=A\cos[2\pi(ut-x)/\lambda]$（SI 单位），式中 $A=0.01~\text{m}$，$\lambda=0.2~\text{m}$，$u=25~\text{m}\cdot\text{s}^{-1}$。求当 $t=0.1~\text{s}$ 时，$x=2~\text{m}$ 处质元振动的位移、速度、加速度。

2-13 如练习 2-13 图所示，一平面简谐波沿 x 轴负方向传播，波速为 u。若 P 处质元的振动表达式为 $y_P=A\cos(\omega t+\varphi)$（SI 单位），求：(1) O 处质元的振动表达式；(2) 该波的波函数；(3) 与 P 处质元振动状态相同的那些质元的平衡位置。

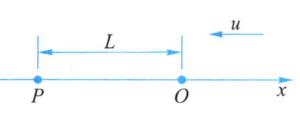

练习 2-13 图

2-14 一列沿 x 轴正方向传播的平面简谐波在 $t_1=0$ 和 $t_2=0.25~\text{s}$ 时刻的波形曲线如练习 2-14 图所示。(1) 求 P 处质元的振动表达式；(2) 求该波的波函数；(3) 画出原点 O 处质元的振动曲线。

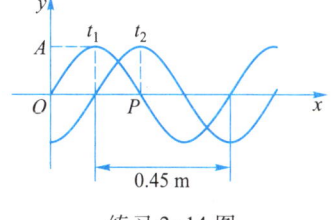

练习 2-14 图

2-15 如练习2-15图所示,在A、B两处放置两个相干的点波源,它们的振动相位差为π.A、B相距30 cm,观察点P和B相距40 cm,且$PB \perp AB$.若发自A、B的两列波在P处最大限度地互相削弱,求最大波长.

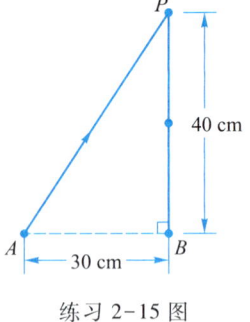

练习2-15图

2-16 A、B为同一介质中的两个波源,相距20 m.两波源做同方向的振动,振动频率均为100 Hz,振幅均为5 cm,波速为200 m·s^{-1}.设波在传播过程中振幅不变,且当A处为波峰时B处恰好为波谷.取A到B为x轴正方向,A为坐标原点,以A处质元达到正方向最大位移时为时间起点.求:(1)B波源产生的沿x轴负方向传播的波的波函数;(2)A、B之间各因干涉而静止点的坐标.

2-17 如练习2-17图所示,在弹性介质中有一沿x轴正方向传播的平面简谐波,其表达式为$y = 0.01\cos(4t - \pi x - \pi/2)$(SI单位).若在$x = 5.00$ m处有一介质分界面,且在分界面处反射波相位突变π,设反射波的强度不变,求反射波的波函数.

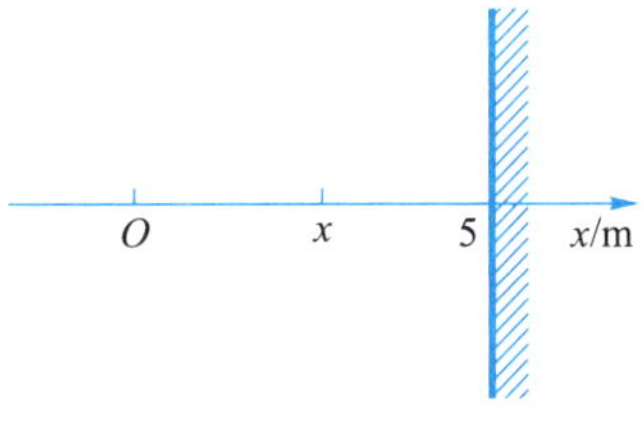

练习2-17图

班级_____ 学号_____ 姓名_____

练 习 三

一、选择题

3-1 玻璃中的气泡看上去特别明亮,这是由于(　　).
（A）光的折射　　（B）光的反射　　（C）光的全反射　　（D）光的散射

3-2 凸球面镜对实物成像的性质为(　　).
（A）实像都是倒立缩小的　　　　（B）虚像都是正立缩小的
（C）实像都是倒立放大的　　　　（D）虚像都是正立放大的

3-3 在焦距为 f 的透镜光轴上,物点从 $3f$ 移到 $2f$ 处,在移动过程中,物像点之间的距离(　　).
（A）先减小后增大　　　　（B）先增大后减小
（C）由小到大　　　　　　（D）由大到小

3-4 光线从左向右射到透镜上,s 为物距,s' 为像距,在下列哪种情况下虚物成实像(　　).
（A）$s<0, s'<0$　　　　　（B）$s>0, s'>0$
（C）$s>0, s'<0$　　　　　（D）$s<0, s'>0$

3-5 已知薄透镜的横向放大率为 2,像方焦距为 2 cm,则像的位置为(　　).
（A）4 cm　　（B）-4 cm　　（C）8 cm　　（D）0.5 cm

二、填空题

3-6 半径为 R 的球面,置于折射率为 n 的介质中,光学系统的焦距与 n _____关,光学系统的光焦度与 n _____关.

3-7 共轴球面系统主光轴上,物方无限远点的共轭点定义为_____,像方无限远点的共轭点定义为_____.

3-8 实物位于凹球面镜焦点和曲率中心之间,像的位置在_____与_____之间.

三、计算题

3-9 一支蜡烛位于凹面镜前 12 cm 处,成实像于距镜顶 4 m 远处的屏上.(1)求凹面镜的半径和焦距;(2)如果蜡烛的高度为 3 mm,则屏上像高为多少?

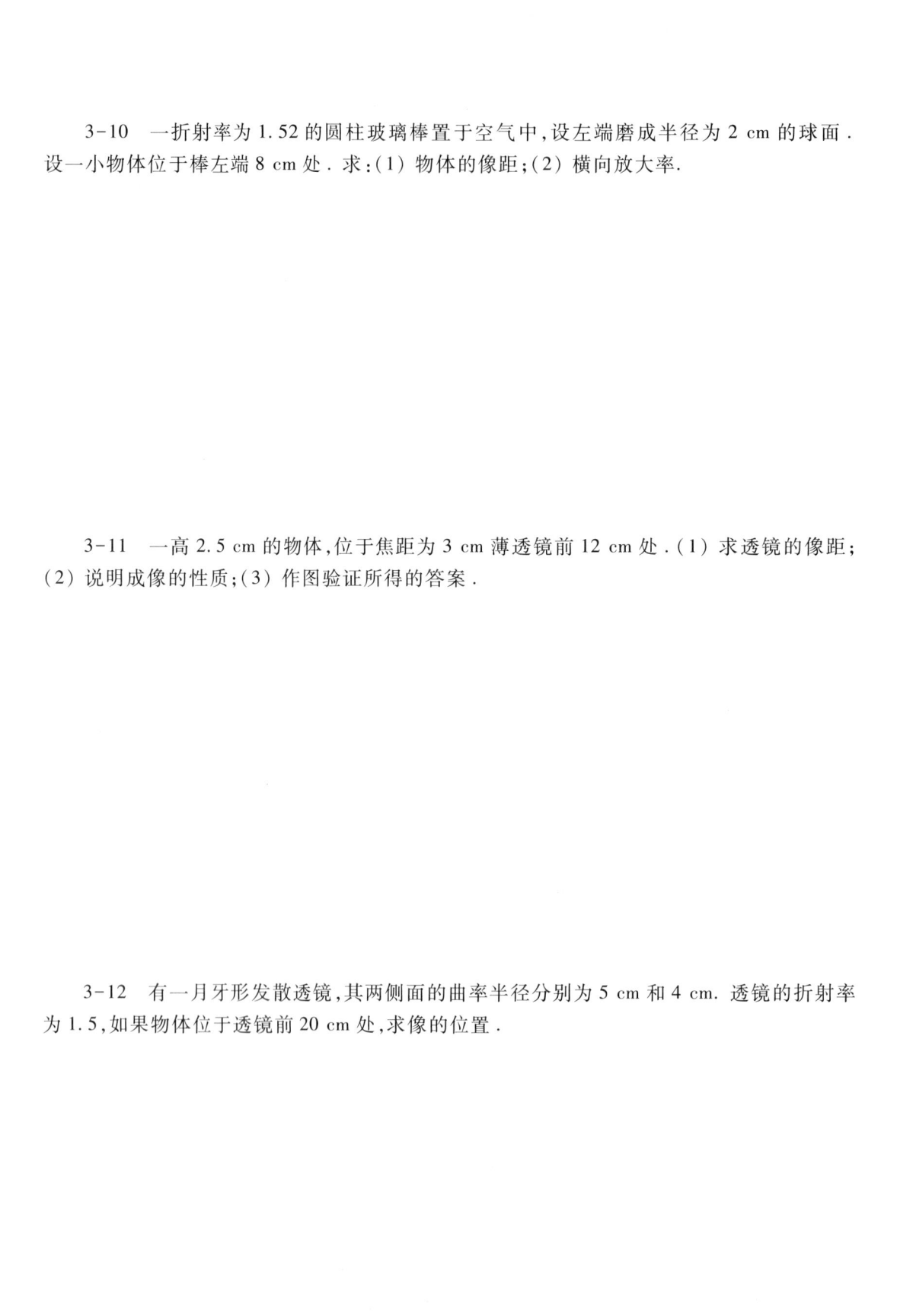

3-10 一折射率为 1.52 的圆柱玻璃棒置于空气中,设左端磨成半径为 2 cm 的球面. 设一小物体位于棒左端 8 cm 处. 求:(1)物体的像距;(2)横向放大率.

3-11 一高 2.5 cm 的物体,位于焦距为 3 cm 薄透镜前 12 cm 处.(1)求透镜的像距;(2)说明成像的性质;(3)作图验证所得的答案.

3-12 有一月牙形发散透镜,其两侧面的曲率半径分别为 5 cm 和 4 cm. 透镜的折射率为 1.5,如果物体位于透镜前 20 cm 处,求像的位置.

班级_____   学号_____   姓名_____

3-13 一高 3.5 cm 的物体,位于焦距为 $f=-6$ cm 的透镜前 10 cm 处.(1)求透镜的光焦度;(2)求像距;(3)求横向放大率;(4)用作图法画出像的位置.

3-14 两透镜的焦距为 $f_1=5$ cm 和 $f_2=10$ cm,相距 5 cm.若一高为 2.5 cm 的物体位于第一透镜前 15 cm 处.求:(1)最后像的位置;(2)最后像的大小.

3-15 在下列情况中选择光焦度合适的眼镜.(1)一位远视者的近点为 80 cm;(2)一位近视者的远点为 60 cm.

3-16 一架望远镜由焦距为 100 cm 的物镜和焦距为 20 cm 的目镜组成,成像在无穷远处.(1)求该望远镜的视角放大率;(2)如果被观察物体高为 50 m,距离望远镜为 2 km,则物镜成像的像高是多少?(3)最终的像对人眼的视角为多大?

班级_____　　　学号_____　　　姓名_____

练　习　四

一、选择题

4-1　在杨氏双缝干涉实验中,中央明纹的光强为 I_0. 若遮住一条缝,则原中央明纹处的光强为(　　).

(A) $2I_0$　　　(B) I_0　　　(C) $I_0/2$　　　(D) $I_0/4$

4-2　在杨氏双缝干涉实验中,设屏到双缝距离 $D=2$ m,用波长 $\lambda=500$ nm 的单色光垂直入射,若双缝间距 d 以 0.02 cm·s^{-1} 的速率对称地增大,则在屏上距中心点 $x=5$ cm 处,每秒钟扫过干涉明纹的条数为(　　).

(A) 1 条　　　(B) 2 条　　　(C) 5 条　　　(D) 10 条

4-3　如图所示,在杨氏双缝干涉实验中,屏幕 E 上的 P 点处是明纹,若将 S_2 盖住,并在 S_1、S_2 连接的垂直平分面处放一反射镜 M,如图所示,则此时(　　).

(A) P 点处仍为明纹

(B) P 点处为暗纹

(C) 不能确定 P 点处是明纹还是暗纹

(D) 无干涉条纹

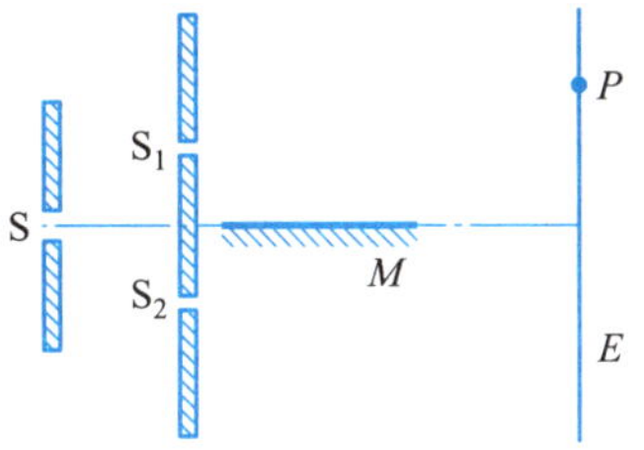

练习 4-3 图

4-4　玻璃表面上涂以折射率 $n_1=1.38$ 的 MgF_2 透明薄膜,可以减少折射率 $n_2=1.60$ 的玻璃表面的反射,若波长为 5 000 Å 的单色光垂直入射时,为了实现最小的反射,此透明薄膜的最小厚度为(　　).

(A) 50 Å　　　(B) 300 Å　　　(C) 906 Å　　　(D) 2 500 Å

4-5　厚的薄膜观察不到干涉,这是因为(　　).

(A) 薄膜太厚,上下表面反射光不能叠加产生干涉

(B) 薄膜太厚,上下表面反射光光程差超过相干长度

(C) 薄膜太厚,条纹太密,无法区分

(D) 薄膜太厚,条纹太稀,视场中只有一条干涉条纹

二、填空题

4-6　用波长为 λ 的单色光垂直照射如图所示的劈尖膜上,介质的折射率满足 $n_1<n_2<n_3$,观察反射光干涉,劈尖角为 _____ 纹(填暗或明),从劈尖顶算起,第 2 条明纹中心所对应的厚度为_____.

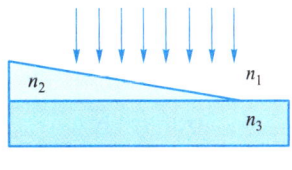

练习 4-6 图

4-7　如图所示,波长 $\lambda=600$ nm 的单色光垂直照射在油膜上,观察反射光干涉条纹,看到离油膜中心最近的暗环的半径为 0.3 cm. 已知油膜的折射率 $n_1=1.2$,玻璃的折射率 $n_2=1.5$,$h=1\ 100$ nm. 则整个油膜上可看到的暗环数目为_____;假设油膜上表面为球面,则球面的半径为_____ cm.

练习 4-7 图

4-8　在迈克耳孙干涉仪的一支光路中,放入一片折射

率为 n 的透明薄膜后,测出两束光的光程差的改变量为一个波长 λ,则薄膜的厚度为_____.

三、计算题

4-9 在杨氏双缝干涉实验中,两缝的间距为 0.3 mm,用汞弧灯加上绿色滤光片照亮狭缝 S. 在离双缝 1.25 m 的观察屏上两条第 5 级暗纹中心之间的距离为 20.43 mm,求:(1) 入射光的波长;(2) 相邻两条明纹之间的距离.

4-10 在杨氏双缝干涉实验中,光源波长为 640 nm,两缝间距为 0.4 mm,观察屏离狭缝距离为 50 cm. 求:(1) 观察屏上第 1 级明纹和中央明纹之间的距离;(2) 若 P 点离中央亮条纹为 0.1 mm,两束光在 P 点的相位差;(3) P 点的光强和中央点的光强之比.

4-11 在杨氏双缝干涉实验中,用一薄云母片盖住其中一条缝,发现第 7 级明纹恰好位于原来中央明纹处. 若入射光波长为 550 nm,云母的折射率为 1.58,求云母片的厚度;如果在云母片的一个表面上均匀镀上一层折射率为 2.35 的某种透明薄膜,随着薄膜厚度增加,原来中央明纹处逐渐变为暗纹,求薄膜的厚度.

班级_____　　　　学号_____　　　　姓名_____

4-12　用单色线光源 S 照射双缝,在观察屏上形成干涉图样,零级明纹位于 O 点,如图所示. 如将线光源 S 移至 S′位置,零级明纹将发生移动. 欲使零级明纹移回 O 点,必须在哪个缝处覆盖一薄云母片才有可能?若用波长为 589 nm 的单色光,欲使移动了 4 个明纹间距的零级明纹移回到 O 点,云母片的厚度应为多少?（云母片的折射率为 1.58.）

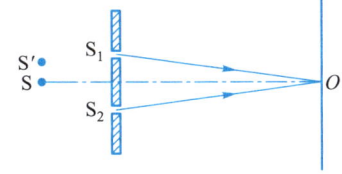

练习 4-12 图

4-13　一平面单色光波垂直照射在厚度均匀的薄油膜上,油膜覆盖在玻璃板上,所用单色光的波长可以连续变化,观察到 500 nm 和 700 nm 这两个波长的光在反射中消失. 已知油膜的折射率为 1.30,玻璃的折射率为 1.50,求油膜的厚度.

4-14　折射率为 n_1 的玻璃上覆盖着一层厚度均匀的介质膜,其折射率 $n_2>n_1$,用波长 λ_1 和 λ_2 的光分别垂直入射到介质膜上,反射光中分别出现干涉极小和干涉极大,且在 $\lambda_1 \sim \lambda_2$ 之间没有其他极小和极大,求介质膜的厚度.

4-15 一实验装置如图所示,一块平板玻璃上放一油滴. 当油滴展开成油膜时,在波长 $\lambda=600$ nm 的单色光垂直照射下,在垂直方向上观察油膜所形成的反射光干涉条纹(用读数显微镜观察). 已知玻璃的折射率 $n_1=1.50$,油膜的折射率 $n_2=1.20$. (1) 当油膜中心最高点与玻璃的上表面相距 $h=1\,200$ nm 时,描述所看到的条纹情况. 可以看到几条明纹?明纹所在处的油膜厚度是多少?中心点的明暗如何?(2) 当油膜继续扩展时,所看到的条纹情况将如何变化?中心点的情况如何变化?

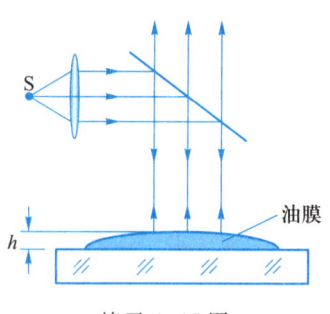

练习 4-15 图

4-16 波长为 680 nm 的平行光垂直照射到 12 cm 长的两块玻璃片上,两玻璃片一边相互接触,另一边被厚度为 0.048 mm 的纸片隔开,问在这 12 cm 内呈现多少条明纹?

班级_____ 学号_____ 姓名_____

练 习 五

一、选择题

5-1 平行单色光垂直入射于单缝上,观察夫琅禾费衍射屏上 P 点处为第二级暗纹,则单缝处波面相应地可划分半波带数为(　　).

(A) 两个 (B) 三个
(C) 四个 (D) 五个

5-2 人眼对黄绿光 5 000 Å 敏感,瞳孔的直径为 5 mm,一射电望远镜接收波长为 1 m 的射电波,如果要求其分辨本领相同,射电望远镜的直径应为(　　).

(A) 10 m (B) 100 m
(C) 1 000 m (D) 10 000 m

5-3 一束具有两种波长的平行光垂直入射到某个光栅上,$\lambda_1 = 450$ nm,$\lambda_2 = 600$ nm,两种波长的谱线第二次重合时(不计中央明纹),λ_1 的光为(　　)主极大.

(A) 第三级 (B) 第四级
(C) 第六级 (D) 第八级

5-4 某元素的特征光谱中有波长分别为 $\lambda_1 = 450$ nm 和 $\lambda_2 = 750$ nm 的光谱线,在干涉光谱中,这两种波长的谱线有重叠现象,重叠处 λ_2 谱线的级次为(　　).

(A) 2、3、4、5… (B) 2、5、8、11…
(C) 2、4、6、8… (D) 3、6、9、12…

5-5 有三个透射光栅,规格分别为 100 条/mm、500 条/mm 和 1 000 条/mm. 以钠光灯为光源(光源由两条谱线构成,平均波长为 5 893 Å),经准直正入射到光栅上,要求两条谱线分离得尽量远,如果观察的是一级和二级衍射谱,则应分别选用(　　).

(A) 100 条/mm 和 500 条/mm 的光栅
(B) 500 条/mm 和 1 000 条/mm 的光栅
(C) 1 000 条/mm 和 500 条/mm 的光栅
(D) 1 000 条/mm 和 1 000 条/mm 的光栅

二、填空题

5-6 波长为 λ 的单色光垂直照射在缝宽为 $a = 4\lambda$ 的单缝上,对应 $\theta = 30°$ 衍射角,单缝处的波面可划分为_____半波带,对应的屏上条纹为_____纹(填暗或明).

5-7 在单缝衍射中,衍射角 θ 越大,所对应的明条纹亮度_____(填越大、越小或不变),衍射明纹(除中央明纹外)角宽度_____(填变大、变小或不变).

5-8 一束单色光垂直入射在平面光栅上,衍射光谱中共出现了五条明纹,若光栅的缝宽度与不透明宽度相等,那么在中央明纹一侧的第二条明纹的级次为_____.

三、计算题

5-9 一束波长 $\lambda = 589$ nm 的平行光垂直照射到宽度 $a = 0.4$ mm 的单缝上,缝后放一焦距 $f = 1.0$ m 的凸透镜,在透镜的焦平面处的屏上形成衍射条纹.求:(1)第一级明纹离中央明纹中心的距离;(2)中央明纹的宽度.

5-10 用橙黄色(波长约为 600~650 nm)的平行光垂直照射到宽度 $a = 0.60$ mm 的单缝上,缝后放一焦距 $f = 40$ cm 的凸透镜,在透镜的焦平面处的屏上形成衍射条纹.若屏上离中央明纹中心 1.4 mm 处的 P 点为一明纹.(1)试求入射光的波长;(2)试求 P 点的条纹级数;(3)从 P 点来看,对该光波而言,单缝处的波阵面可分成的半波带数目?

5-11 用波长 $\lambda_1 = 400$ nm 和 $\lambda_2 = 700$ nm 的混合光垂直照射单缝,在衍射图样中,λ_1 的第 k_1 级明纹中心位置恰与 λ_2 的第 k_2 级暗纹中心位置重合.求 k_1 和 k_2.试问 λ_1 的暗纹中心位置能否与 λ_2 的暗纹中心位置重合?

班级_____ 学号_____ 姓名_____

5-12 迎面而来的汽车,两个车灯相距 1.2 m.假设夜间人眼的瞳孔直径为 5 mm,灯光波长为 550 nm.试问汽车在多远处,人眼刚好能分辨这两个车灯?

5-13 一双缝间距 $d = 1.0 \times 10^{-4}$ m,每个缝宽度 $a = 2.0 \times 10^{-5}$ m,透镜焦距 $f = 0.5$ m,入射光的波长 $\lambda = 4.8 \times 10^{-7}$ m.(1)求屏上干涉条纹的间距;(2)求单缝衍射的中央明纹宽度;(3)在单缝衍射的中央明纹内有多少干涉主极大?

5-14 用波长 $\lambda = 600$ nm 的平行光垂直照射光栅,第二级明纹在 $\sin \theta = 0.2$ 处,设光栅不透明部分的宽度是透明部分宽度的 3 倍.(1)求光栅常量;(2)求透明部分的宽度 a;(3)能出现哪些级明纹?共多少条明纹?

5-15　用白光(波长为400~760 nm)垂直照射每厘米有4 000条缝的光栅,可以产生多少级完整清晰可见的谱线？第二级谱线与第三级谱线是否重叠？多少级完整可见的谱线？

5-16　N 根天线沿一水平直线等距离排列成天线列阵,每根天线发射同一波长 λ 的球面波,从第1根天线到第 N 根天线,相位依次落后 $\pi/2$,相邻天线间的距离 $d=\lambda/2$. 问在什么方向上(即与天线列阵法线的夹角 θ 为何值时),天线列阵发射的电磁波最强？

班级_____ 学号_____ 姓名_____

练 习 六

一、选择题

6-1 一束光垂直入射到一偏振片上,当偏振片以入射光为轴转动时,发现透射光的光强有变化,但无全暗情况,那么入射光应该为(　　).

　　(A) 自然光　　　　　　　　　　(B) 部分偏振光或椭圆偏振光

　　(C) 线偏振光　　　　　　　　　(D) 无法确定

6-2 一束自然光以布儒斯特角入射于平板玻璃板则(　　).

　　(A) 反射光束是垂直于入射面的线偏振光,透射光束是平行于入射面的线偏振光

　　(B) 反射光束是平行于入射面的线偏振光,而透射光束是部分偏振光

　　(C) 反射光束是垂直于入射面的线偏振光,而透射光束是部分偏振的

　　(D) 反射光束和透射光束都是部分偏振的

6-3 自然光以 60°的入射角照射到某两介质交界面时,反射光为完全偏振光,则折射光为(　　).

　　(A) 完全偏振光且折射角是 30°

　　(B) 部分偏振光,且只是在该光由真空入射到折射率为 $\sqrt{3}$ 的介质时,折射角才是 30°

　　(C) 部分偏振光,但须知两种介质的折射率才能确定折射角

　　(D) 部分偏振光且折射率为 30°

6-4 一束光强为 I_0 的自然光,相继通过三个偏振片 P_1、P_2、P_3 后,出射光强为 $I = I_0/8$,已知 P_1 和 P_3 的偏振化方向相互垂直,若以入射光线为轴旋转 P_2,要使出射光的光强为零,最少要转过的角度为(　　).

　　(A) 30°　　　(B) 45°　　　(C) 60°　　　(D) 90°

6-5 如图所示,一束自然光自空气射向一块平板玻璃,设自然光的入射角等于布儒斯特角 i_B,则在分界面 2 的反射光为(　　).

　　(A) 自然光

　　(B) 线偏振光且光矢量的振动方向垂直于入射面

　　(C) 线偏振光且光矢量的振动方向平行于入射面

　　(D) 部分偏振光

练习 6-5 图

二、填空题

6-6 一束自然光通过两个偏振片,若两偏振片的偏振化方向之间的夹角由 θ_1 转到 θ_2,则转动前后透射光强之比为_____.

6-7 两个偏振片平行放置,它们的偏振化方向互相垂直,在中间平行位置放置另一偏振片,其偏振化方向与前两个偏振片的偏振化方向均成 45°角.以自然光垂直入射,入射光中自然光和平面偏振光的光强比值为_____.

6-8 光在某两种介质界面上的临界角为 45°,它在界面同一侧的起偏角为_____.

三、计算题

6-9 一束自然光入射到由四块偏振片组成的偏振片组上,每片的透光轴相对于前面一片沿顺时针方向转过 $30°$ 角. 试求入射光中透过了这组偏振片的光强比例.

6-10 通过偏振片观察混在一起而又不相干的线偏振光和自然光,在透过的光强为最大位置时,再将偏振片由此位置旋转 $30°$ 角,结果发现光强减少了 20%. 求自然光与线偏振光的强度之比.

6-11 一束自然光以 $60°$ 角入射在石英玻璃表面上,发现反射光为偏振光. 求折射角和石英玻璃的折射率.

班级_____   学号_____   姓名_____

6-12 一束线偏振光垂直入射到波片上，如果光矢量的方向与晶体的光轴成 30°角．求晶体中 o 光和 e 光的光强比值；若以自然光入射，晶体中 o 光和 e 光的光强比值如何？

6-13 一线偏振光垂直入射到一方解石晶体上，它的振动面和主截面成 30°角．两束折射光通过在方解石后面的一个尼科耳棱镜，其主截面与入射光的振动方向成 50°角．求两束透射光的相对强度．

6-14 光强为 I_0 的圆偏振光垂直通过 1/4 波片后，又经过一块透光方向与波片光轴夹角为 15°的偏振片，不考虑吸收，求最后的透射光强．

6-15 用旋转的检偏镜对某一单色光进行检偏,在旋转一圈的过程中,发现从检偏镜出射的光强并无变化.若先让这一束光通过一块 1/4 波片,再通过旋转的检偏镜检偏,则测得最大出射光强是最小出射光强的 2 倍.求:(1)入射光的偏振态;(2)自然光光强占总光强的百分比.

*6-16 如图所示为杨氏双缝干涉装置,其中 S 为单色自然光源,S_1 和 S_2 为双孔,O_0 处为零级明纹,O_4 处为第 1 级明纹,O_1、O_2、O_3 为 O_0O_4 间的等间距点.(1)如果在 S 后面放置一偏振片 P,干涉条纹是否发生变化?有何变化?(2)如果在 S_1 和 S_2 之前再各放置一偏振片 P_1、P_2,它们的偏振化方向互相垂直,并都与 P 的偏振化方向成 45°角,说明 O_0、O_1、O_2、O_3、O_4 处光的偏振态,并比较它们的相对强度.(3)在幕前再放置偏振片 P′,其透光轴与 P 的垂直,则上述各点光的偏振态和相对强度如何变化?

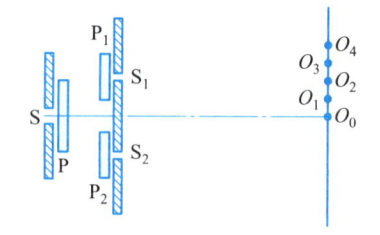

练习 6-16 图